国家示范性高等职业院校建设规划教材
建筑工程技术专业理实一体化特色教材

建筑设备安装

（修订版）

主　编　张胜峰
副主编　陶继水　胡　昊
主　审　满广生

U0235196

黄河水利出版社
·郑　州·

内 容 提 要

本书是国家示范性高等职业院校建设规划教材、建筑工程技术专业理实一体化特色教材,是安徽省地方高水平大学理实一体化项目建设系列教材之一,根据高职高专教育建筑设备安装课程标准及理实一体化教学要求编写完成。本书主要内容包括建筑给水、消防、排水、供暖、通风、空调、低压供配电、弱电及防雷工程等系统和设备的功能及施工安装。

本书可供高职高专建筑工程、建筑工程管理、建筑装饰、工程监理等专业教学使用,也可供土建类相关专业及从事建筑工程专业的技术人员学习参考。

图书在版编目(CIP)数据

建筑设备安装/张胜峰主编. —郑州:黄河水利出版社,
2017.8 (2022.1 修订版重印)
国家示范性高等职业院校建设规划教材
ISBN 978 - 7 - 5509 - 1833 - 7

Ⅰ.①建… Ⅱ.①张… Ⅲ.①房屋建筑设备 - 建筑安装
工程 - 高等职业教育 - 教材 Ⅳ.①TU8

中国版本图书馆 CIP 数据核字(2017)第 219116 号

组稿编辑:王路平 电话:0371 - 66022212 E-mail:hhslwlp@163.com

出 版 社:黄河水利出版社   网址:www.yrcp.com
　　　　　　地址:河南省郑州市顺河路黄委会综合楼 14 层   邮政编码:450003
发行单位:黄河水利出版社
　　　　　　发行部电话:0371 - 66026940、66020550、66028024、66022620(传真)
　　　　　　E-mail:hhslcbs@126.com
承印单位:河南育翼鑫印务有限公司
开本:787 mm × 1 092 mm　1/16
印张:20.75
字数:480 千字
版次:2017 年 8 月第 1 版   印数:2 101—4 000
　　　　2022 年 1 月修订版   印次:2022 年 1 月第 2 次印刷

定价:46.00 元

前　言

本书是根据高职高专教育建筑工程技术专业人才培养方案和课程建设目标并结合安徽省地方高水平大学立项建设项目的建设要求进行编写的。

本套教材在编写过程中，充分汲取了高等职业教育探索培养技术应用型专门人才方面取得的成功经验和研究成果，使教材编写更符合高职学生培养的特点；教材内容体系上坚持"以够用为度，以实用为主，注重实践，强化训练，利于发展"的理念，淡化理论，突出技能培养这一主线；教材内容组织上兼顾"理实一体化"教学的要求，将理论教学和实践教学进行有机结合，便于教学组织实施；注重课程内容与现行规范和职业标准的对接，及时引入行业新技术、新材料、新设备、新工艺，注重教材内容设置的新颖性、实用性、可操作性。

为了不断提高教材质量，编者于2022年1月，根据近年来在教学实践中发现的问题和错误，对全书进行了系统修订完善。

本书本着应用型人才培养的目标，编写时力求"以应用为目的，以够用为原则"。内容编写以建筑设备安装的内容与过程作为主线进行划分和设计，以给水、排水和电气照明系统的安装工艺为重点编写内容，按管线连接、管道敷设、设备安装、系统安装与调试等逐步递进的工作任务来组织编写，使学生循序渐进地认识和掌握建筑设备安装的主要技能和工艺要求，立足培养学生的实际动手能力，真正实现教育与岗位的零距离对接，从而有效形成职业行动能力。

本书由安徽水利水电职业技术学院承担编写工作，编写人员及编写分工如下：张胜峰编写学习项目1~3，胡昊编写学习项目4，陶继水编写学习项目5~7。本书由张胜峰担任主编并负责全书统稿；由陶继水、胡昊担任副主编；由满广生担任主审。

本书的编写出版，得到了安徽水利水电职业技术学院各级领导、建筑工程学院领导及专业老师，以及黄河水利出版社的大力支持，在此一并表示衷心的感谢！

由于编者水平有限，书中难免存在错漏和不足之处，恳请广大师生及专家、读者批评指正。

编　者

2022年1月

目　录

学习项目1 建筑给水工程

【学习目标】

(1)能熟练识读建筑给水工程施工图;

(2)具备合理选用管材、水表和阀门的能力,会熟练使用各种加工机具;

(3)具备编制建筑给水工程施工方案并组织施工安装的能力;

(4)具备建筑给水工程质量检查与验收的能力。

1.1 建筑给水工程概述

1.1.1 建筑给水系统

建筑给水系统是将室外给水管网中的水引入一幢建筑或建筑群,供人们生活、生产和消防之用,并满足各类用水对水质、水量和水压要求的冷水供应系统。

1.1.1.1 建筑给水系统的分类

建筑给水系统按照其用途可分为三类:

(1)生活给水系统。供人们生活饮用、烹饪、盥洗、洗涤、沐浴等日常用水的给水系统。水质必须符合国家规定的生活饮用水卫生标准。

(2)生产给水系统。供给各类产品生产过程中所需的用水的给水系统。生产用水对水质、水量、水压的要求随工艺要求的不同有较大差异。

(3)消防给水系统。供给各类消防设备扑灭火灾用水的给水系统。消防用水对水质的要求不高,但必须按照建筑设计防火规范,保证供应足够的水量和水压。

上述三类基本给水系统可以独立设置,也可根据各类用水对水质、水量、水压、水温的不同要求,结合室外给水系统的实际情况,经技术经济比较,或兼顾社会、经济、技术、环境等因素综合考虑,组成不同的共用给水系统。如生活、生产共用给水系统,生活、消防共用给水系统,生产、消防共用给水系统,生活、生产、消防共用给水系统等。

1.1.1.2 建筑给水系统的组成

一般情况下,建筑给水系统由下列各部分组成(如图1-1所示)。

1. 水源

水源指室外给水管网供水或自备水源。

2. 引入管

对单体建筑而言,引入管是由室外给水管网引入建筑内管网的管段。

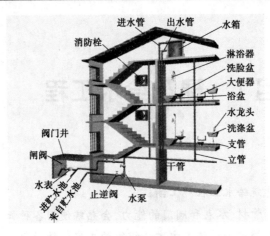

图1-1　建筑给水系统

3. 水表节点

水表节点是安装在引入管上的水表及其前后设置的阀门和泄水装置的总称。水表用以计量该幢建筑的总用水量。水表前后的阀门用于水表检修、拆换时关闭管路,水表节点一般设在水表井中,如图1-2所示。温暖地区的水表井一般设在室外,寒冷地区的水表井宜设在不会冻结之处。

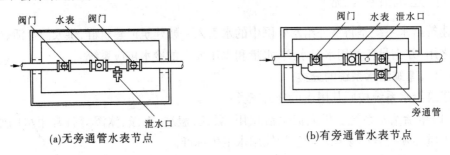

(a)无旁通管水表节点　　　　　　　　(b)有旁通管水表节点

图1-2　水表节点

某些建筑内部给水系统中,需计量水量的某些部位和设备的配水管上也要安装水表。住宅建筑每户住家均应安装分户水表。分户水表以前大都设在每户住家之内,现在的趋势是将分户水表集中设在户外。

4. 给水管网

给水管网是指由建筑内水平干管、立管和支管组成的管道系统。

5. 配水装置与附件

配水装置与附件是指配水龙头、消火栓、喷头与各类阀门(控制阀、减压阀、止回阀等)。

6. 增压和贮水设备

当室外给水管网的水量、水压不能满足建筑用水要求,或建筑内对供水可靠性、水压稳定性有较高要求时及在高层建筑中,需要设置增压和贮水设备,如水泵、气压给水装置、变频调速给水装置、水池、水箱等。

7. 给水局部处理设施

当用户对给水水质的要求超出《生活饮用水卫生标准》(GB 5749)或其他原因造成水质不能满足要求时,就需要设置一些设备、构筑物进行给水深度处理。

1.1.1.3　给水方式

给水方式是指建筑内部给水系统的供水方案。它是由建筑功能、高度、配水点的布置情况、室内所需的水压和水量及室外管网的水压和水量等因素决定的。一般建筑工程中常见的给水方式的基本类型如下。

1. 室外管网直接给水方式

室外管网直接给水方式适用于室外给水管网提供的水量、水压在任何时候均能满足建筑室内管网最不利点的用水要求的情况。这种给水方式最简单、最经济,如图 1-3 所示。在初步设计过程中,可用经验法估算建筑所需水压,看能否采用直接给水方式,对层高不超过 3.5 m 的,即一层为 100 kPa,二层为 120 kPa,三层以上每增加 1 层,水压增加 40 kPa。

2. 单设水箱的给水方式

当室外给水管网供水压力大部分时间满足要求,仅在用水高峰时段由于水量增加,室外管网中水压降低而不能保证建筑上层用水时;或者当建筑内要求水压稳定,并且该建筑具备设置高位水箱的条件时,可采用这种方式,如图 1-4 所示。

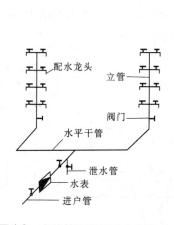

图 1-3　室外管网直接给水方式

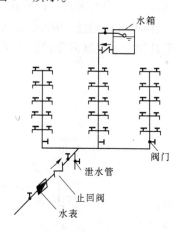

图 1-4　单设水箱的给水方式

3. 单设水泵的给水方式

当室外给水管网水压大部分时间不足时,可采用单设水泵的给水方式,如图 1-5 所示。当建筑内用水量大且较均匀时,可用恒速水泵供水;当建筑内用水不均匀时,宜采用多台水泵联合运行供水,以提高水泵的效率。

4. 设水泵和水箱的给水方式

当室外管网的水压经常不足,且室内用水不均匀,允许直接从外网抽水时,可采用这种方式,如图 1-6 所示。该方式中的水泵能及时向水箱供水,可减小水箱容积,又有水箱的调节作用,水泵出水量稳定,能保证水泵在高效区运行。

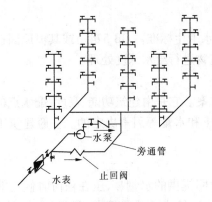

图1-5　单设水泵的给水方式

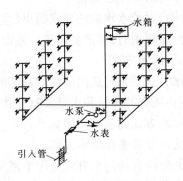

图1-6　设水泵和水箱的给水方式

5.设贮水池、水泵和水箱的给水方式

当建筑用水可靠性要求高,室外管网水量、水压经常不足时,不允许直接从外网抽水,或者是外网不能保证建筑的高峰用水,且用水量较大,再或是要求贮备一定容积的消防水量者,都应采用这种给水方式,如图1-7所示。

6.设气压给水装置的给水方式

当室外给水管网压力低于或经常不能满足室内所需水压、室内用水不均匀,且不宜设置高位水箱时可采用此方式。该方式即在给水系统中设置气压给水设备,利用该设备气压水罐内气体的可压缩性,协同水泵增压供水,如图1-8所示。气压水罐的作用相当于高位水箱,但其位置可根据需要较灵活地设在高处或低处。

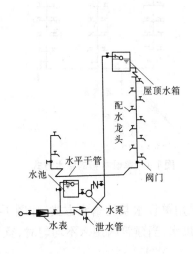

图1-7　设贮水池、水泵和水箱的给水方式

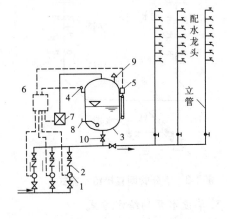

1—水泵;2—止回阀;3—气压水罐;4—压力信号器;
5—液位信号器;6—控制器;7—补气装置;
8—排气阀;9—安全阀;10—闸阀

图1-8　设气压给水装置的给水方式

7.分区给水方式

对于多层和高层建筑来说,室外给水管网的压力只能满足建筑下部若干层的供水要求。为了节约能源,有效地利用外网的水压,常将建筑物的低区设置成由室外给水管网直接供水,高区由增压贮水设备供水,如图1-9所示。为保证供水的可靠性,可将低区与高

区的 1 根或几根立管相连接,在分区处设置阀门,以备低区进水管发生故障或外网压力不足时,打开阀门由高区向低区供水。

8.分质给水方式

根据不同用途所需的不同水质,分别设置独立的给水系统,这种供水方式称为分质给水方式,如图 1-10 所示。

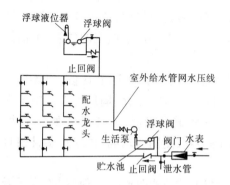

图 1-9 分区给水方式

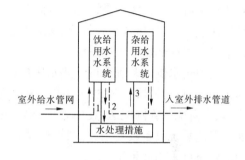

1—饮用水回水管道;2—杂用水供水管道;3—排水管道
图 1-10 分质给水方式

饮用水给水系统供饮用、烹饪、盥洗与沐浴等生活用水,水质符合生活饮用水水质相关标准的要求;杂用水给水系统,水质较差,仅符合生活杂用水水质相关标准的要求,只能用于建筑内冲洗便器、绿化、洗车、扫除等。

在实际工程中,如何确定合理的供水方案,应当全面分析该项工程所涉及的各项因素:

(1)技术因素。包括对城市给水系统的影响、水质、水压、供水的可靠性、节水节能效果、操作管理、自动化程度等。

(2)经济因素。包括基建投资、年经常费用、现值等。

(3)社会和环境因素。包括对建筑立面和城市观瞻的影响、对结构和基础的影响、占地面积、对周围环境的影响、建设难度和建设周期、抗寒防冻性能、分期建设的灵活性、对使用带来的影响等,进行综合评定而确定。

有些建筑的给水方式,考虑到多种因素的影响,往往是两种或两种以上的给水方式适当组合而成的。值得注意的是,有时候由于各种因素的制约,可能会使少部分卫生器具、给水附件处的水压超过规范推荐的数值,此时就应采取减压限流的措施。

1.1.2 建筑热水系统

热水供应系统是加热和储存热水的设备、输配热水的管路和使用热水用户的设施总称。热水供应主要包括一般盥洗用热水供应和饮用开水供应两大类。

1.1.2.1 热水供应系统的组成

1.热水供应系统的分类

热水供应系统按供应范围的大小可分为区域热水供应系统、局部热水供应系统和集中热水供应系统。

区域热水供应系统为区域中多栋建筑物统一供应热水,它是由城市热力网或小区锅炉房供热,经过热交换器获得热水后,再供应给各建筑的热水用水点。在城市热力网的热水水质符合使用要求且热力工况允许的条件下,也可以从热力网中直接取水。这种系统的优点是供水规模较大,热能利用效率高,设备集中,热水成本低,使用方便,对环境污染小;缺点是设备系统较复杂,管网较长,一次性投资较大。有条件时应优先选用这种系统。

局部热水供应系统适用于住宅、食堂、小型旅馆等热水用水点少且分散的建筑,可在用水点附近设置小型的加热设备,如小型燃气热水器、小型电热水器、蒸汽加热热水器、太阳能热水器等。其优点是设备系统简单,热水管路短,热能损失少,造价较低,使用灵活,易于建造;缺点是热效率较低,热水成本较高。目前没有集中热水供应的建筑,可根据具体情况采用局部热水供应系统。

集中热水供应系统适用于热水用量较大、用水点比较集中的宾馆、医院、集体宿舍等建筑中,一般为楼层较多的一幢或几幢建筑物。热水的加热、贮存、输送等都集中于锅炉房,热水由统一管网配送,集中管理,热效率较高,热水成本较低,节省建筑面积,使用方便。但此系统设备较复杂、管网较长、热耗大。对于热水使用要求高、用水点多且相对集中的建筑可采用此系统。

选择热水供应系统应根据建筑物所在地区热源情况、建筑物性质、热水使用点的数量及分布情况、用户对热水使用的要求等因素确定,同时应将当前使用情况和长远发展综合考虑。

2. 热水供应系统的组成

各类热水供应系统一般均由热媒系统、热水管网系统和热水系统附件三部分组成,如图1-11所示。

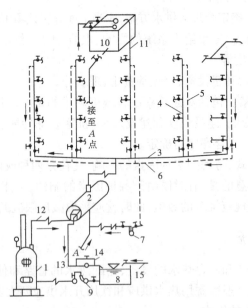

1—锅炉;2—水加热器;3—配水干管;4—配水立管;5—回水立管;
6—回水干管;7—循环泵;8—凝结水池;9—冷凝水泵;10—给水水箱;
11—透气管;12—热媒蒸汽管;13—凝水管;14—疏水器;15—冷水补水管

图1-11 热媒为蒸汽的集中热水系统的组成

1）热媒系统

热媒系统也称第一循环系统,它由热源、热媒管网和水加热设备组成,其作用是制备热水。由锅炉生产的蒸汽或热水通过热媒管网送到水加热设备,经过交换将冷水加热。同时,蒸汽变成冷凝水,靠余压回到凝水池,与补充的软化水经过冷凝水泵提升再送回锅炉加热为蒸汽。在区域热水供应系统中,水加热设备的热媒管道和冷凝水管道直接与热力网连接。若使用热水锅炉直接加热冷水,则不需要热媒和热媒管网。

2）热水管网系统

热水管网系统也称第二循环系统,它由热水配水管网和热水回水管网组成,其作用是将热水输送到各用水点并保证水温要求。在图1-11中,冷水由屋顶水箱送至水加热器,经与热媒进行热交换后变成热水。热水从加热器的出水管出来,经配水管网送至各用水点。为保证各用水点的水温要求,在配水立管和水平干管上设置回水管,使一定量的热水经循环泵回到水加热器中重新加热。对热水使用要求不高的建筑可不设置回水管。

3）热水系统附件

热水系统附件包括控制蒸汽和热水压力、流量、温度的控制附件及管道连接附件和保证系统安全运行的附件等。如温度自动调节器、闸阀、减压阀、安全阀、排气阀、膨胀罐、疏水器、管道补偿器等。

1.1.2.2 热水供应方式

建筑内部热水供应方式,按其加热水的方法有直接加热与间接加热;按其管网有无循环管道,可分为全循环、半循环、不循环;按其循环的运作方式又分为强制循环和自然循环;按其配水干管在建筑内的位置,可分为上行下给和下行上给;按其是否与大气相通又可分为开式和闭式两种。

1.直接加热与间接加热

根据热水加热方式的不同分为直接加热和间接加热供水方式。

直接加热主要是利用热水锅炉把冷水直接加热到所需温度或通过蒸汽锅炉将蒸汽直接通入冷水,与冷水混合使之转换成热水。该方式具有设备简单、热效率高、节能等优点。但蒸汽直接加热供水方式存在噪声大,对蒸汽品质要求高,冷凝水不能回收,热源需大量经水质处理的补充水等特点,适用于具有合格的蒸汽热媒,且对噪声无严格要求的公共浴室、洗衣房、工矿企业等用户,如图1-12、图1-13所示。

间接加热主要是利用热交换器,通过一定的传热面积将冷水加热到所需设计温度,见图1-11,该方式最大的特点是热媒与被加热水不直接接触。尽管其设备较直接加热复杂,热效率低,但由于蒸汽间接转换放热变成凝结水,可以回收重复利用,减轻热源锅炉所需补水的软化水处理量,并且热水水温和水量也较易调节,加热时不产生噪声等,适用于要求供水稳定、安全,对噪声要求低的旅馆、住宅、医院、办公楼等建筑。

2.开式系统和闭式系统

根据管网压力工况可分为开式系统和闭式系统。

1）开式系统

如图1-14所示,系统中不需设置安全阀或闭式膨胀水箱,只需设置高位冷水箱和膨胀管或高位开式加热水箱等附件。管网与大气相通,系统内的水压主要取决于水箱的设

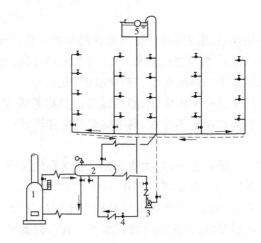

1—热水锅炉;2—热水贮罐;3—循环泵;4—给水管;5—给水箱

图1-12 热水锅炉直接加热干管下行上给方式

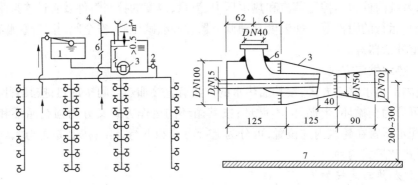

1—冷水箱;2—加热水箱;3—消声喷射器;4—排气阀;5—透气阀;6—蒸汽管;7—热水箱底

图1-13 蒸汽直接加热上行下给方式

置高度,不受室外给水管网水压波动的影响,系统运行稳定、安全可靠。其缺点是,高位水箱占用使用空间,开式水箱水质易受外界污染。因此,该系统适用于要求水压稳定,且允许设高位水箱的热水用户。

2)闭式系统

如图1-15所示,系统中管网不与大气相通,冷水直接进入水加热器。系统中需设安全阀、隔膜式压力膨胀罐或膨胀管、自动排气阀等附件,以确保系统安全运行。该系统的优点是管路简单,水质不易受外界污染。但由于系统供水水压稳定性较差,安全可靠性差,一般适用于不设屋顶水箱的热水供应系统。

3.强制循环和自然循环

根据热水循环动力不同,热水供水方式可分为强制循环方式和自然循环方式。强制循环即机械循环,在循环时间上还分为全日循环和定时循环。全日循环是指在热水供应时间内,循环水泵全日工作,热水管网中任何时刻都维持着设计水温的循环流量。该方式用水方便,适用于需全日供应热水的建筑,如宾馆、医院等。定时循环是指每天在热水供应前,将管网中冷却了的水强制循环一定时间,在热水供应时间内,根据使用热水的繁忙

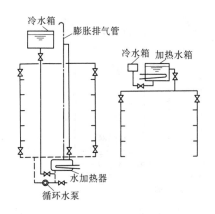

图 1-14　开式热水供水方式

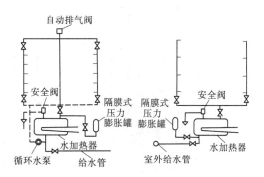

图 1-15　闭式热水供水方式

程度,使循环水泵定时工作。一般适用于每天定时供应热水的建筑中。自然循环不设循环水泵,仅靠冷热水密度差产生的热动力进行循环。该方式节能效果明显,一般用于小型或层数少的建筑中。

4.全循环、半循环、无循环管网的供水方式

根据设置循环管网的方式不同,又分为全循环、半循环、无循环管网的热水供水方式,如图 1-16 所示。全循环热水供水方式是指热水干管、立管及支管均能保持热水的循环,打开配水龙头均能及时得到符合设计水温要求的热水,该方式适用于有特殊要求的高标准建筑中。半循环热水供水方式又分为立管循环和干管循环的供水方式。立管循环是指热水干管和立管内均保持有循环热水,打开配水龙头只需放掉支管中少量的存水,就能获得规定水温的热水,该方式多用于设有全日供应热水的建筑和设有定时供应热水的高层建筑中;干管循环是指仅保持热水干管内水的循环,使用前先用循环水泵把干管中已冷却的存水加热,打开配水龙头时只需放掉立管和支管内的冷水就可获得符合要求的热水,多用于采用定时供应热水的建筑中。无循环热水供水方式是指管网中不设任何循环管道,适用于热水供应系统较小、使用要求不高的定时供应系统,如公共浴室、洗衣房等。

热水供应方式很多,应按设计规范要求,从不同角度、不同侧面,根据热水供应系统的选用条件及注意事项做出合理的选择。

建筑物内热水供水方式的选择应根据建筑物的用途、使用要求、热水用水量、耗热量和用水点分布情况,进行技术和经济比较后确定。

1.1.3　饮水供应

1.1.3.1　饮水供应的类型和标准

1.饮水供应的类型

饮水供应主要有开水供应系统和冷水供应系统两类。采用何种类型应根据当地的生活习惯和建筑物的使用性质等因素确定。开水供应系统适用于办公楼、旅馆、大学学生宿舍、军营等场所。冷水供应系统适用于大型娱乐场所等公共建筑、工矿企业生产车间。

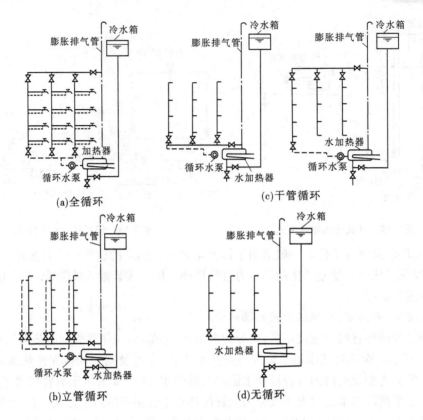

图 1-16　循环方式

2.饮水的标准

1）饮水水质

各种饮水水质必须符合现行《生活饮用水卫生标准》(GB 5749)，除此之外，作为饮用的温水、生水和冷饮水，还应在接至饮水装置之前进行必要的过滤或消毒处理，以防在贮存和运输过程中再次污染。

2）饮水温度

(1)开水：应将水烧至 100 ℃后持续 3 min，计算温度采用 100 ℃。饮用开水是目前我国采用较多的饮水方式。

(2)温水：计算温度采用 50～55 ℃，目前我国采用较少。

(3)生水：一般为 10～30 ℃，国外较多，国内一些饭店、宾馆提供这样的饮水系统。

(4)冷饮水：一般为 7～10 ℃，国内除工矿企业夏季劳保供应和高级饭店外，较少采用。目前在一些星级宾馆、饭店中直接为客人提供瓶装矿泉水等饮用水。

1.1.3.2　饮水的供应方式

1.开水集中制备集中供应

在开水间集中制备开水，人们用容器取水饮用，如图 1-17 所示。该方式适用于机关、学校等建筑。开水间宜靠近锅炉房、食堂等有热源的地方。

2.开水集中制备分散供应

在开水间统一制备开水，通过管道输送到开水用水点，见图 1-18。这种系统对管道材

质要求较高,以确保水质不受污染。该系统要
求加热器的出水水温不小于 105 ℃,回水温度
为 100 ℃。为了保证供水点的水温,系统采用
机械循环方式。加热设备可设于建筑物底层,
采用下行上给的全循环方式,如图 1-18(a)所
示;也可设于顶层,采用上行下给的全循环方
式,如图 1-18(b)所示。

　　3. 冷饮水集中制备分散供应

　　冷饮水供应系统如图 1-19 所示,适用于中
小学校、体育场、游泳场、火车站等人员流动较
集中的公共场所,人们可以从饮水器中直接喝

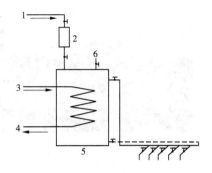

1—给水;2—过滤器;3—蒸汽;4—冷凝水;
5—水加热器(开水器);6—安全阀
图 1-17　集中制备开水

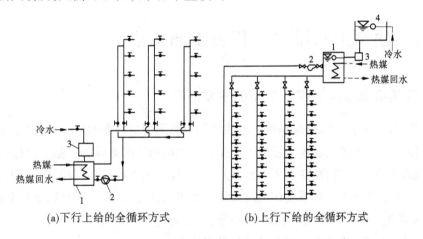

(a)下行上给的全循环方式　　　　(b)上行下给的全循环方式

1—水加热器(开水器);2—循环水泵;3—过滤器;4—高位水箱
图 1-18　管道输送开水全循环方式

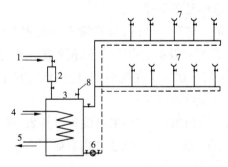

1—冷水;2—过滤器;3—水加热器(开水器);4—蒸汽;
5—冷凝水;6—循环泵;7—饮水器;8—安全阀
图 1-19　冷饮水供应系统

水,饮水器构造如图 1-20 所示。

　　冷饮水在夏季一般不用加热,冷饮水温与自来水水温相同即可,在冬季,冷饮水温度
一般为 35～40 ℃,与人体温度接近,饮用后无不适感觉。

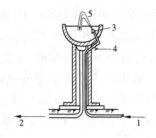

1—供水管;2—排水管;3—喷嘴;4—调节阀;5—水柱

图 1-20　饮水器

冷饮水供应系统,应避免水流滞留影响水质,需要设置循环管道,循环回水也应进行消毒灭菌处理。

1.2　建筑给水排水工程施工图识读

1.2.1　建筑给水排水工程施工图的主要内容

施工图是工程的语言,是编制施工图预算和进行施工最重要的依据,施工单位应严格按照施工图施工。水暖及通风工程施工图是由基本图和详图组成的。基本图包括管线平面图、系统图和设计说明等,并有室内和室外之分;详图包括各局部或部分的加工、安装尺寸和要求。水暖及通风空调系统作为房屋的重要组成部分,其施工图有以下几个特点:

(1)各系统一般多采用统一的图例符号表示,而这些图例符号一般不反映实物的原型。所以,在识图前,应首先了解各种符号及其所表示的实物。

(2)系统都是用管道来输送流体(包括气体和液体)的,而且在管道中都有自己的流向,识图时可按流向去读,这样易于掌握。

(3)各系统管道都是立体交叉安装的,只看管道平面图难以看懂,一般都有系统图(或轴测图)来表达各管道系统和设备的空间关系,两种图互相对照阅读,更有利于识图。

(4)各设备系统的安装与土建施工是配套的,应注意其对土建的要求和各工种间的相互关系,如管槽、预埋件及预留洞口等。

建筑给水排水施工图一般由图纸目录、主要设备材料表、设计说明、图例、平面图、系统图(轴测图)、施工详图等组成。各部分的主要内容如下。

1.2.1.1　平面布置图

给水排水平面图应表达给水排水管线和设备的平面布置情况。

根据建筑规划,在设计图纸中,用水设备的种类、数量、位置,均要做出给水和排水平面布置;各种功能管道、管道附件、卫生器具、用水设备,如消火栓箱、喷头等,均应用各种图例表示;各种横干管、立管、支管的管径、坡度等,均应标出。平面图上管道都用单线绘出,沿墙敷设时不注明管道距墙面的距离。

一张平面图上可以绘制几种类型的管道,一般来说给水和排水管道可以在一起绘制。若图纸管线复杂,也可以分别绘制,以图纸能清楚地表达设计意图而图纸数量又很少为原则。

建筑内部给水排水,以选用的给水方式来确定平面布置图的张数。底层及地下室必绘;顶层若有高位水箱等设备,也必须单独绘出。建筑中间各层,如卫生设备或用水设备的种类、数量和位置都相同,绘一张标准层平面布置图即可;否则,应逐层绘制。

在各层平面布置图上,各种管道、立管应编号标明。

1.2.1.2　系统图

系统图也称"轴测图",其绘法取水平、轴测、垂直方向完全与平面布置图比例相同。系统图上应标明管道的管径、坡度,标出支管与立管的连接处,以及管道各种附件的安装标高,标高的±0.00应与建筑图一致。系统图上各种立管的编号应与平面布置图相一致。系统图均应按给水、排水、热水等各系统单独绘制,以便于施工安装和概预算应用。

系统图中对用水设备及卫生器具的种类、数量和位置完全相同的支管、立管,可不重复完全绘出,但应用文字标明。当系统图立管、支管在轴测方向重复交叉影响识图时,可断开移到图面空白处绘制。

1.2.1.3　施工详图

凡平面布置图、系统图中局部构造因受图面比例限制而表达不完善或无法表达的,为使施工概预算及施工不出现失误,必须绘出施工详图。通用施工详图系列,如卫生器具安装、排水检查井、雨水检查井、阀门井、水表井、局部污水处理构筑物等,均有各种施工标准图,施工详图宜首先采用标准图。

绘制施工详图的比例以能清楚绘出构造为依据选用。施工详图应尽量详细注明尺寸,不应以比例代替尺寸。

1.2.1.4　设计施工说明及主要材料设备表

用工程绘图无法表达清楚的给水、排水、热水供应、雨水系统等管材防腐、防冻、防露的做法;或难以表达的诸如管道连接、固定、竣工验收要求、施工中特殊情况技术处理措施,或施工方法要求严格必须遵守的技术规程、规定等,可在图纸中用文字写出设计施工说明。工程选用的主要材料及设备表,应列明材料类别、规格、数量,设备品种、规格和主要尺寸。

设备、材料表是该项工程所需的各种设备和各类管道、管件、阀门、防腐和保温材料的名称、规格、型号、数量的明细表。

此外,施工图还应绘出工程图所用图例。

所有以上图纸及施工说明等应编排有序,写出图纸目录。

1. 图线

建筑给水排水施工图的线宽 b 应根据图纸的类别、比例和复杂程度确定。一般线宽 b 宜为 0.7 mm 或 1.0 mm。常用的线型应符合表 1-1 的规定。

表 1-1　常用的线型

名称	线型	线宽	一般用途
粗实线	——————	b	新建各种给水排水管道线
中实线	——————	$0.5b$	1. 给水排水设备、构件的可见轮廓线； 2. 厂区（小区）给水排水管道图中新建建筑物、构筑物的可见轮廓线、原有给水排水的管道线
细实线	——————	$0.35b$	1. 平、剖面图中被剖切的建筑构造（包括构配件）的可见轮廓线； 2. 厂区（小区）给水排水管道图中原有建筑物、构筑物的可见轮廓线； 3. 尺寸线、尺寸界限、局部放大部分的范围线、引出线、标高符号线、较小图形的中心线等
粗虚线	— — — — —	b	新建各种给水排水管道线
中虚线	– – – – – –	$0.5b$	1. 给水排水设备、构件的不可见轮廓线； 2. 厂区（小区）给水排水管道图中新建建筑物、构筑物的不可见轮廓线、原有给水排水的管道线
细虚线	- - - - - - - -	$0.35b$	1. 平、剖面图中被剖切的建筑构造的不可见轮廓线； 2. 厂区（小区）给水排水管道图中原有建筑物、构筑物的不可见轮廓线
细点画线	—·—·—·—	$0.35b$	中心线、定位轴线
折断线	——／——	$0.35b$	断开界限
波浪线	～～～～	$0.35b$	断开界限

2. 标高、管径及编号

1）标高

标高是表示管道或建筑物高度的一种尺寸形式；标高有绝对标高和相对标高两种，绝对标高是以我国青岛附近黄海的平均海平面作为零点的，相对标高一般以建筑物的底层室内主要地坪面为该建筑物的相对标高的零点，用 +0.000 表示；标高符号用细实线绘制，三角形的尖端画在标高的引出线上表示标高的位置，尖端的指向可以向上也可以向下；标高值是以米为单位的，高于零点的为正（如 5.000，表示高于零点 5 m），低于零点的为负（如 −5.000，表示低于零点 5 m）；一般情况下地沟标注沟底的标高，压力管道标注管中心的标高，室内重力管道标注管内底标高。

室内工程应标注相对标高;室外工程应标注绝对标高,当无绝对标高资料时,可标注相对标高,但应与总图专业一致。

下列部位应标注标高:沟渠和重力流管道的起讫点、转角点、连接点、变尺寸(管径)点及交叉点;压力流管道中的标高控制点;管道穿外墙、剪力墙和构筑物的壁及底板等处;不同水位线处;构筑物和土建部分的相关标高。

压力管道应标注管中心标高,沟渠和重力流管道宜标注沟(管)内底标高。

标高的标注方法应符合图1-21的规定:

①平面图中,管道标高应按图1-21(a)所示的方式标注。

②平面图中,沟渠标高应按图1-21(b)所示的方式标注。

③剖面图中,管道及水位的标高应按图1-21(c)所示的方式标注。

④轴测图中,管道标高应按图1-21(d)所示的方式标注。

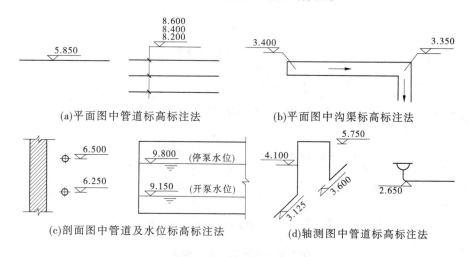

(a)平面图中管道标高标注法　　(b)平面图中沟渠标高标注法

(c)剖面图中管道及水位标高标注法　　(d)轴测图中管道标高标注法

图1-21　标高的标注方法

2)管径

施工图上的管道必须按规定标注管径,管径尺寸以 mm 为单位,在标注时通常只写代号与数字而不再注明单位;低压流体输送用焊接钢管、镀锌焊接钢管、铸铁管等,管径以公称直径(DN)表示,如 $DN15$、$DN20$ 等;无缝钢管、直缝或螺旋缝电焊钢管、有色金属管、不锈钢钢管等,管径以外径×壁厚表示,如 $D108 \times 4$、$D426 \times 7$ 等;耐酸瓷管、混凝土管、钢筋混凝土管、陶土管(缸瓦管)等,管径以内径表示,如 $d230$、$d380$ 等;塑料管管径可用外径表示,如 $De20$、$De110$ 等,也可以按有关产品标准表示,如 LS/A－1014 表示标准工作压力1.0 MPa、内径为 10 mm、外径为 14 mm 的铝塑复合管。

管径的标注方法应符合图1-22规定:

(1)单根管道时,管径应按图1-22(a)所示的方式标注。

(2)多根管道时,管径应按图1-22(b)所示的方式标注。

3)编号

(1)当建筑物的给水引入管或排水排出管的数量超过1根时,宜进行编号,编号宜按图1-23所示的方法表示。

（2）建筑物穿越楼层的立管，其数量超过 1 根时宜进行编号，编号宜按图 1-24 所示的方法表示。

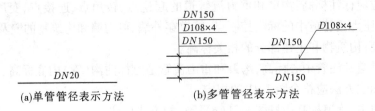

(a)单管管径表示方法　　　　　　(b)多管管径表示方法

图 1-22　管径的标注方法

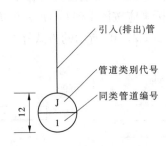

图 1-23　给水引入（排水排出）管编号表示方法

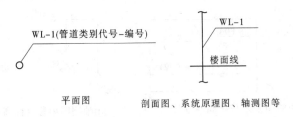

平面图　　　　　剖面图、系统原理图、轴测图等

图 1-24　立管编号表示方法

（3）在总平面图中，当给水排水附属构筑物的数量超过 1 个时，宜进行编号。编号方法为：构筑物代号 – 编号；给水构筑物的编号顺序宜为：从水源到干管，再从干管到支管，最后到用户；排水构筑物的编号顺序宜为：从上游到下游，先干管后支管。

（4）当给水排水机电设备的数量超过 1 台时，宜进行编号，并应有设备编号与设备名称对照表。

3. 常用给水排水图例

施工图上的管件和设备一般是采用示意性的图例符号来表示的，这些图例符号既有相互通用的，各种专业施工图还有一些各自不同的图例符号，为了看图方便，一般在每套施工图中都附有该套图纸所用到的图例。

建筑给水排水图纸上的管道、卫生器具、设备等均按照《建筑给水排水制图标准》（GB/T 50106—2010）使用统一的图例来表示。在《建筑给水排水制图标准》（GB/T 50106—2010）中列出了管道、管道附件、管道连接、管件、阀门、给水配件、消防设施、卫生设备及水池、小型给水排水构筑物、给水排水设备、仪表等共 11 类图例。这里仅给出一些常用图例供参考，见表 1-2。

表1-2　常用图例

图例	名称	图例	名称
——J——	生活给水管道	闸阀	闸阀
JL-　　JL-	生活给水立管	止回阀	止回阀
——W——	污水管道	球阀	球阀
WL-　　WL-	污水立管	水龙头	水龙头
——X——	消火栓给水管道	防水套管	防水套管
XL-　　XL-	消火栓给水立管	地漏	地漏
——P——	喷淋给水管道	室内消火栓	室内消火栓
PL-　　PL-	喷淋给水立管	室外消火栓	室外消火栓
带伸缩节检查口	带伸缩节检查口	消防水泵结合器	消防水泵结合器
伸缩节	伸缩节	浮球阀	浮球阀
地上式清扫口	地上式清扫口	角阀	角阀
延时自闭冲洗阀	延时自闭冲洗阀	自动排气阀	自动排气阀
通气帽	通气帽	管堵	管堵
小便器冲洗阀	小便器冲洗阀	末端试水阀	末端试水阀
湿式报警阀	湿式报警阀	自动喷洒头(闭式)	自动喷洒头(闭式)

　　4. 标题栏

　　以表格的形式画在图纸的右下角,内容包括图名、图号、项目名称、设计者姓名、图纸采用的比例等。

　　5. 比例

　　管道图纸上的长短与实际大小相比的关系叫做比例;是制图者根据所表示部分的复杂程度和画图的需要选择的比例关系。

　　6. 方位标

　　方位标是用以确定管道安装方位基准的图标,画在管道底层平面图上,一般用指北针、风玫瑰图等表示建(构)筑物或管线的方位。方位标的常见形式见图1-25。

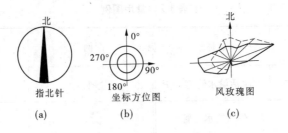

图 1-25　方位标的常见形式

7. 坡度及坡向

坡度及坡向表示管道倾斜的程度和高低方向,坡度用符号"i"表示,在其后加上等号并注写坡度值;坡向用单面箭头表示,箭头指向低的一端,如图 1-26 所示。

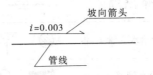

图 1-26　坡度及坡向的标注

1.2.2　建筑给水排水工程施工图的识读方法

阅读给水排水施工图一般应遵循从整体到局部、从大到小、从粗到细的原则。对于一套图纸,看图的顺序是先看图纸目录,了解建设工程的性质、设计单位、管道种类、搞清楚这套图纸有多少张,有几类图纸,以及图纸编号;其次是看施工图说明、材料表等一系列文字说明;然后把平面图、系统图、详图等交叉阅读。对于一张图纸而言,首先是看标题栏,了解图纸名称、比例、图号、图别等,最后对照图例和文字说明进行细读。

阅读主要图纸之前,应当先看说明和设备材料表,然后以系统图为线索深入阅读平面图、系统图及详图。

阅读时,应三种图相互对照来看。先看系统图,对各系统做到大致了解。看给水系统图时,可由建筑的给水引入管开始,沿水流方向经干管、立管、支管到用水设备;看排水系统图时,可由排水设备开始,沿排水方向经支管、横管、立管、干管到排出管。

1.2.2.1　平面图的识读

室内给水排水管道平面图是施工图纸中最基本和最重要的图纸,常用的比例是1:100和1:50两种。它主要表明建筑物内给水排水管道及卫生器具和用水设备的平面布置。图上的线条都是示意性的,同时管材配件如活接头、补心、管箍等也不画出来,因此在识读图纸时还必须熟悉给水排水管道的施工工艺。

在识读管道平面图时,应该掌握的主要内容和注意事项如下:

(1)查明卫生器具、用水设备和升压设备的类型、数量、安装位置、定位尺寸。

(2)弄清给水引入管和污水排出管的平面位置、走向、定位尺寸、与室外给水排水管网的连接形式、管径及坡度等。

(3)查明给水排水干管、立管、支管的平面位置与走向,管径尺寸及立管编号。从平面图上可清楚地查明是明装还是暗装,以确定施工方法。

(4)消防给水管道要查明消火栓的布置、口径大小及消防箱的形式与位置。

(5)在给水管道上设置水表时,必须查明水表的型号、安装位置以及水表前后阀门的设置情况。

(6)对于室内排水管道,还要查明清通设备的布置情况,清扫口和检查口的型号与位置。

1.2.2.2　系统图的识读

给水排水管道系统图主要表明管道系统的立体走向。

在给水系统图上,卫生器具不画出来,只须画出水龙头、淋浴器莲蓬头、冲洗水箱等符号;用水设备如锅炉、热交换器、水箱等则画出示意性的立体图,并在旁边注以文字说明。

在排水系统图上也只画出相应的卫生器具的存水弯或器具排水管。

在识读系统图时,应掌握的主要内容和注意事项如下:

(1)查明给水管道系统的具体走向,干管的布置方式,管径尺寸及其变化情况,阀门的设置,引入管、干管及各支管的标高。

(2)查明排水管道的具体走向,管路分支情况,管径尺寸与横管坡度,管道各部分标高,存水弯的形式,清通设备的设置情况,弯头及三通的选用等。识读排水管道系统图时,一般按卫生器具或排水设备的存水弯、器具排水管、横支管、立管、排出管的顺序进行。

(3)系统图上对各楼层标高都有注明,识读时可据此分清管路是属于哪一层的。

1.2.2.3　详图的识读

室内给水排水工程的详图包括节点图、大样图、标准图,主要是管道节点、水表、消火栓、水加热器、开水炉、卫生器具、套管、排水设备、管道支架等的安装图及卫生间大样图等。

这些图都是根据实物用正投影法画出来的,图上都有详细尺寸,可供安装时直接使用。

1.2.3　住宅楼给水排水工程施工图识读实例

这里以图 1-27 ~ 图 1-30 所示的给水排水施工图中西单元西住户为例介绍其识读过程。

1.2.3.1　施工说明

本工程施工说明如下:

(1)图中尺寸标高以 m 计,其余均以 mm 计。本住宅楼日用水量为 13.4 t 。

(2)给水管采用 PP - R 管材与管件连接;排水管采用 UPVC 塑料管,承插粘接。出屋顶的排水管采用铸铁管,并刷防锈漆、银粉各 2 道。给水管 $De16$ 及 $De20$ 管壁厚为 2.0 mm, $De25$ 管壁厚为 2.5 mm 。

(3)给水排水支吊架安装见 98S10(见另图集书,下同),地漏采用高水封地漏。

(4)坐便器安装见 98S1 - 85,洗脸盆安装见 98S1 - 41,住宅洗涤盆安装见 98S1 - 9,拖布池安装见 98S1 - 8,浴盆安装见 98S1 - 73 。

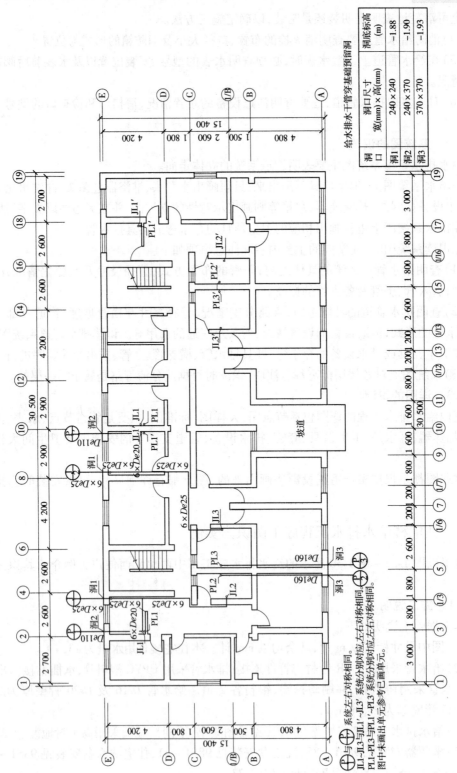

图 1-27　底层给水排水平面图

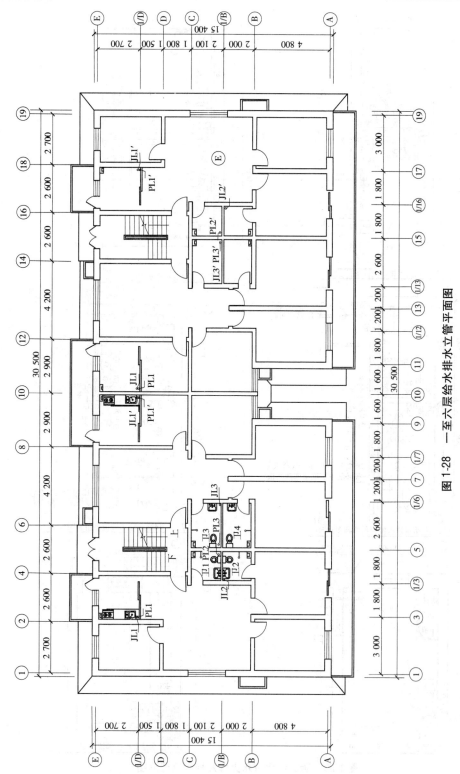

图1-28 一至六层给水排水立管平面图

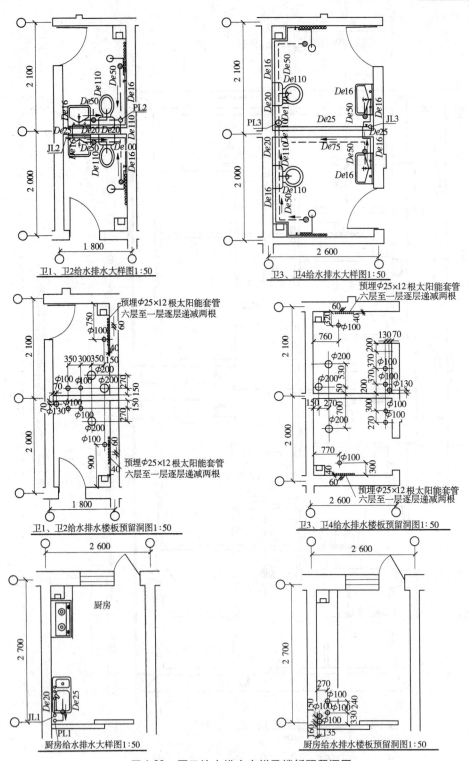

图 1-29　厨卫给水排水大样及楼板预留洞图

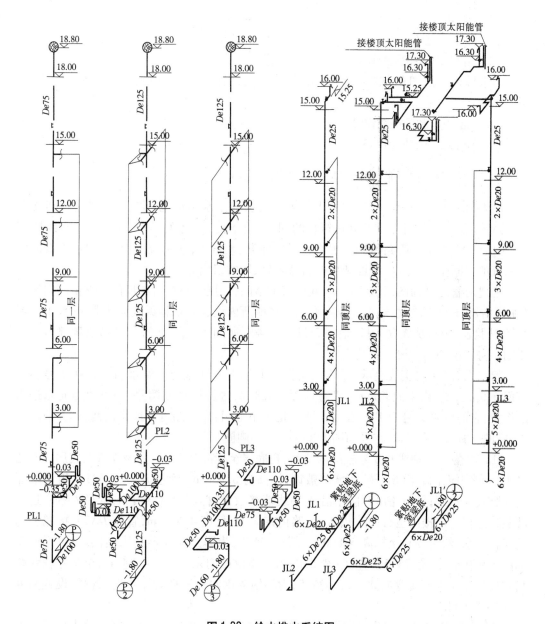

图 1-30 给水排水系统图

（5）给水采用一户一表出户安装，安装详见××市供水公司图集 XSB-01。所有给水阀门均采用铜质阀门。

（6）排水立管在每层标高 250 mm 处设伸缩节，伸缩节做法见 98S1-156~158。

（7）排水横管坡度采用 0.026。

（8）凡是外露与非采暖房间给水排水管道均采用 40 mm 厚聚氨酯保温。

（9）卫生器具采用优质陶瓷产品，其规格型号由甲方定。

（10）安装完毕进行水压试验，试验工作严格按现行规范要求进行。

（11）说明未详尽之处均严格按现行规范及 98S1 规定施工及验收。

1.2.3.2　图例

本工程图例见表1-2。

1.2.3.3　给水排水平面图识读

给水排水平面图的识读一般从底层开始,逐层阅读。给排水平面图如图1-27 ~ 图1-29所示。

1.2.3.4　给水排水系统图识读

给水排水系统图见图1-30。

1.2.4　办公楼给水排水工程施工图识读实例

图1-31 ~ 图1-33是一栋三层结构的小型办公楼给水排水施工图,试对其进行阅读。

从平面图中,我们可以了解建筑物的朝向、基本构造、有关尺寸,掌握各条管线的编号、平面位置,管子和管路附件的规格、型号、种类、数量等;从系统图中,我们可以看清管路系统的空间走向、标高、坡度和坡向、管路出入口的组成等。

通过对管道平面图的识读可知,底层有淋浴间,二层和三层有厕所间。淋浴间内设有4组淋浴器、1只洗脸盆,还有1只地漏。二楼厕所内设有高水箱蹲式大便器3套、小便器2套、洗脸盆1只、洗涤盆1只、地漏2只。三楼厕所内卫生器具的布置和数量都与二楼相同。每层楼梯间均设一组消火栓。

给水系统(用粗实线表示)是生活与消防共用下分式系统。给水引入管在7号轴线东面615 mm处,由南向北进屋,管道埋深 - 0.8 m,进屋后分成两路,一路由西向东进入淋浴室,它的立管编号为JL1,在平面图上是个小圆圈;另一路进屋继续向北,作为消防用水,它的立管编号是JL2,在平面图上也是一个小圆圈。

JL1设在A号轴线和8号轴线的墙角,自底层至标高7.900 m。该立管在底层分两路供水,一路由南向北沿8号轴线墙壁敷设,标高为0.950 m,管径DN32,经过4组淋浴器进入卧式贮水罐;另一路由西向东沿A轴线墙壁敷设,标高为0.350 m,管径DN15,送入洗脸盆。在二层楼内也分两路供水,一路由南向北,标高4.800 m,管径DN20,接龙头为洗涤盆供水,然后登高至标高5.800 m,管径DN20,为蹲式大便器高水箱供水,再返低至标高3.950 m,管径DN15,为洗脸盆供水;另一路由西向东,标高4.300 m,至9号轴线登高到标高4.800 m转弯向北,管径DN15,为小便斗供水。三楼管路走向、管径、设置高度均与二楼相同。

JL2设在B号轴线和7号轴线的楼梯间内,在标高1.000 m处设闸门,消火栓编号为H1、H2、H3,分别设于一、二、三层距地面1.20 m处。

在卧式贮水罐S 126 - 2上,有五路管线同它连接:罐端部的上口是DN32蒸汽管进罐,下口是DN25凝结水管出罐(附一组内疏水器和3只阀门组成的疏水装置,疏水装置的安装尺寸与要求详见《采暖通风国家标准图集》),贮水罐底部是DN32冷水管进罐,顶部是DN32热水管出罐,底部还有一路DN32排污管至室内明沟。

热水管(用点画线表示)从罐顶部接出,加装阀门后朝下转弯至1.100 m标高后由北向南,为4组淋浴器供应热水,并继续向前至A轴线墙面朝下至标高0.525 m,然后自西向东为洗脸盆提供热水。热水管管径从罐顶出来至前2组淋浴器为DN32,后2组淋浴器

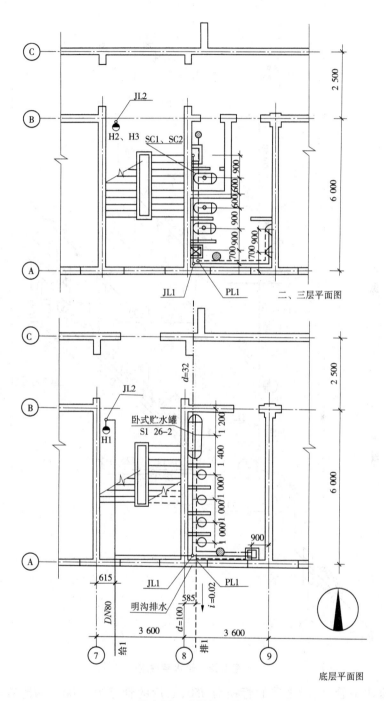

图 1-31　底层平面图

热水干管管径 $DN25$，通洗脸盆一段管径为 $DN15$。

　　排水系统(用粗虚线表示)在二楼和三楼都是分两路横管与立管相连接:一路是地漏、洗脸盆、3 只蹲式大便器和洗涤盆组成的排水横管,在横管上设有清扫口(图面上用 SC1、SC2 表示),清扫口之前的管径为 $d50$,之后的管径为 $d100$;另一路是两只小便斗和地

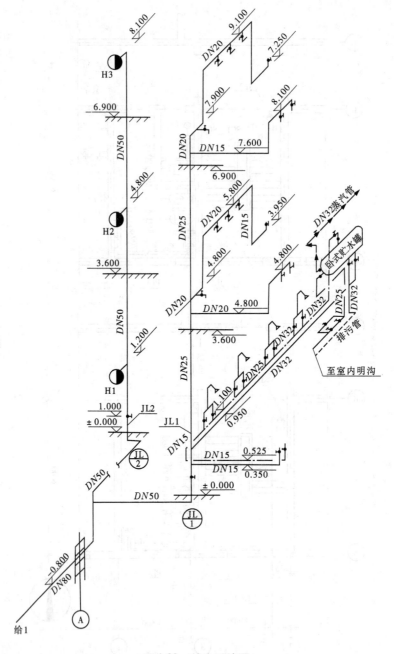

图 1-32　给水系统图

漏组成的排水横管,地漏之前的管径为 $d50$,之后的管径为 $d100$。两路管线坡度均为 0.02。底层是洗脸盆和地漏所组成的排水横管,属埋地敷设,地漏之前管径为 $d50$,之后为 $d100$,坡度 0.02。

排水立管及通气管管径 $d100$,立管在底层和三层分别距地面 1.00 m 处设检查口,通气管伸出屋面 0.7 m。排出管管径 $d100$,过墙处标高 −0.900 m,坡度 0.02。

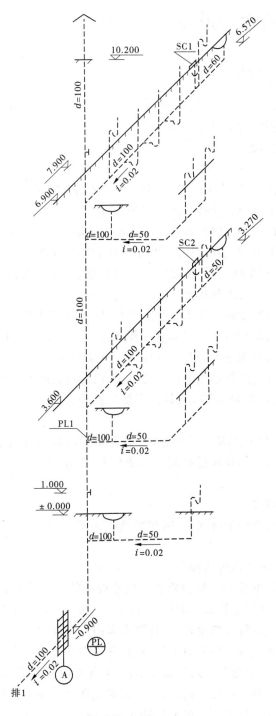

图 1-33　排水系统图

1.3　建筑给水管道安装

1.3.1　给水管材及管件

了解给水工程中常用材料及设备,对从事给水工程施工的人员来说是至关重要的。本节重点介绍给水工程中的常用管材、管件。

1.3.1.1　表征管道的参数

1.管子与管路附件的公称直径

公称直径也称公称口径、公称通径,是为了使管子、管件、阀门等相互连接而规定的标准直径。公称直径以字母 DN 表示,其后附加公称直径数值。公称直径的数值近似于管子内径的整数或与内径相等。例如 $DN40$,则表示公称直径为 40 mm 的管子、管件或阀门等。其中 $DN15$、$DN20$、$DN25$、$DN32$、$DN40$、$DN50$、$DN65$、$DN80$、$DN100$、$DN125$、$DN150$、$DN175$、$DN200$、$DN300$、$DN400$、$DN500$、$DN600$ 等 17 种规格是最常用的公称直径。

2.公称压力、试验压力、工作压力

不同的材料在不同温度时所能承受的压力不同。在工程上把某种材料在介质温度为标准温度(某一温度范围)时所承受的最大工作压力称为公称压力,用符号 PN 表示,其后附加公称压力数值。如公称压力为 1.6 MPa,可记为 $PN1.6$。

管子与管路附件在出厂前必须进行压力试验,以检查其强度。对制品进行强度试验的压力称为试验压力,以符号 P_s 表示,其后附加试验压力数值。如试验试压力 3.0 MPa 用 $P_s3.0$ 表示。

工作压力用符号 P 表示,其右下角附加介质最高温度数字,该数字是以 10 除介质最高温度数值所取的整数。如介质最高温度为 200 ℃、工作压力为 1.0 MPa,用 $P_{20}1.0$ 表示。

1.3.1.2　给水管材及连接

建筑内给水管材最常用的有钢管、铸铁管、塑料管等。

1.钢管

钢管有焊接钢管、无缝钢管两种。

焊接钢管又分镀锌钢管和非镀锌钢管。钢管镀锌的目的是防锈、防腐,不使水质变坏,延长使用年限。生活用水管采用镀锌钢管($DN < 150$ mm),自动喷水灭火系统的消防给水管采用镀锌钢管或镀锌无缝钢管,并且要求采用热浸镀锌工艺生产的产品。水质没有特殊要求的生产用水或独立的消防系统,才允许采用非镀锌钢管。无缝钢管按制造方法分为热轧和冷轧,其精度分为普通和高级两种,由普通碳素钢、优质碳素钢、普通低合金钢和合金结构钢制造。其承压能力较高,在普通焊接钢管不能满足水压要求时选用。普通焊接钢管一般用于工作压力不超过 1.0 MPa 的管路中;加厚焊接钢管一般用于工作压力介于 1.0 ~ 1.6 MPa 的范围内;在工作压力超过 1.6 MPa 的高层和超高层建筑给水工程中应采用无缝钢管。

钢管强度高,承受流体的压力大、抗震性能好、长度大、重量比铸铁管轻、接头少、加工安装方便,但造价较铸铁管高、抗腐蚀性差。

钢管的连接方法有螺纹连接、焊接和法兰连接。

(1)螺纹连接。螺纹连接是利用配件连接,连接配件的形式及其应用如图 1-34 所示。配件用可锻铸铁制成,抗蚀性及机械强度均较大,也分镀锌和非镀锌两种,钢制配件较少。室内生活给水管道应用镀锌配件,镀锌钢管须用螺纹连接。多用于明装管道。

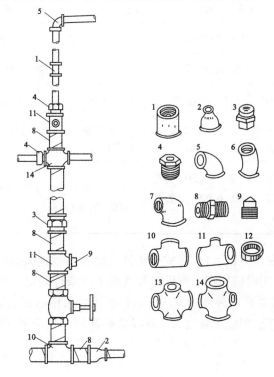

1—管箍;2—异径管箍;3—活接头;4—补心;5—90°弯头;6—45°弯头;7—异径弯头;

8—内管箍;9—管塞;10—等径三通;11—异径三通;12—根母;13—等径四通;14—异径四通

图 1-34　螺纹连接配件

(2)焊接:焊接连接的方法有电弧焊和气焊两种,一般管径 $DN > 32$ mm 采用电弧焊,管径 $DN \leqslant 32$ mm 采用气焊。

焊接的优点是接头紧密,不漏水,施工迅速,不需要配件。缺点是不能拆卸。焊接只能用于非镀锌钢管,因为镀锌钢管焊接时锌层被破坏,反而加速锈蚀,多用于暗装管道。

(3)法兰连接:在较大管径的管道上(50 mm以上),常将法兰盘焊接或用螺纹连接在管端,再以螺栓连接它。法兰连接一般用在连接闸阀、止回阀、水泵、水表等处,以及需要经常拆卸、检修的管段上。建筑给水工程多采用钢制圆形平焊法兰,如图 1-35 所示。

2. 铸铁管

铸铁管具有耐腐蚀性强、使用期长、价格低等

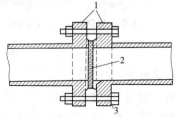

1—法兰;2—垫片;3—螺栓

图 1-35　法兰连接

优点,但是管壁厚、重量大、质脆、强度较钢管差,尤其适用于埋地敷设。铸铁管分类见表1-3,球墨铸铁管较普通铸铁管管壁薄、强度高,接口及配件与铸铁管相同。

表1-3　铸铁管分类

分类方法	分类名称				
按制造材料	普通灰口铸铁管		球墨铸铁管		
按接口形式	承插式铸铁管		法兰铸铁管		
按浇注形式	砂型离心铸铁管		连续铸铁直管		
按壁厚	P级	G级	LA级	A级	B级
型号表示	砂型管 P – 500 – 6 000	砂型管 G – 500 – 6 000	连续管 LA – 500 – 5 000	连续管 A – 500 – 5 000	连续管 B – 500 – 5 000
代表意义	P、G 为壁厚分级,500 为公称直径(mm),6 000 为管长(mm)		LA、A、B 为壁厚分级,500 为公称直径(mm),5 000为管长(mm)		

铸铁管件材质为灰口铸铁,接口形式分承插连接和法兰连接,图1-36 所示为常用的几种连接配件举例,选用时应根据工作压力及其他工作条件确定。给水铸铁管单根长度3～6 m,有承插式和法兰式两种连接方法。承插连接可采用石棉水泥接口,如图1-37 所示,承插接口应用最广泛,但施工强度大。在经常拆卸的部位应采用法兰连接,但法兰接口只用于明敷管道。

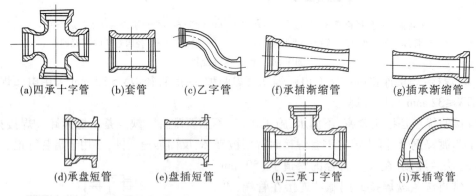

(a)四承十字管　　(b)套管　　(c)乙字管　　(f)承插渐缩管　　(g)插承渐缩管

(d)承盘短管　　(e)盘插短管　　(h)三承丁字管　　(i)承插弯管

图1-36　给水铸铁管件举例

3. 塑料管

由于钢管易锈蚀、腐化水质,随着人们生活水平愈来愈高,给水塑料管的应用日趋广泛。塑料管有优良的化学稳定性,耐腐蚀,不受酸、碱、盐、油类等物质的侵蚀;物理机械性能亦好,不燃烧、无不良气味、质轻而坚,比重仅为钢的1/5。塑料管管壁光滑,容易切割,并可制成各种颜色,尤其是代替金属管材可节省金属。但强度低、耐久性差、耐温性差

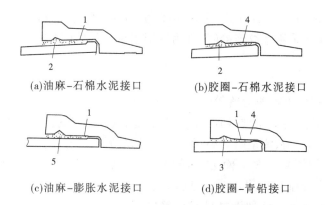

(a)油麻-石棉水泥接口 (b)胶圈-石棉水泥接口

(c)油麻-膨胀水泥接口 (d)胶圈-青铅接口

1—油麻;2—石棉水泥填料;3—青铅填料;4—胶圈;5—膨胀水泥填料

图 1-37 给水铸铁管承插接口

(使用温度为 -5 ~ 45 ℃),因而使用受到一定限制。塑料管规格见表1-4。

表 1-4 给水塑料管类型

系别	符号	化学名称	系别	符号	化学名称
氯乙烯系	UPVC	硬聚氯乙烯	聚烯烃系	PB	聚丁烯
	HIPVC			PP	聚丙烯
	HTPVC				丁二烯
聚烯烃系	HDPE	高密度聚乙烯	ABS 系		ABS 丙烯氰
	LDPE	低密度聚乙烯			
	PEX	交联聚乙烯			苯乙烯共聚树脂

UPVC 管的全称是低塑性或不增塑聚氯乙烯管,由聚氯乙烯树脂与稳定剂、润滑剂等配合后用热压法挤压成型。

UPVC 管抗腐蚀力强、技术成熟、易于黏合、价格低廉、质地坚硬,但由于有 UPVC 单体和添加剂渗出,只适用于输送温度不超过 45 ℃的给水系统中。

聚乙烯管(PE 管),耐腐蚀且韧性好,连接方法为熔接、机械式胶圈压紧接头。PE 管又分为 HDPE 管(高密度聚乙烯管)、LDPE 管(低密度聚乙烯管)和 PEX 管(交联聚乙烯管),其中 HDPE 管有较好的疲劳强度和耐温度性能,可挠性和抗冲击性能也较好;PEX 管通过特殊工艺使材料分子结构由链状转成网状,提高了管材的强度和耐热性,可用于热水供应系统,但需用金属件连接。

聚丁烯管(PB 管),是一种半结晶热塑性树脂,耐腐蚀、抗老化、保温性能好,具有良好的抗拉、抗压强度,耐冲击,高韧性,可随意弯曲,使用年限 50 年以上。PB 管的接口方式主要有挤压连接和热熔焊接。

聚丙烯管(PP 管),改性的聚丙烯管还有 PP – R、PP – C 管,耐热性能较好,低温时脆性大,宜用于热水系统。

ABS 管是丙烯氰、丁二烯、苯乙烯的三元共聚物,具有良好的耐蚀性、韧性、强度,综合性能较高,可用于冷、热水系统中,多采用粘接,但粘接固化时间较长。

塑料管的连接可采用螺纹连接(配件为注塑制品)、焊接(热空气焊)、法兰连接、粘接等方法。

4.其他管材

给水管还可采用铜管、复合管等管材。

铜管强度大,比塑料管坚硬,韧性好,不易裂缝,具有良好的抗冲击性能,延展性高;质量比钢管轻,且表面光滑,流动阻力小;耐热、耐腐蚀、耐火、经久耐用。复合管是金属与塑料混合型管材,有铝塑复合管和钢塑复合管两类,它结合了金属管材和塑料管材的优势。

铝塑复合管内外壁均为聚乙烯,中间以铝合金为骨架,如图 1-38 所示。该种管材具有质量轻、耐压强度好、输送流体阻力小、耐化学腐蚀性能强、接口少、安装方便、耐热、可挠曲、美观等优点,是一种可用于给水、热水、供暖、煤气等方面的多用途管材,在建筑给水范围可用于给水分支管。

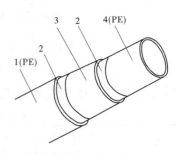

钢塑复合管分衬塑和涂塑两大系列。第一系列为衬塑的钢塑复合钢管,兼有钢材强度高和塑料耐腐蚀的优点,但需在工厂预制,不宜在施工现场切割。第二系列为涂塑钢管,是将高分子粉末涂料均匀地涂敷在金属表面经固化或塑化后,在金属表面

1—外层聚乙烯 PE 管;2—黏合剂;
3—铝层;4—内层聚乙烯 PE 管

图 1-38 铝塑复合管结构图

形成一层光滑、致密的塑料涂层,它也具备第一系列的优点。

1.3.2 给水管道预制加工

管道加工是指管子的调直、切割、套丝、煨弯及制作异型管件等过程。

1.3.2.1 管子切断

在管路安装前,需要根据安装的长度和形状将管子切断。常见的切断方法有锯割、刀割、气割、磨割、凿切、等离子切割等。

1.锯割

用手锯断管,应将管材固定在压力案的压力钳内,将锯条对准画线,双手推锯,锯条要保持与管的轴线垂直,推拉锯用力要均匀,锯口要锯到底,不许扭断或折断,以防管口断面变形,手工钢锯架见图 1-39。

(a)固定锯架   (b)可调锯架

图 1-39 手工钢锯架

2.刀割

刀割是指用管子割刀切断管子。一般用于切割直径 50 mm 以下的管子,具有操作简

便、速度快、切口断面平整的优点(见图1-40)。

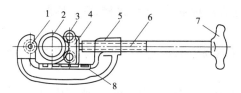

1—滚刀;2—被割管子;3—压紧滚轮;4—滑动支座;5—螺母;6—螺杆;7—把手;8—滑道

图1-40　管子割刀

使用管子割刀切割管子时,应将割刀的刀片对准切割线平稳切割,不得偏斜,每次进刀量不可过大,以免管口受挤压使管径变形,并应对切口处加油。管子切断后,应用铰刀铰去缩小部分。

3.气割

利用可燃气体同氧气混合燃烧所产生的火焰分离材料的热切割,又称氧气切割或火焰切割。气割时,火焰在起割点将材料预热到燃点,然后喷射氧气流,使金属材料剧烈氧化燃烧,生成的氧化物熔渣被气流吹除,形成切口。用乙炔气的切割效率最高,质量较好,但成本较高。气割设备主要是割炬和气源。割炬是产生气体火焰、传递和调节切割热能的工具,其结构影响气割速度和质量(见图1-41)。采用快速割嘴可提高切割速度,使切口平直、表面光洁。

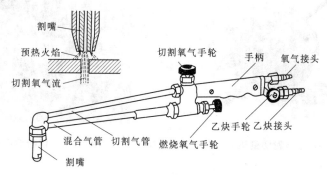

图1-41　气割割炬

1)操作前的检查

(1)乙炔发生器(乙炔气瓶)、氧气瓶、胶管接头、阀门的紧固件应紧固牢靠,不准有松动、破烂和漏气。氧气及其附件、胶管、工具上禁止粘油。

(2)氧气瓶、乙炔管有漏气、老化、龟裂等,不得使用。管内应保持清洁,不得有杂物。

2)操作步骤

使用乙炔气瓶气焊(割)的操作步骤:

(1)将乙炔减压器与乙炔瓶阀,氧气减压器与氧气瓶阀,氧气软管与氧气减压器,乙炔软管与乙炔减压器,氧气、乙炔软管与焊(割)炬均可靠连接。

(2)分别开启乙炔瓶阀和氧气瓶阀。

(3)对焊(割)炬点火,即可工作。

（4）工作完毕后，依次关闭焊（割）乙炔阀、氧气阀，再关闭乙炔瓶阀、氧气瓶阀，然后拆下氧气、乙炔软管，并检查清理场地，灭绝火种，方可离开。

3）操作注意事项

（1）焊接场地，禁止存放易燃易爆物品，应备有消防器材，有足够的照明和良好的通风。

（2）乙炔发生器（乙炔瓶）、氧气瓶周围10 m范围内，禁止烟火。乙炔发生器与氧气瓶之间的距离不得小于7 m。

（3）检查设备，若附件及管路漏气，可用肥皂水试验，周围不准有明火或吸烟。

（4）氧气瓶必须用手或扳手旋取瓶帽，禁止用铁锤等铁器敲击。

（5）旋开氧气瓶、乙炔瓶阀门不要太快，防止压力气流激增，造成瓶阀冲出等事故。

（6）氧气瓶嘴不得沾染油脂。冬季使用，如瓶嘴冻结，不许用火烤，只能用热水或蒸气加热。

4. 磨割

用砂轮锯断管，应将管材放在砂轮锯卡钳上，对准画线卡牢，进行断管。断管时压手柄用力要均匀，不要用力过猛，断管后要将管口断面的铁膜、毛刺清除干净（见图1-42、图1-43）。

图1-42　砂轮切割机

图1-43　切断坡口机

5. 其他切割方法

1）凿切

凿切主要用于铸铁管及陶土管切断。铸铁管硬而脆，切割的方法与钢管有所不同。目前，通常采用凿切，有时也采用锯割和磨割。

2）塑料管材切断

PP－R管和铝塑复合管的切断可用专用的切管刀。

6. 管子切割要求

（1）管道截断根据不同的材质采用不同的工具。

（2）碳素钢管宜采用机械方法切割。当采用氧－乙炔火焰切割时，必须保证尺寸正确和表面平整。

（3）不锈钢管宜采用机械方法或等离子方法切割。不锈钢管用砂轮切割或修磨时，应使用专用砂轮片。

（4）断管：根据现场测绘草图，在选好的管材上画线，按线断管。

①用砂轮锯断管时,应将管材放在砂轮锯卡钳上,对准画线卡牢,进行断管。断管时压手柄用力要均匀,不要用力过猛。断管后要将管口断面的铁膜、毛刺清除干净。

②用手锯断管时,应将管材固定在台虎钳的压力钳内,将锯条对准画线,双手推锯,锯条要保持与管的轴线垂直,推拉锯用力要均匀,锯口要锯到底,不准将未切完的管子扭断或折断,以防管口断面变形。

（5）钢管管子切口质量应符合下列规定：

切口表面应平整、无裂纹、重皮、毛刺、凸凹、缩口、熔渣、氧化物、铁屑等。切口端面倾斜偏差Δ（见图1-44）不应大于管子外径的1%,且不超过3 mm。

管子切口端面倾斜

图1-44　切口断面示意图

（6）钢塑复合管截管宜采用锯床,不得采用砂轮切割。当采用盘锯切割时,其转速不得大于800 r/min;当采用手工锯截管时,其锯面应垂直于管轴心。铝塑复合管管道:公称外径 De 不大于 32 mm 的管道,安装时应先将管卷展开、调直。截断管道应使用专用管剪或管子割刀。

（7）超薄壁不锈钢塑料复合管管道在安装前发现管材有纵向弯曲的管段时,应采用手工方法进行校直,不得锤击划伤。管道在施工中不得抛、摔、踏踩。超薄壁不锈钢塑料复合管 DN≤50 mm 的管材宜使用专用割刀手工断料,或专用机械切割机断料;DN>50 mm 的管材宜使用专用机械切割机断料。手工割刀应有良好的同圆性。

（8）铜管切割:铜及铜合金管的切割可采用钢锯、砂轮锯,但不得采用氧－乙炔焰切割。铜及铜合金管坡口加工采用锉刀或坡口机,但不得采用氧－乙炔焰来切割加工。夹持铜管的台虎钳钳口两侧应垫以木板衬垫,以防夹伤管子。

1.3.2.2　钢管套丝

管道中螺纹连接所用的螺纹称为管螺纹。管螺纹的加工习惯上称为套丝,是管道安装中最基本的、应用最多的操作技术之一。

钢管螺纹连接一般均采用圆锥螺纹与圆柱内螺纹连接,简称锥接柱。钢管套丝就是指对钢管末段进行外螺纹加工。加工方法有手工套丝和机械套丝两种。

1. 管螺纹

管螺纹有圆柱形螺纹和圆锥形螺纹两种。

一般情况下,管子和管子附件的外螺纹（外丝）用圆锥状螺纹,管子配件以及设备接口的内螺纹（内丝）用圆柱状螺纹。圆锥状螺纹和圆柱状螺纹齿形和尺寸相同,但圆柱状螺纹锥度为零。圆锥状螺纹锥度角φ为 1°47′24″。常用管螺纹尺寸见表1-5。

2. 管螺纹加工

1）手工套丝

手动套丝板如图1-45所示。用手工套丝板套丝,先松开固定板机,把套丝板板盘退到零度,按顺序号上好板牙,把板盘对准所需刻度,拧紧固定板机,将管材放在压力案压力钳内,留出适当长度卡紧,将套丝板轻轻套入管材,使其松紧适度,而后两手推套丝板,带上 2～3 扣,再站到侧面扳转套丝板,用力要均匀,待丝扣即将套成时,轻松开板机,开机退板,保持丝扣应有锥度。

表1-5　管子螺纹尺寸

项次	公称直径		普通丝头		长丝（连接设备用）		短丝（连接阀类用）	
	（mm）	（in）	长度（mm）	螺纹数	长度（mm）	螺纹数	长度（mm）	螺纹数
1	15	$\frac{1}{2}$	14	8	50	28	12.0	6.5
2	20	$\frac{3}{4}$	16	9	55	30	13.5	7.5
3	25	$1\frac{1}{4}$	18	8	60	26	15.0	6.5
4	32	$1\frac{1}{4}$	20	9	65	28	17.0	7.5
5	40	$1\frac{1}{2}$	22	10	70	30	19.0	8.0
6	50	2	24	11	75	33	21.0	9.0
7	70	$2\frac{1}{2}$	27	12	85	37	23.5	10.0
8	80	3	30	13	100	44	26.0	11.0

注：螺纹长度均包括螺尾在内。

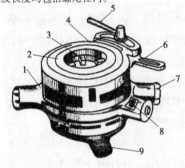

1—铰板本体；2—固定盒；3—板牙；4—活动标盘；5—标盘固定把手；
6—板牙松紧把手；7—手柄；8—棘轮子；9—后卡爪手柄

图1-45　手动套丝板

2）机械套丝

机械套丝是指用套丝机加工管螺纹。目前在安装现场已普遍使用套丝机来加工管螺纹。

套丝机按结构型式分为两类，一类是板牙架旋转，用卡具夹持管子纵向滑动，送入板牙内加工管螺纹；另一类是用卡具夹持管子旋转，纵向滑动板牙架加工管螺纹。目前使用第二种的套丝机较多。这种套丝机由电动机、卡盘、割管刀、板牙架和润滑油系统等组成。电动机、减速箱、空心主轴、冷却循环泵均安装在同一箱体内，板牙架、割管刀、铣刀都装在托架上，电动套丝机如图1-46所示。

图1-46　电动套丝机

套丝机的使用步骤：

（1）在板牙架上装好板牙。

（2）将管子从后卡盘孔穿入到前卡盘，留出合适的套丝长度后卡紧。

（3）放下板牙架，加机油后按开启按钮使机器运转，扳动进给把手，使板牙对准管子端部，稍加一点压力，于是套丝机就开始工作。

（4）板牙对管子很快就套出一段标准螺纹，然后关闭开关，松开板牙头，退出把手，拆下管子。

（5）用管子割刀切断管子套丝后，应用铣刀铣去管内径缩口边缘部分。

3. 管螺纹的质量要求

管螺纹的加工质量好坏是决定螺纹连接严密与否的关键环节。按质量要求加工的管螺纹，即使不加填料，也能保证连接的严密性；质量差的管螺纹，即使加较多的填料，也难保证连接的严密。为此，管螺纹应达到以下质量标准：

（1）螺纹表面应光洁、无裂缝，可微有毛刺。

（2）螺纹断缺总长度，不得超过规定长度的10%，各断缺处不得纵向连贯。

（3）螺纹高度减低量，不得超过15%。

（4）螺纹工作长度可允许短15%，但不应超长。

（5）螺纹不得有偏丝、细丝、乱丝等缺陷。

1.3.3　给水管道连接

管道连接是指按照设计图纸和有关设计规范的要求，将已经加工预制好的管子与管子或管子与管件和阀门等连接成一个完整的系统，以保证使用功能正常。

管道连接的方法很多，常用的有螺纹连接、法兰连接、焊接连接、承插连接、粘接连接、热熔连接、卡套连接等，具体施工过程中，应根据管材、管径、壁厚、工艺要求等选用适合的连接方法。

1.3.3.1　螺纹连接

螺纹连接也称丝扣连接，即将管端加工的外螺纹和管件的内螺纹紧密连接。螺纹连接适用于焊接钢管150 mm以下管径以及带螺纹的阀类和设备接管的连接，适用于工作压力在1.6 MPa内的给水、热水、低压蒸汽、燃气等介质。

1. 管螺纹及其连接形式

用于管子连接的管螺纹为英制三角形右螺纹（正丝扣），有圆锥形和圆柱形两种。螺纹管件的内螺纹应采用管螺纹，有右螺纹（正丝扣）、左螺纹（反丝扣）两种。除连接散热器的堵头、补心有右、左两种螺纹规格外，常用管件均为右螺纹。管件的公称通径是按连接管子的公称通径标明的。

管螺纹的连接方式有如下三种：

（1）圆柱形接圆柱形螺纹。管端外螺纹和管件内螺纹都是圆柱形螺纹的连接，如图1-47（a）所示。这种连接在内外螺纹之间存在平行而均匀的间隙，这一间隙是靠填料和管螺纹尾部1～2扣稍有粗度的螺纹压紧而严密的。

（2）圆锥形接圆柱形螺纹。管端为圆锥形外螺纹，管件为圆柱形内螺纹的连接，如图1-47（b）所示。由于管外螺纹具有1/16的锥度，而管件的内螺纹工作长度和高度都是相等的，故这种连接能使内外螺纹在连接长度的2/3部分有较好的严密性，整个螺纹的连接间隙明显偏大，尤应注意以填料充填方可得到要求的严密度。

(a)圆柱形接圆柱形螺纹

(b)圆锥形接圆柱形螺纹

(c)圆锥形接圆锥形螺纹

图1-47　螺纹

（3）圆锥形接圆锥形螺纹。管子和管件的螺纹都是圆锥形螺纹的连接，如图1-47（c）所示。这种连接内外螺纹面能密合接触，连接的严密性最高，甚至可不加填料，只需要在管螺纹上涂上铅油等润滑油即可拧紧。

2. 螺纹连接步骤

（1）断管：根据现场测绘草图，在选好的管材上画线，按线断管。

（2）套丝：将断好的管材，按管径尺寸分次套制丝扣，一般以管径 15～32 mm 者套 2 次、40～50 mm 者套 3 次、70 mm 以上者套 3～4 次为宜。

（3）配装管件：根据现场测绘草图，将已套好丝扣的管材，配装管件。

①配装管件时应将所需管件带入管丝扣，试试松紧度（一般用手带入 3 扣为宜）。在丝扣处涂铅油、缠麻后带入管件，然后用管钳将管件拧紧，使丝扣外露 2～3 扣，去掉麻头，擦净铅油，编号放到适当位置等待调直。

②根据配装管件的管径的大小选用适当的管钳。管钳的外形如图 1-48 所示。

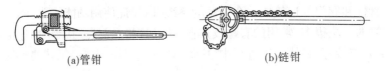
(a)管钳　　　　　　　　　　　　(b)链钳

图1-48　管钳的外形

首先将要连接的两管接头丝头用麻丝按顺螺纹方向缠上少许，再涂抹白铅油，涂抹要均匀，如用聚四氟乙烯胶带更为方便。然后将一个管子用管钳夹紧，在丝头处安上活节，拧进 1/2 活节长，此时再把另一支管子用第二把管钳夹紧，固定住第一把管钳，拧动第二把管钳，将管拧进活节另 1/2，对突出的油麻，用麻绳往复磨断清扫干净。对于介质温度超过 115 ℃的管路接口，可采用黑铅油和石棉绳。

（4）管段调直：将已装好管件的管段，在安装前进行调直。

①在装好管件的管段丝扣处涂铅油，连接两段或数段，连接时不能只顾预留口方向而要照顾到管材的弯曲度，相互找正后再将预留口方向转到合适部位并保持正直。

②管段连接后，调直前必须按设计图纸核对其管径、预留口方向、变径部位是否正确。

③管段调直要放在调管架上或调管平台上，一般两人操作为宜，一人在管段端头目测，一人在弯曲处用手锤敲打，边敲打，边观测，直至调直管段无弯曲，并在两管段连接点处标明印记，卸下一段或数段，再接上另一段或数段直至调完。

④对于管件连接点处的弯曲过死或直径较大的管道，可采用烘炉或气焊加热到600～800 ℃（火红色）时，放在管架上将管道不停地转动，利用管道自重使其平直，或用木板垫在加热处用锤轻击调直，调直后在冷却前要不停地转动，等降到适当温度时在加热处涂抹机油。

凡是经过加热调直的丝扣，必须标好印记，卸下来重新涂铅油缠麻，再将管段对准印记拧紧。

　　⑤配装好阀门的管段,调直时应先将阀门盖卸下来,将阀门处垫实再敲打,以防震裂阀体。

　　⑥镀锌碳素钢管不允许用加热法调直。

　　⑦管段调直时不允许损坏管材。

1.3.3.2　法兰连接

　　法兰是管道之间、管道与设备之间的一种连接装置。在管道工程中,凡需要经常检修或定期清理的阀门、管路附属设备与管子的连接一般采用法兰连接。法兰包括上下法兰片、垫片和螺栓螺母三部分。管道法兰连接如图 1-49 所示。

　　1. 衬垫

　　法兰衬垫根据输送介质选定,制垫时,将法兰放平,光滑密封面朝上,将垫片原材盖在密封面上,用水锤轻轻敲打,刻出轮廓印,用剪刀或凿刀裁制成形,注意留下安装把柄。加垫前,须将密封面刮干净,高出密封面的焊肉须挫平。法兰应垂直于管中心。加垫时应放正,不使垫圈突入管内,其外圆到法兰螺栓孔为宜,不妨碍螺栓穿入。禁止加双垫、偏垫,且按衬垫材质选定在其两侧涂抹的铅油等类涂料。

　　2. 法兰连接方法

　　法兰连接的过程一般分三步进行,首先将法兰装配或焊接在管端,然后将垫片置于法兰之间,最后用螺栓连接两个法兰并拧紧,使之达到连接和密封管路的目的。

　　法兰连接时,无论使用哪种方法,都必须在法兰盘与法兰盘之间垫适应输送介质的垫圈,而达到密封的目的。法兰垫圈应符合要求,不允许使用斜垫圈或双层垫圈。连接时,要注意两片法兰的螺栓孔对准,连接法兰的螺栓应使用同一规格,全部螺母应位于法兰的一侧。紧固螺栓时应按照图 1-50 所示次序进行,大口径法兰最好两人在对称位置同时进行。

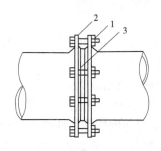

1—螺栓螺母;2—法兰片;3—垫片
图 1-49　管道法兰连接

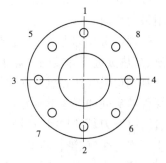

图 1-50　紧固法兰螺栓次序

　　(1)凡管段与管段采用法兰盘连接或管道与法兰阀门连接者,必须按照设计要求和工作压力选用标准法兰盘。

　　(2)法兰盘的连接螺栓直径、长度应符合相关规范要求,紧固法兰盘螺栓时要对称拧紧,紧固好的螺栓外露丝扣应为 2~3 扣,不宜大于螺栓直径的 1/2。

　　(3)法兰盘连接衬垫,一般给水管(冷水)采用厚度为 3 mm 的橡胶垫,供热、蒸汽、生活热水管道应采用厚度为 3 mm 的石棉橡胶垫。垫片要与管径同心,不得放偏。

(4)法兰装配:采用成品平焊法兰时,必须使管与法兰端面垂直,可用法兰弯尺或拐尺在管子圆周上最少 3 个点处检测垂直度,不允许超过 ±1 mm,然后点焊定位,插入法兰的管子端部距法兰密封面应为管壁厚度的 1.3 ~ 1.5 倍,如选用双面焊接管道法兰,法兰内侧的焊缝不得突出法兰密封面。

法兰装配施焊时,如管径较大,要对应分段施焊,防止热应力集中而变形。法兰装配完应再次检测接管垂直度,以确保两法兰的平行度。连接法兰前应将其密封面刮净,焊肉高出密封面应锉平,法兰应垂直于管子中心线,外沿平齐,其表面应互相平行。

(5)紧固螺栓:螺栓使用前刷好润滑油,螺栓以同一方向穿入法兰,穿入后随手戴上螺帽,直至用手拧不动。用活扳手加力时必须对称十字交叉进行,且分 2 ~ 3 次逐渐拧紧,最后螺杆露出长度不宜超过螺栓直径的 1/2。

法兰盘或螺栓处在狭窄空间、特殊位置及回旋空间极小时,可采用梅花扳手、手动套筒扳手、内六角扳手、增力扳手、棘轮扳手等。

1.3.3.3　焊接连接

焊接连接是管道工程中最重要且应用最广泛的连接方法。管子焊接是将管子接口处及焊条加热,达到金属熔化的状态,而使两个被焊件连接成一体。

焊接具有以下特点:

(1)接口牢固严密,焊缝强度一般达到管子强度的 85% 以上,甚至超过母材强度。

(2)焊接是管段间直接连接,构造简单,管路美观整齐,节省了大量定型管件。

(3)焊口严密,不用填料,减少维修工作。

(4)焊口不受管径限制,速度快。

(5)焊接接口是固定接口,连接拆卸困难,如须检修、清理管道则要将管道切断。

1.焊接方法

焊接连接有焊条电弧焊、气焊、手工氩弧焊、埋弧自动焊等。在施工现场,焊条电弧焊和气焊应用最为普遍。

焊条电弧焊通常又称为手工电弧焊,是应用最普遍的熔化焊焊接方法,它是利用电弧产生的高温、高热量进行焊接的。焊条电弧焊如图 1-51 所示。

气焊是利用可燃气体和氧气在焊枪中混合后,由焊嘴中喷出点火燃烧,燃烧产生的热量来熔化焊件接头处和焊丝形成牢固的接头。如图 1-52 所示,气焊主要应用于薄钢板、有色金属、铸铁件、刀具的焊接以及硬质合金等材料的堆焊和磨损件的补焊。气焊所用的可燃气体主要有乙炔气、液化石油气、天然气及氢气等,目前常用的是乙炔气,因为乙炔在纯氧中燃烧时所放出的有效热量最多。

2.焊接方法的选择

手工电弧焊的优点是电弧温度高,穿透能力比气焊大,接口容易焊透,适用厚壁焊件。因此,电焊适用于焊接 4 mm 以上的焊件,气焊适用于焊接 4 mm 以下的薄焊件,在同样条件下电焊的焊缝强度高于气焊。

气焊的加热面积较大,加热时间较长,热影响区域大,焊件因局部加热极易引起变形。而电弧焊加热面积狭小,焊件变形比气焊小得多。

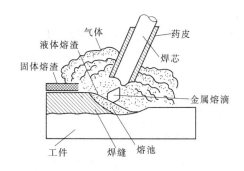

图 1-51　焊条电弧焊过程示意图　　　　　图 1-52　气焊示意图

气焊不但可以焊接,而且可以进行切割、开孔、加热等多种作业,便于在管道施工过程中的焊接和加热。对于狭窄地方接口,气焊可用弯曲焊条的方法较方便地进行焊接作业。

就焊接而言,电焊优于气焊,故应优先选用电焊。具体采用哪种焊接方法,应根据管道焊接工作的条件、焊接结构特点、焊缝所处空间以及焊接设备和材料来选择使用。在一般情况下,气焊用于公称直径小于 50 mm、管壁厚度小于 3.5 mm 的管道连接,电焊用于公称直径等于或大于 50 mm 的管道连接。

1.3.3.4　承插连接

在管道工程中,铸铁管、陶瓷管、混凝土管、塑料管等管材常采用承插连接。承插连接就是把管道的插口插入承口内,然后在四周的间隙内加满填料打实密封。主要适用于给水、排水、化工、燃气等工程。

承插连接是将管子或管件的插口(俗称小头)插入承口(俗称喇叭口),并在其插接的环形间隙内填入接口材料的连接。按接口材料不同,承插连接分为石棉水泥接口、水泥接口、自应力水泥砂浆接口、三合一水泥接口、青铅接口等。

承插接口的填料分两层:内层用油麻丝或胶圈,其作用是使承插口的间隙均匀,并使下一步的外层填料不致落入管腔,有一定的密封作用;外层填料主要起密封和增强的作用,可根据不同要求选择接口材料。

1.铸铁管承插连接的操作方法

1)管材检查及管口清理

铸铁管及管件在连接前必须进行检查,一是检查是否有砂眼;二是检查是否有裂纹,裂纹是由于铸铁管性脆,在运输及装卸中碰撞而形成的。

2)管子对口

将承插管的插口插入承口内,使插口端部与承口内部底端保留 2~3 mm 的对口间隙,并尽量使接口的环形缝隙保持均匀。

3)填麻、打麻(或打橡胶圈)

将麻线拧成粗度大于接口环开缝隙的线股,用捻凿打入接口缝隙,打麻的深度一般应为承口深度的1/3。当管径大于 300 mm 时,可用橡胶圈代替麻绳,称为柔性接口。

4)填接口材料,打灰口

麻打实后,将接口材料分层填入接口,并分层用捻凿和手捶加力打实至捶打时有回弹力。打实后,填料应与承口平齐。

5)接口养护

在接口处绕上草绳或盖上草帘,在上面洒水对水泥材料的填料进行潮润性养护,养护时间一般不少于 48 h。

2.铸铁管承插连接接口材料

1)水泥捻口

一般用于室内、外铸铁排水管道的承插口连接,如图 1-53 所示。

(1)为了减少捻固定灰口,对部分管材与管件可预先捻好灰口,捻灰口前应检查管材管件有无裂纹、砂眼等缺陷,并将管材与管件进行预排,校对尺寸有无差错,承插口的灰口环形缝隙是否合格。

(2)管材与管件连接时可在临时固定架上,管与管件按图纸要求将承口朝上、插口向下的方向插好,捻灰口。

(3)捻灰口时,先用麻钎将拧紧的比承插口环形缝隙稍粗一些的青麻或扎绑绳打进承口内,一般打两圈为宜(约为承口深度的 1/3),青麻搭接处应大于 30 mm 的长度,而后将麻打实,边打边找正、找直并将麻须捣平。

(4)将麻打好后,即可把捻口灰(水与水泥质量比1∶9)分层填入承口环形缝隙内,先用薄捻凿,一手填灰,一手用捻凿捣实,然后分层用手锤、捻凿打实,直到将灰口填满,用厚薄与承口环形缝隙大小相适应的捻凿将灰口打实打平,直至捻凿打在灰口上有回弹的感觉即为合格。

(5)拌和捻口灰,应随拌和随用,拌好的灰应控制在1.5 h 内用完为宜,同时要根据气候情况适当调整用水量。

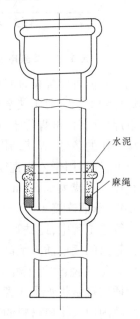

图 1-53　水泥捻口

(6)预制加工两节管或两个以上管件时,应将先捻好灰口的管或管件排列在上部,再捻下部灰口,以减轻其震动。捻完最后一个灰口应检查其余灰口有无松动,如有松动应及时处理。

(7)预制加工好的管段与管件应码放在平坦的场所,放平垫实,用湿麻绳缠好灰口,浇水养护,保持湿润,一般常温 48 h 后方可移动运到现场安装。

(8)冬季严寒季节捻灰口应采取有效的防冻措施,拌灰用水可加适量盐水,捻好的灰口严禁受冻,存放环境温度应保持在 5 ℃以上,有条件时亦可采取蒸汽养护。

2)石棉水泥接口

一般室内、外铸铁给水管道敷设均采用石棉水泥捻口,即在水泥内掺适量的石棉绒拌和。

3)铅接口

一般用于工业厂房室内铸铁给水管敷设,设计有特殊要求或室外铸铁给水管紧急抢修,管道碰头急于通水的情况。

4)橡胶圈接口

一般用于室外铸铁给水管铺设、安装的管与管接口。管与管件仍需采用石棉水泥捻口。橡胶圈安装如图1-54所示。

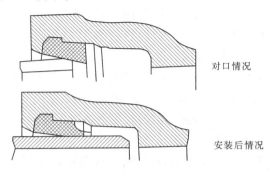

对口情况

安装后情况

图1-54　橡胶圈安装示意图

（1）橡胶圈应形体完整，表面光滑，粗细均匀，无气泡，无重皮。用手扭曲、拉、折，表面和断面不得有裂纹、凹凸及海绵状等缺陷，尺寸偏差应小于1 mm，将承口工作面清理干净。

（2）安放橡胶圈，橡胶圈擦拭干净，扭曲，然后放入承口内的圈槽里，使橡胶圈均匀严整地紧贴承口内壁，如有隆起或扭曲现象，必须调平。

（3）画安装线：对于装入的合格管，清除内部及插口工作面的黏附物，根据要插入的深度，沿管子插口外表面画出安装线，安装面应与管轴相垂直。

（4）涂润滑剂：向管子插口工作面和橡胶圈内表面刷水擦上肥皂。

（5）将被安装的管子插口端锥面插入橡胶圈内，稍微顶紧后，找正将管子垫稳。

（6）安装安管器：一般采用钢箍或钢丝绳，先捆住管子。安管器有电动、液压汽动，出力在50 kN以下，最大不超过100 kN。

（7）插入：管子经调整对正后，缓慢启动安管器，使管子沿圆周均匀地进入并随时检查橡胶圈不得被卷入，直至承口端与插口端的安装线齐平。

（8）橡胶圈接口的管道，每个接口的最大偏转角不得超过如下规定：

$DN \leqslant 200$ mm时，允许偏转角度最大为5°；200 mm $< DN \leqslant 350$ mm时，为4°；$DN = 400$ mm，为3°。

（9）检查接口、插入深度、胶圈位置（不得离位或扭曲），如有问题，必须拔出重新安装。

（10）采用橡胶圈接口的埋地给水管道，在土壤或地下水对橡胶有腐蚀的地段，在回填土前应用沥青胶泥、沥青麻丝或沥青锯末等材料封闭橡胶圈接口。

（11）推进、压紧：根据管子规格和施工现场条件选择施工方法。小管可用撬棍直接撬入，也可用千斤顶顶入，用锤敲入（锤击时必须垫好管子防止砸坏）。中、大管一般通过钢丝绳用倒链拉入，或使用卷扬机、绞磨、吊车、推土机、挖沟机等拉入。

1.3.3.5　粘接连接

粘接连接是在需要连接的两管端结合处，涂以合适的胶黏剂，使其依靠胶黏剂的粘接力牢固而紧密地结合在一起的连接方法。粘接连接施工简便、价格低廉、自重轻，以及兼有耐腐蚀、密封等优点，一般适用于塑料管、玻璃管等非金属管道上。

粘接连接方法有冷态粘接和热态粘接两种。

（1）管道粘接不宜在湿度很大的环境中进行，操作场所应远离火源，防止撞击，在−20 ℃以下的环境中不得操作。

（2）管子和管件在粘接前应采用清洁棉纱或干布将承插口的内侧和插口外侧擦拭干净，并保持粘接面洁净。若表面沾有油污，应采用棉纱蘸丙酮等清洁剂擦净。

（3）用油刷涂抹胶黏剂时，应先涂承口内侧，后涂插口外侧。涂抹承口时应顺轴向由里向外涂抹均匀、适量，不得漏涂或涂抹过厚。

（4）承插口涂刷胶黏剂后，宜在 20 s 内对准轴线一次连续用力插入。管端插入承口深度应根据实测承口深度，在插入管端表面做出标记，插入后将管旋转 90°。

（5）插接完毕，应即刻将接头外部挤出的胶黏剂擦揩干净。应避免受力，静置至接口固化为止，待接头牢固后方可继续安装。

（6）粘接接头不宜在环境温度 0 ℃以下操作，应防止胶黏剂结冻。不得采用明火或电炉等设施加热胶黏剂。UPVC 管粘接管端插入深度见表 1-6。

表 1-6　UPVC 管粘接管端插入深度

代号	管子外径（mm）	管端插入深度（mm）	代号	管子外径（mm）	管端插入深度（mm）
1	40	25	4	110	50
2	50	25	5	160	60
3	75	40			

1.3.3.6　热熔连接

热熔连接是由相同热塑性塑料制作的管材与管件互相连接时，采用专用热熔机具将连接部位表面加热，连接接触面处的本体材料互相熔合，冷却后连接成为一个整体。热熔连接有对接式热熔连接、承插式热熔连接和电熔连接。管道热熔连接如图 1-55 所示。

图 1-55　管道热熔连接示意图

电熔连接是由相同的热塑性塑料管道连接时，插入特制的电熔管件，由电熔连接机具对电熔管件通电，依靠电熔管件内部预先埋设的电阻丝产生所需要的热量进行熔接，冷却后管道与电熔管件连接成为一个整体。

热熔连接多用于室内生活给水 PP－R 管、PB 管的安装。热熔连接后，管材与管件形成一个整体，连接部位强度高、可靠性强，施工速度快。热熔连接技术要求见表 1-7。

1. 切割管材

必须使端面垂直管轴线。管材切割一般使用管子剪或管道切割机，必要时可使用锋利的钢锯，但切割后管材断面应去除毛边和毛刺。管材与管件连接端面必须清洁、干燥、无油污。

表1-7 热熔连接技术要求

公称直径(mm)	热熔深度(mm)	加热时间(s)	加工时间(s)	冷却时间(min)
20	14	5	4	3
25	16	7	4	3
32	20	8	4	4
40	21	12	6	4
50	22.5	18	6	5
63	24	24	6	6
75	26	30	10	8
90	32	40	10	8
110	38.5	50	15	10

注:1. 当操作环境温度低于5℃时,加热时间延长50%。

2. 在表中规定的加工时间内,刚熔接好的接头还可校正,但严禁旋转。

2. 测量

用专用标尺和适合的笔在管端测量并绘出熔接深度。熔接弯头或三通时,按设计图纸要求,应注意方向,在管件和管材的直线方向上,用辅助标志标出其位置。

3. 加热管材、管件

当热熔焊接器加热到260℃时(指示灯亮以后),将管材和管件同时推进熔接器模头内,加热时间不可少于5 s。

4. 连接

将已加热的管材与管件同时取下,迅速无旋转地直插到所标深度,使接头处形成均匀凸缘直至冷却,形成牢固而完美的结合。管材插入不能太浅或太深,否则会造成缩径或不牢固。

5. 检验与验收

管道安装结束后,必须进行水压试验,以确认其熔接状态是否良好,否则严禁进行管道隐蔽安装。

1.3.4 给水管道支吊架安装

1.3.4.1 选定支架形式

管道支架按材料分,可分为钢支架和混凝土支架等。按形状分,可分为悬臂支架、三角支架、门形支架、弹簧支架、独柱支架等。按支架的力学特点,可分为刚性支架和柔性支架。

选择管道支架,应考虑管道的强度、刚度,输送介质的温度、工作压力,管材的线性膨胀系数,管道运行后的受力状态及管道安装的实际位置情况等。同时应考虑制作和安装的实际成本。

(1)在管道上不允许有任何位移的地方,应设置固定支托架。其一般做法如图1-56所示。

(2)允许管道沿轴线方向自由移动时设置活动支架,有托架和吊架两种形式。托架活动支架有简易式,U形卡只固定一个螺帽。管道在卡内可自由伸缩,如图1-57所示。

支托架示意图如图 1-58 所示。

　　（3）托钩与管卡：托钩一般用于室内横支管、支管等的固定。立管卡用来固定立管，一般多采用成品，如图 1-59 所示。

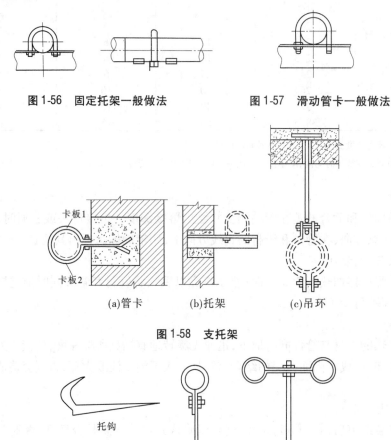

图 1-56　固定托架一般做法　　　　　　图 1-57　滑动管卡一般做法

(a)管卡　　　(b)托架　　　(c)吊环

图 1-58　支托架

托钩

单立管卡

双立管卡

图 1-59　托钩与管卡

1.3.4.2　支架安装

　　1. 支架安装位置的确定

　　支架的安装位置要依据管道的安装位置确定，首先根据设计要求定出固定支架和补偿器的位置，然后确定活动支架的位置。

　　1）固定支架位置的确定

　　固定支架的安装位置由设计人员在施工图纸上给定，其位置确定时主要是考虑管道热补偿的需要。利用在管路中的合适位置布置固定点的方法，把管路划分成不同的区段，使两个固定点间的弯曲管段满足自然补偿，直线管段可利用设置补偿器进行补偿，则整个管路的补偿问题就可以解决了。

　　由于固定支架承受很大的推力，故必须有坚固的结构和基础，因而它是管道中造价较

大的构件。为了节省投资,应尽可能加大固定支架的间距,减少固定支架的数量,但其间距必须满足以下要求:

(1)管段的热变形量不得超过补偿器的热补偿值的总和。

(2)管段因固定支架所产生的推力不得超过支架所承受的允许推力值。

(3)不应使管道产生横向弯曲。

2)活动支架位置的确定

活动支架的安装在图纸上不予给定,必须在施工现场根据实际情况并参照支架间距值具体确定。

有坡度的管道可根据水平管道两端点间的距离及设计坡度计算出两点间的高差,在墙上按标高确定此两点位置。根据各种管材对支架间距的要求拉线画出每一个支架的具体位置。若土建施工时已预留孔洞,预埋铁件也应拉线放坡检查其标高、位置及数量是否符合要求。钢管管道支架的最大间距规定见表1-8。塑料管及复合管管道支架的最大间距见表1-9。

表1-8　钢管管道支架的最大间距

公称直径(mm)		15	20	25	32	40	50	70	80	100	125	150	200	250	300
支架的最大间距(m)	保温管	2	2.5	2.5	2.5	3		4	4	4.5	6	7	7	8	8.5
	不保温管	2.5	3	3.5	4	4.5	5	6	6	6.5	7	8	9.5	11	12

表1-9　塑料管及复合管管道支架的最大间距

公称直径(mm)			12	14	16	18	20	25	32	40	50	63	75	90	110
支架的最大间距(m)	立管		0.5	0.6	0.7	0.8	0.9	1.0	1.1	1.3	1.6	1.8	2.0	2.2	2.4
	水平管	冷水管	0.4	0.4	0.5	0.5	0.5	0.6	0.7	0.8	0.9	1.0	1.1	1.2	1.35	1.55
		热水管	0.2	0.2	0.25	0.3	0.3	0.35	0.4	0.5	0.6	0.7	0.8		

实际安装时,活动支架的确定方法如下:

(1)依据施工图要求的管道走向、位置和标高,测出同一水平直管段两端管道中心位置,标定在墙或构件表面上。如施工图只给出了管段一端的标高,可根据管段长度 L 和坡度 i 求出两端的高差 $h=iL$,再确定另一端的标高。但对于变径处,应根据变径型式及坡向来确定变径前后两点的标高关系。如图1-60所示,变径前后 A 、 B 两点的标高差 $h=iL+(D-d)$ 。

(2)在管中心下方,分别量取管道中心至支架横梁表面的高差,标定在墙上,并用粉线根据管径在墙上逐段画出支架标高线。

(3)按设计要求的固定支架位置和"墙不作架、托稳转交、中间等分、不超最大"的原则,在支架标高线上画出每个活动支架的安装位置,即可进行安装。

2.管道支架安装方法

支架的安装方法主要是指支架的横梁在墙体或构件上的固定方法,俗称支架生根。现场安装以托架安装工序较为复杂。结合实际情况可用栽埋法、膨胀螺栓法、射钉法、预

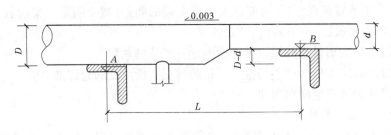

图 1-60　支架安装标高计算图

埋焊接法、抱柱法安装。

1)栽埋法

栽埋法适用于墙上直形横梁的安装。安装步骤和方法是:在已有的安装坡度线上,画出支架定位的十字线和打洞的方块线,即可打洞、浇水(用水壶嘴往洞顶上沿浇水,直至水从洞下沿流出)、填实砂浆直至抹平洞口,插栽支架横梁。栽埋横梁必须拉线(将坡度线向外引出),使横梁端部 U 形螺栓孔中心对准安装中心线,即对准挂线后,填塞碎石挤实洞口,在横梁找平找正后,抹平洞口处灰浆,如图 1-61所示。

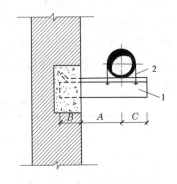

1—支架横梁;2—U 形管卡

图 1-61　单管栽埋法安装支架

2)膨胀螺栓法

膨胀螺栓法适用于角形横梁在墙上的安装。做法是：按坡度线上支架定位十字线向下量尺,画出上下两膨胀螺栓安装位置十字线后,用电钻钻孔。孔径等于套管外径,孔深为套管长度加 15 mm 并与墙面垂直。清除孔内灰渣,套上锥形螺栓,拧上螺母,打入墙孔直至螺母与墙平齐,用扳手拧紧螺母直至胀开套管后,打横梁穿入螺栓,并用螺母紧固在墙上,如图 1-62(a)所示。

3)射钉法

射钉法多用于角形横梁在混凝土结构上的安装。做法是:按膨胀螺栓法定出射钉位置十字线,用射钉枪射入直径为 8 ~ 12 mm 的射钉,用螺纹射钉紧固角形横梁,如图 1-62(b)所示。

4)预埋焊接法

在预埋的钢板上,弹上安装坡度线,作为焊接横梁的端面安装标高控制线,将横梁垂直焊在预埋钢板上,并使横梁端面与坡度线对齐,先电焊校正后焊牢,如图 1-63 所示。

5)抱柱法

管道沿柱子安装时,可用抱柱法安装支架。做法是:把柱上的安装坡度线,用水平尺引至柱子侧面,弹出水平线作为抱柱托架端面的安装标高线,用两条双头螺栓把托架紧固于柱子上,托架安装一定要保持水平,螺母应紧固,如图 1-64 所示。

1.3.4.3　管道支、吊、托架的安装工序

1. 型钢吊架安装

(1)在直段管沟内,按设计图纸和相关规范要求,测定好吊卡位置和标高,找好坡度,

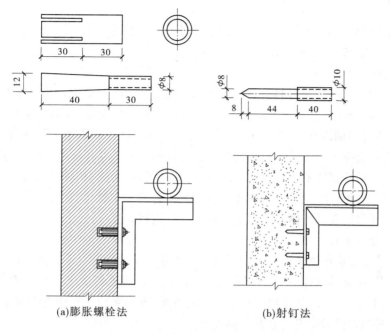

(a)膨胀螺栓法   (b)射钉法

图1-62 膨胀螺栓及射钉法安装支架

将吊架孔洞剔好,将预制好的型钢吊架放在洞内,复查好吊孔距沟边尺寸,用水冲净洞内砖渣灰面,再用 C20 细石混凝土或 M20 水泥砂浆填入洞内,塞紧抹平。

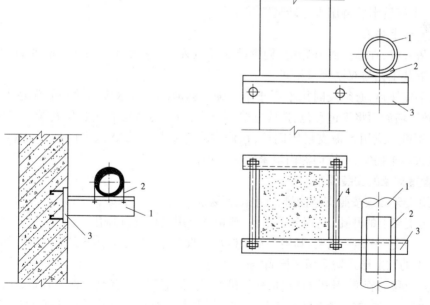

1—钢板;2—管子;3—预埋钢板

图1-63 预埋焊接法

1—管子;2—弧形滑板;3—支架横梁;4—拉紧螺栓

图1-64 单管抱柱法安装支架

(2)用22#铅丝或小线在型钢下表面吊孔中心位置拉直绷紧,把中间型钢吊架依次栽好。

（3）按设计要求的管道标高、坡度结合吊卡间距、管径大小、吊卡中心计算每根吊棍长度并进行预制加工，待安装管道时使用。

2. 型钢托架安装

（1）安装托架前，按设计标高计算出两端的管底高度，在墙上或沟壁上放出坡线，或按土建施工的水平线，上下量出需要的高度，按间距画出托架位置标记，剔凿全部墙洞。

（2）用水冲净两端孔洞，将 C20 细石混凝土或 M20 水泥砂浆填入洞深的一半，再将预制好的型钢托架插入洞内，用碎石塞住，校正卡孔的距离尺寸和托架高度，将托架栽平，用水泥砂浆将孔洞填实抹平，然后在卡孔中心位置拉线，依次把中间托架栽好。

（3）U 形活动卡架一头套丝，在型钢托架上下各安 1 个螺母，而 U 形固定卡架两头套丝，各安 1 个螺母，靠紧型钢在管道上焊两块止动钢板。

3. 双立管卡安装

采暖、给水及热水供应系统的金属管道立管管卡安装应符合下列规定：楼层高度小于或等于 5 m，每层必须安装 1 个，楼层高度大于 5 m，每层不得少于 2 个。管卡安装高度，距地面应为 1.5～1.8 m，2 个以上管卡应匀称安装，同一单位工程中管卡宜安装在同一高度上；同一房间内管卡应安装在同一高度上。

（1）在双立管位置中心的墙上画好卡位印记，其高度是：层高 3 m 及以下者为 1.4 m，层高 3 m 以上者为 1.8 m，层高 4.5 m 以上者平分三段栽 2 个管卡。

（2）按印记剔直径 60 mm 左右、深度不小于 80 mm 的洞，用水冲净洞内杂物，将 M50 水泥砂浆填入洞深的一半，将预制好的 $\phi 10 \times 170$ mm 带燕尾的单头丝棍插入洞内，用碎石卡牢找正，上好管卡后再用水泥砂浆填塞抹平。

4. 立支单管卡安装

先将位置找好，在墙上画好印记，剔直径 60 mm 左右、深度 100～120 mm 的洞，卡子距地高度和安装工艺与双立管卡相同。

管道安装完毕后，必须及时用不低于结构强度的混凝土或水泥砂浆把孔洞堵严、抹平，为了不致因堵洞而将管道移位，造成立管不垂直，应派专人配合土建堵孔洞。堵楼板孔洞宜用定型模具或用木板支搭牢固后，往洞内浇点水再用 C20 以上的细石混凝土或 M50 水泥砂浆填平捣实，不许向洞内填塞砖头、杂物。

1.3.4.4　管道支架的安装要求

（1）管道支架必须按照支架图进行制作、安装。

（2）管道支架上的开孔，应用台钻钻孔，禁止直接用气焊进行开孔。

（3）管道的支（吊）架、托架、耳轴等在预制场成批制作，并按要求将支架的编号标上。所有管道支架的固定形式均采用螺栓固定。

（4）无热位移的管道，其吊架（包括弹簧吊架）应垂直安装。有热位移的管道，吊点应设在位移的相反方向，位移值按设计图纸确定。两根热位移相反或位移值不等的管道，不得使用同一吊杆。

（5）导向支架或滑动支架的滑动面应洁净平整，不得有歪斜和卡涩现象。其安装位置应从支撑面中心向位移反方向偏移，偏移量为位移值的 1/2（位移值由设计设定）。

（6）弹簧支、吊架的弹簧高度，应按设计文件规定和厂家说明书进行安装。弹簧的临时固定件，应待系统安装、试压、绝热完毕后方可拆除。

（7）管道安装原则上不宜使用临时支、吊架。如使用临时支、吊架，不得与正式支、吊架位置冲突，并应有明显标记；在管道安装完毕后临时支架应予拆除并且必须将不锈钢与碳钢进行隔离。

（8）管道安装完毕，应按设计图纸逐个核对支、吊架的形式和位置。

（9）有热位移的管道，在热负荷运行时，应及时对支、吊架进行下列检查与调整：

①活动支架的位移方向、位移值及导向性能应符合设计要求；

②管托按要求焊接，不得脱落；

③固定支架应安装牢固可靠；

④弹簧支、吊架的安装标高与弹簧工作载荷应符合设计规定；

⑤可调支架的位置应调整合适。

1.3.5 给水系统管道安装

在生活居住的房间或公用建筑内，为保证一定的舒适条件和工作条件，均装设有采暖系统、给水系统、排水系统与供煤气系统等，这些系统统称为暖卫系统。施工时应执行《建筑给水排水及采暖工程施工质量验收规范》（GB 50242—2002）的规定。

室内生活给水、消防给水及热水供应管道安装的一般程序为：引入管安装→水表节点安装→水平干管安装→立管安装→横支管安装。

1.3.5.1 施工前的准备工作

管道安装应按图施工，因此施工前要熟悉施工图，领会设计意图，根据施工方案决定的施工方法和技术交底的具体措施做好准备工作。同时，参看有关专业设备图和建筑施工图，核对各种管道的位置、标高、管道排列所用空间是否合理。如发现设计不合理或需要修改的地方，与设计人员协商后进行修改。

根据施工图准备材料和设备等，并在施工前按设计要求检验规格、型号和质量，符合要求方可使用。

给水管道必须采用与管材相适用的管件。生活给水系统材料必须达到饮用水卫生标准。室内给水管材及连接方式如表1-10所示。

管道的预制加工就是按设计图纸画出管道分支、变径、管径、预留管口、阀门位置等的施工草图，在实际安装的结构位置上做上标记，按标记分段量出实际安装的准确尺寸，记录在施工草图上，然后按草图测得的尺寸预制加工（断管、套丝、上零件、调直、校对），并按管段分组编号。

通过详细地阅读施工图，了解给水排水管与室外管道的连接情况、穿越建筑物的位置及做法，了解室内给水排水管的安装位置及要求等，以便管道穿越基础、墙壁和楼板时，配合土建留洞和预埋件等，预留尺寸如设计无要求应按表1-11的规定执行。在土建浇筑混凝土过程中，安装单位要有专人监护，以防预埋件移位或损坏。

表 1-10　室内给水管材及连接方式

用途	管材类别	管材种类	连接方式
生活给水	塑料管	三型聚丙烯 PP–R	热(电)熔连接、螺纹连接、法兰连接
		聚乙烯 PE	热(电)熔连接、卡套(环)连接、压力连接
		ABS 管	粘接连接
		硬聚氯乙烯 UPVC	粘接、橡胶圈连接
	复合管	铝塑复合管 PAP	专用管件螺纹连接、压力连接
		钢塑复合管	螺纹连接、卡箍连接、法兰连接
		钢塑不锈钢复合管	螺纹连接、卡箍连接
		铜管	螺纹连接、压力连接、焊接
生产或消防给水	金属管	镀锌钢管	螺纹连接、法兰连接
		非镀锌钢管	螺纹连接、法兰连接、焊接
		给水铸铁管	承插连接(水泥捻口、橡胶圈接口)

表 1-11　预留孔洞尺寸

项次	管道名称		明管 留孔尺寸 (长×宽) (mm×mm)	暗管 墙槽尺寸 (宽度×深度) (mm×mm)
1	采暖或给水立管	管径≤25 mm	100×100	130×130
		管径 32～50 mm	150×150	150×130
		管径 70～100 mm	200×200	200×200
2	1 根排水立管	管径≤50 mm	150×150	200×130
		管径 70～100 mm	200×200	250×200
3	2 根采暖或给水立管	管径≤32 mm	150×100	200×130
4	1 根给水立管和 1 根排水立管在一起	管径≤50 mm	200×150	200×130
		管径 70～100 mm	250×200	250×200
5	2 根给水立管和 1 根排水立管在一起	管径≤50 mm	200×150	250×130
		管径 70～100 mm	350×200	380×200
6	给水支管或散热器支管	管径≤25 mm	100×100	65×60
		管径 32～40 mm	150×130	150×100
7	排水支管	管径≤80 mm	250×200	—
		管径 100 mm	300×250	

续表1-11

项次	管道名称		明管	暗管
			留孔尺寸 （长×宽） （mm×mm）	墙槽尺寸 （宽度×深度） （mm×mm）
8	采暖或排水主干管	管径≤80 mm	300×250	—
		管径100~125 mm	350×300	—
9	给水引入管	管径≤100	300×200	—
10	排水排出管穿基础	管径≤80	300×300	—
		管径100~150 mm	（管径+300）× （管径+200）	—

注:1.给水引入管,管顶上部净空一般不小于100 mm;

　　2.排水排出管,管顶上部净空一般不小于150 mm。

在准备工作就绪,正式安装前,总体上还应具备以下几个条件:

（1）地下管道必须在房心土回填夯实或挖到管底标高时敷设,且沿管线敷设位置应清理干净。

（2）管道穿墙时已预留的管洞或安装好的套管,其洞口尺寸和套管规格符合要求,位置、标高应正确。

（3）安装管道应在地沟未盖或吊顶未封闭前进行安装,其型钢支架均应安装完毕并符合要求。

（4）明装干管必须在安装层的楼板完成后进行,将沿管线安装位置的模板及杂物清理干净,托、吊架均应安装牢固,位置正确。

（5）立管安装应在主体结构完成后进行,支管安装应在墙体砌筑完毕,墙壁未装修前进行。

1.3.5.2　引入管安装

（1）给水引入管与排出管的水平净距不小于1.0 m;室内给水管与排水管平行敷设时,管间最小水平净距为0.5 m,交叉时垂直净距为0.15 m。给水管应铺设在排水管的上方。当地下管较多,敷设有困难时,可在给水管上加钢套管,其长度不应小于排水管径的3倍,且其净距不得小于0.15 m。

（2）引入管穿过承重墙或基础时,应配合土建预留孔洞。留洞尺寸见表1-12,给水管道穿基础做法如图1-65所示。

表1-12　给水引入管穿过基础预留孔洞尺寸规格　　　　　　（单位:mm）

管径	50以下	50~100	125~150
留洞尺寸	200×200	300×300	400×400

（3）引入管及其他管道穿越地下构筑物外墙时应采取防水措施,加设防水套管。

（4）引入管应有不小于0.003的坡度坡向室外给水管网,并在每条引入管上装设阀

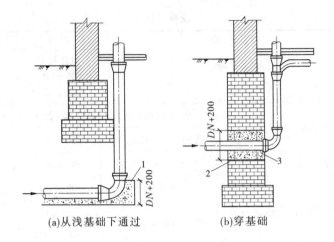

(a)从浅基础下通过　　　　(b)穿基础

1—混凝土支座;2—黏土;3—水泥砂浆封口

图1-65　引入管进入建筑

门,必要时还应装设泄水装置。

1.3.5.3　水表节点安装

　　水表节点的形式,有不设旁通管和设旁通管两种,如图1-2所示。安装水表时,在水表前后应有阀门及放水阀。阀门的作用是关闭管段,以便修理或拆换水表。放水阀主要用于检修室内管路时,将系统内的水放空与检验水表的灵敏度。水表与管道的连接方式,有螺纹连接和法兰连接两种。

1.3.5.4　干管安装

　　干管安装通常分为下供埋地式干管安装和上供架空式干管安装两种。对于上行下给式系统,干管可明装于顶层楼板下或暗装于屋顶、吊顶及技术层中;对于下行上给式系统,干管可敷设于底层地面上、地下室楼板下及地沟内。

　　管道安装应结合具体条件,合理安排顺序。一般先地下、后地上,先大管、后小管,先主管、后支管。当管道交叉中发生矛盾时,避让原则见表1-13。

表1-13　管道交叉时避让原则

避让管	不让管	原因
小管	大管	小管绕弯容易,且造价低
压力流管	重力流管	重力流管改变坡度和流向对流动影响较大
冷水管	热水管	热水管绕弯要考虑排气、泄水等
给水管	排水管	排水管径大且水中杂质多,受坡度限制严格
低压管	高压管	高压管造价高,且强度要求也高
气体管	水管	水流动的动力消耗大
阀件少的管	阀件多的管	考虑安装操作与维护等多种因素
金属管	非金属管	金属管易弯曲、切割和连接
一般管道	通风管	通风管体积大、绕弯困难

水平干管应铺设在支架上，安装时先装支架，然后上管安装。

1. 支架安装

给水管道支架形式有钩钉、管卡、吊架、托架，管径≤32 mm 的管子多用管卡或钩钉，管径 >32 mm 的管子采用吊架或托架。支架安装首先根据干管的标高、位置、坡度、管径，确定支架的形式、安装位置及数量，按尺寸打洞埋好支架。安装支架的孔洞不宜过大，且深度不宜小于 120 mm，也可以采用膨胀螺栓或射钉枪固定支架。

支架安装应牢固可靠，成排支架的安装应保证其支架台面处在同一直线上，且垂直于墙面。

管道支架的放线定位。首先根据设计要求定出固定支架和补偿器的位置；根据管道设计标高，把同一水平面直管段的两端支架位置画在墙上或柱上。根据两点间的距离和坡度大小，算出两点间的高度差，标在末端支架位置上；在两高差点拉一根直线，按照支架的间距在墙上或柱上标出每个支架位置。如果土建施工，在墙上已预留有支架孔洞或在钢筋混凝土构件上预埋了焊接支架的钢板，应采用上述方法进行拉线校正，然后标出支架实际安装位置。

支、吊架安装的一般要求：支架横梁应牢固地固定在墙、柱或其他结构物上，横梁长度方向应水平。顶面应与管中心线平行；固定支架必须严格地安装在设计规定位置，并使管子牢固地固定在支架上。在无补偿器、有位移的直管段上，不得安装一个以上的固定支架；活动支架不应妨碍管道由于热膨胀所引起的移动，其安装位置应从支承面中心向位移反向偏移，偏移值应为位移之半；无热位移的管道吊架的吊杆应垂直安装，吊杆的长度应能调节；有热位移的管道吊杆应斜向位移相反的方向，按位移值之半倾斜安装。补偿器两侧应安装 1～2 个多向支架，使管道在支架上伸缩时不至偏移中心线。管道支架上管道离墙、柱及管子与管子中间的距离应按设计图纸要求敷设。铸铁管道上的阀门应使用专用支架，不得让管道承重。在墙上预留孔洞埋设支架时，埋设前应检查校正孔洞标高位置是否正确，深度是否符合设计和有关标准图的规定要求，无误后，清除孔洞内的杂物及灰尘，并用水将洞周围浇湿，将支架埋入填实，用 1∶3 水泥砂浆填充饱满。在钢筋混凝土构件预埋钢板上焊接支架时，先校正支架焊接的标高位置，消除预埋钢板上的杂物，校正后施焊。焊缝必须满焊，焊缝高度不得少于焊接件最小厚度。

2. 干管安装

待支架安装完毕后，即可进行干管安装。

给水干管安装前应先画出各给水立管的安装位置十字线。其做法是：先在主干管中心线上定出各分支干管的位置，标出主干管的中心线，然后测量记录各管段长度并在地面进行预制和预组装，预制的同一方向的干管管头应保证在同一直线上，且管道的变径应在分出支管之后进行，组装好的管子，应在地面上进行检查，若有歪斜扭曲，则应进行调直。上管时，应将管道滚落在支架上，随即用预先准备好的 U 形管卡将管子固定，防止管道滚落。采用螺纹连接的管子，则吊上后即可上紧。

给水干管的安装坡度不宜小于 0.003，以有利于管道冲洗及放空。给水干管的中部应设固定支架，以保证管道系统的整体稳定性。

干管安装后，还应进行最后的校正调直，保证整根管子水平面和垂直面都在同一直线上且最后固定,并用水平尺在管段上复核,防止局部管段出现"塌腰"或"拱起"的现象。

当给水管道穿越建筑物的沉降缝时,有可能在墙体沉陷时折剪管道而发生漏水或断裂等,此时给水管道需做防剪切破坏处理。

原则上管道应尽量避免通过沉降缝,当必须通过时,有以下几种处理方法:

(1)丝扣弯头法。在管道穿越沉降缝时,利用丝扣弯头把管道做成门形管,利用丝扣弯头的可移动性缓解墙体沉降不均的剪切力。这样,在建筑物沉降过程中,两边的沉降差就可由丝扣弯头的旋转来补偿。这种方法用于小管径的管道,如图1-66所示。

(2)橡胶软管法。用橡胶软管连接沉降缝两端的管道,这种做法只适用于冷水管道($t \leqslant 20$ ℃),如图1-67所示。

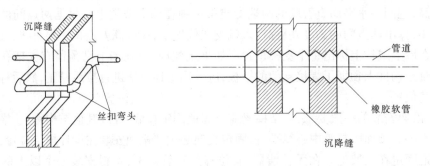

图1-66　丝扣弯头法　　　　　图1-67　橡胶软管法

(3)活动支架法。把沉降缝两侧的支架做成使管道能垂直位移而不能水平横向位移,如图1-68所示。

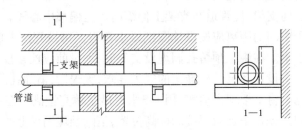

图1-68　活动支架法

1.3.5.5　立管安装

干管安装后即可安装立管。给水立管可分为明装和暗装于管道竖井或墙槽内的安装。

(1)根据地下给水干管各立管甩头位置,应配合土建施工,按设计要求及时准确地逐层预留孔洞或埋设套管。

(2)用线锤吊挂在立管的位置上,用"粉囊"在墙面上弹出垂直线,立管就可以根据该线来安装。立管长度较长,如采用螺纹连接,可按图纸上所确定的立管管件,量出实际尺寸记录在图纸上,先进行预组装。安装后经过调直,将立管的管段做好编号,再拆开到现场重新组装。

(3)根据立管卡的高度,在垂直中心线上画横线确定管卡的安装位置并打洞埋好立管卡。每安装一层立管,用立管卡件予以固定,管卡距地面 1.5~1.8 m,两个以上的管卡应均匀安装,成排管道或同一房间的管卡和阀门等安装高度应保持一致。

1.3.5.6 支管安装

立管安装后,就可以安装支管,方法也是先在墙面上弹出位置线,但是必须在所接的设备安装定位后才可以连接,安装方法与立管相同。

安装支管前,先按立管上预留的管口在墙面上画出(或弹出)水平支管安装位置的横线,并在横线上按图纸要求画出各分支线或给水配件的位置中心线,再根据横线中心线测出各支管的实际尺寸进行编号记录,根据记录尺寸进行预制和组装(组装长度以方便上管为宜),检查调直后进行安装。

横支管管架的间距依要求而设,支管支架宜采用管卡做支架。

支架安装时,宜有 0.002~0.005 的坡度,坡向立管或配水点。

1.3.5.7 室内给水管道试压

1. 管道的试验

埋地的引入管、水平干管必须在隐蔽前进行水压试验,试验合格并验收后方可隐蔽。

管道水压试验的步骤:

(1)首先检查整个管路中的所有控制阀门是否打开,与其他管网以及不能参与试压的设备是否隔开。

(2)试压泵、阀门、压力表、进水管等按图 1-69 所示接在管路上,打开阀门 1、2 及 3,向管中充水,同时在管网的最高点排气,待排气阀出水时关闭排气阀和进水阀 3,打开阀门 4,启动手动水泵或电动试压泵加压。

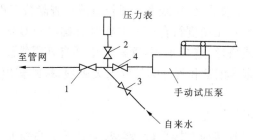

图 1-69　室内给水管试压装置图

(3)压力升高到一定数值时,应停下来对管道进行检查,无问题时再继续加压,一般分 2~3 次达到试验压力,当压力达到试验压力时,停止加压,关闭阀门 4。管道在试验压力下保持 10 min,如管道未发现泄漏现象,压力表指针下降不超过 0.02 MPa,认为强度试验合格。

(4)把压力降至工作压力进行严密性试验。在工作压力下对管道进行全面检查,稳压 24 h 后,如压力表指针无下降,管道的焊缝及法兰连接处未发现渗漏现象,即可认为严密性试验合格。

(5)试验过程中如发生泄漏,不得带压修理。缺陷消除后,应重新试验。

(6)系统试验合格后,填写管道系统试验记录。

2.管道系统冲洗

管道系统强度和严密性试验合格后,应分段进行冲洗。冲洗顺序一般应按主管、支管、疏排管依次进行,分段进行冲洗。

管道系统冲洗的操作规程:

(1)管道系统的冲洗应在管道试压合格后,调试、运行前进行。

(2)管道冲洗进水口及排水口应选择适当位置,并能保证将管道系统内的杂物冲洗干净为宜。排水管截面面积不应小于被冲洗管道截面面积的60%,排水管应接至排水井或排水沟内。

(3)冲洗时,以系统内可能达到的最大压力和流量进行,直到出口处的水色和透明度与入口处目测一致为合格。

1.3.5.8　质量验收标准

1.保证项目

(1)隐蔽管道和给水系统的水压试验结果必须符合设计要求和施工规范规定。

检验方法:检查系统或分区(段)试验记录。

(2)管道及管道支座(墩)严禁铺设在冻土和未经处理的松土上。

检查方法:观察或检查隐蔽工程记录。

(3)给水系统竣工后或交付使用前,必须进行吹洗。

检查方法:检查吹洗记录。

2.基本项目

(1)管道坡度的正负偏差符合设计要求。

检验方法:用水准仪(水平尺)拉线和尺量检查或检查隐蔽工程记录。

(2)碳素钢管的螺纹加工精度符合《55°非密封管螺纹》(GB/T 7307—2001)的规定,螺纹清洁规整,无断丝或缺丝,连接牢固,管螺纹根部有外露螺纹,镀锌碳素钢管无焊接口,螺纹无断丝。镀锌碳素钢管和管件的镀锌层无破损,螺纹露出部分防腐蚀良好,接口处无外露油麻等缺陷。

检验方法:观察或解体检查。

(3)碳素钢管的法兰连接应对接平行、紧密,与管子中心线垂直。螺杆露出螺母长度一致,且不大于撑杆直径的1/2,螺母在同侧,衬垫材质符合设计要求和施工规范规定。

检查方法:观察检查。

(4)非镀锌碳素钢管的焊接焊口平直,焊波均匀一致,焊缝表面无结瘤、夹渣和气孔。焊缝加强面符合施工规范规定。

检查方法:观察或用焊接检测尺检查。

(5)金属管道的承插和套箍接口结构及所有填料符合设计要求和施工规范规定,灰口密实饱满,胶圈接口平直无扭曲,对口间隙准确,环缝间隙均匀,灰口平整、光滑,养护良好,胶圈接口回弹间隙符合施工规范规定。

检查方法:观察和尺量检查。

(6)管道支(吊、托)架及管座(墩)的安装应构造正确,埋设平正牢固,排列整齐。支架与管道接触紧密。

检验方法:观察或用手扳检查。

(7)阀门安装:型号、规格、耐压和严密性试验符合设计要求和施工规范规定。位置、进出口方向正确,连接牢固、紧密,启闭灵活,朝向合理,表面洁净。

检查方法:手扳检查和检查出厂合格证、试验单。

(8)埋地管道的防腐层材质和结构符合设计要求和施工规范规定,卷材与管道以及各层卷材间粘贴牢固,表面平整,无皱褶、空鼓、滑移及封口不严等缺陷。

检查方法:观察或切开防腐层检查。

(9)管道、箱类和金属支架的油漆种类和涂刷遍数符合设计要求,附着良好,无脱皮、起泡和漏涂,漆膜厚度均匀,色泽一致,无流淌及污染现象。

检验方法:观察检查。

3. 允许偏差项目

水平管道的纵、横方向的弯曲,立管垂直度,平行管道和成排阀门的安装应符合规定。

1.3.6 给水管道及设备防腐

腐蚀主要是材料在外部介质影响下所产生的化学作用或电化学作用,使材料破坏和质变。由化学作用引起的腐蚀属于化学腐蚀,金属与氧气、氯气、二氧化硫、硫化氢等干燥气体或汽油、乙醇、苯等非电解质接触所引起的腐蚀都是化学腐蚀;在潮湿条件下,由电化学作用引起的腐蚀称为电化学腐蚀,一般情况下,管道和设备表面同时受到两种腐蚀作用,但以电化学腐蚀为主。

为保证正常的生产秩序和生活秩序,延长系统的使用寿命,除正常选材外,采取有效的防腐措施是十分必要的。

防腐的方法很多,如采用金属镀层、金属钝化、电化学保护、衬里及涂料工艺等。在管道及设备的防腐方法中,采用最多的是涂料工艺。对于明装的管道和设备,一般采用油漆涂料,对于设置在地下的管道,则多采用沥青涂料。

管道防腐一般常用的材料有:

(1)防锈漆、面漆、沥青等。

(2)稀释剂:汽油、煤油、醇酸稀料、松香水、酒精等。

(3)其他:高岭土、七级石棉、石灰石粉或滑石粉、玻璃丝布、矿棉纸、油毡、牛皮纸、塑料布等。

管道及设备防腐的施工工艺流程:表面去污除锈→调配涂料→刷或喷涂施工→养护。

1.3.6.1 埋地管道的防腐

埋地管道的防腐层主要由冷底子油、石油沥青玛碲脂、防水卷材及牛皮纸等组成。

调制冷底子油的沥青,是牌号为 30 号甲建筑石油沥青。熬制前,将沥青打成 1.5 kg 以上的小块,放入干净的沥青锅中,逐步升温和搅拌,并使温度保持在 180 ~ 200 ℃ 范围内(最高不超过 200 ℃),一般应在这种温度下熬制 1.5 ~ 2.5 h,直到不产生气泡,即表示脱水完结。按配合比将冷却至 100 ~ 120 ℃ 的脱水沥青缓缓倒入计量好的无铅汽油中,并不断搅拌至完全均匀混合。

在清理管道表面后 24 h 内刷冷底子油,涂层应均匀,厚度为 0.1 ~ 0.15 mm。

涂抹沥青玛琋脂时,其温度应保持在160~180℃,施工气温高于30℃时,温度可降低到150℃。热沥青玛琋脂应涂在干燥清洁的冷底子油层上,涂层要均匀。最内层沥青玛琋脂如用人工或半机械化涂抹,应分成2层,每层各厚1.5~2 mm。

防水卷材一般采用矿棉纸油毡或浸有冷底子油的玻璃网布,呈螺旋形缠包在热沥青玛琋脂层上,每圈之间允许有不大于5 mm的缝隙或搭边,前后两卷材的搭接长度为80~100 mm,并用热沥青玛琋脂将接头黏合。

缠包牛皮纸时,每圈之间应有15~20 mm搭边,前后两卷的搭接长度不得小于100 mm,接头用热沥青玛琋脂或冷底子油黏合。牛皮纸也可用聚氯乙烯塑料布或没有冷底子油的玻璃网布带代替。

制作特强防腐层时,两道防水卷材的缠绕方向宜相反。

已做了防腐层的管子在吊运时,应采用软吊带或不损坏防腐层的绳索,以免损坏防腐层。管子下沟前,要清理管沟,使沟底平整,无石块、砖瓦或其他杂物。如上层很硬,应先在沟底铺垫100 mm松软细土,管子下沟后,不许用撬杠移管,更不得直接推管下沟。

防腐层上的一切缺陷,不合格处以及检查和下沟时弄坏的部位,都应在管沟回填前修补好,回填时,宜先用人工回填一层细土,埋过管顶,然后用人工或机械回填。

1.3.6.2　质量检验

1. 基本要求

(1)埋地管道的防腐层应符合以下规定:

材质和结构符合设计要求和施工规范规定。卷材与管道以及各层卷材间粘贴牢固,表面平整,无皱褶、空鼓、滑移和封口不严等缺陷。

检验方法:观察或切开防腐层检查。

(2)管道、箱类和金属支架涂漆应符合以下规定:

油漆种类和涂刷遍数符合设计要求,附着良好,无脱皮、起泡和漏涂,漆膜厚度均匀,色泽一致,无流坠及污染现象。

检验方法:观察检查。

2. 成品保护

已做好防腐层的管道及设备之间要隔开,不得粘连,以免破坏防腐层。刷油前先清理好周围环境,防止尘土飞扬,保持清洁,如遇大风、雨、雾、雪不得露天作业。涂漆的管道、设备及容器,漆层在干燥过程中应防止冻结、撞击、震动和温度剧烈变化。

3. 应注意的质量问题

(1)管材表面脱皮、返锈。主要原因是管材除锈不净。

(2)管材、设备及容器表面油漆不均匀,有流坠或有漏涂现象,主要是刷子蘸油漆太多和刷油不认真。

1.3.7　给水管道及设备保温

保温又称绝热,是为了减少管道和设备向外传递热量而采取的一种工艺措施。保温的目的是减少管道和设备系统的冷热损失;改善劳动条件,防止烫伤,保障工作人员安全;保护管道和设备系统;保证系统中输送介质品质。根据所起的作用,绝热工程可分为保温、加热保温和保冷三种。

管道及设备保温一般常用的材料如下：

预制瓦块：泡沫混凝土、珍珠岩、蛭石、石棉瓦块等。

管壳制器：岩棉、矿渣棉、玻璃棉、硬聚氨酯泡沫塑料、聚苯乙烯泡沫塑料管壳等。

卷材：聚苯乙烯泡沫塑料、岩棉等。

其他材料：铅丝网、石棉灰，或用以上预制板块砌筑或粘接等。

保护壳材料有麻刀、白灰或石棉、水泥、玻璃丝布、塑料布、浸沥青油的麻袋布、油毡、工业棉布、铝箔纸、铁皮等。

1.3.7.1　管道及设备保温的一般要求

（1）管道及设备的保温应在防腐及水压试验合格后方可进行，如需先做保温层，应将管道的接口及焊缝处留出，待水压试验合格后再将接口处保温。

（2）建筑物的吊顶及管井内需要做保温的管道，必须在防腐试压合格，保温完成稳检合格后，土建才能最后封闭，严禁颠倒工序施工。

（3）保温前必须将地沟管井内的杂物清理干净，施工过程中遗留的杂物，应随时清理，确保地沟畅通。

（4）保温作业的灰泥保护壳，冬季施工时要有防冻措施。

1.3.7.2　检验与保护

1. 检验项目

（1）基本项目。

保温层表面平整，做法正确，搭茬合理，封口严密，无空鼓及松动。

检验方法：观察检查。

（2）允许偏差项目见表 1-14。

表 1-14　保温层允许偏差

项目名称		允许偏差（mm）	检验方法
保温层厚度		$+0.1\delta$ -0.05δ	用钢针刺入保温层和尺量检查
表面平整度	卷材或板材	5	用 2 m 靠尺和楔形塞尺检查
	涂抹或其他	10	

注：δ 为保温层厚度。

2. 成品保护

管道及设备的保温，必须在地沟及管井内已进行清理，不再有下落不明的工序损坏保温层的前提下，方可进行。一般管道保温应在水压试验合格，防腐已完方可施工，不能颠倒工序。保温材料进入现场不得雨淋或存放在潮湿场所。保温后留下的碎料，应由负责施工的班组自行清理。明装管道的保温，土建若喷浆在后，应有防止污染保温层的措施。

如有特殊情况需拆下保温层进行管道处理或其他工种在施工中损坏保温层时，应及时按原要求进行修复。

3.应注意的质量问题

（1）保温材料使用不当，交底不清，做法不明。应熟悉图纸，了解设计要求，不允许擅自变更保温层做法，严格按设计要求施工。

（2）保温层厚度不按设计要求规定施工。主要是凭经验施工，对保温的要求理解不深。

（3）表面粗糙、不美观。主要是操作不认真、要求不严格。

（4）空鼓、松动、不严密。主要原因是保温材料大小不合适，缠裹时用力不均匀，搭茬位置不合理。

1.4 水表、阀门的安装

1.4.1 常用的水表、阀门

1.4.1.1 水表

水表是一种计量用户累计用水量的仪表。

1.水表的分类

水表的类型有流速式和容积式。

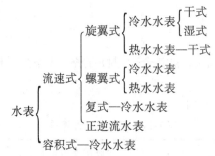

2.流速式水表的构造和性能

在建筑内部给水系统中广泛采用流速式水表（见图1-70）。这种水表是根据管径一定时，水流通过水表的速度与流量成正比的原理来测量的。它主要由外壳、翼轮和传动指示机构等部分组成。当水流通过水表时，推动翼轮旋转，翼轮转轴传动一系列联动齿轮，指示针显示到度盘刻度上，便可读出流量的累积值。此外，还有计数器为字轮直读的形式。

图1-70 流速式水表

流速式水表按翼轮构造不同分为旋翼式和螺翼式。旋翼式的翼轮转轴与水流方向垂直，如图1-71（a）所示，它的阻力较大，多为小口径水表，宜用于测量小的流量；螺翼式的翼轮转轴与水流方向平行，如图1-71（b）所示，它的阻力较小，多为大口径水表，宜用于测量较大的流量。

复式水表是旋翼式和螺翼式的组合形式，在流量变化很大时采用。

流速式水表按其计数机件所处状态又分干式和湿式两种。干式水表的计数机件用金属圆盘与水隔开;湿式水表的计数机件浸在水中,在计数度盘上装一块厚玻璃,用以承受水压。湿式水表简单、计量准确、密封性能好,但只能用在水中不含杂质的管道上,因为水质浊度高,将降低精度,产生磨损,缩短水表寿命。

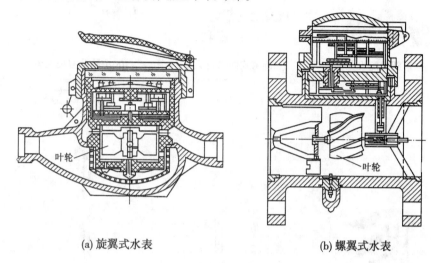

(a) 旋翼式水表   (b) 螺翼式水表

图 1-71　流速式水表剖面

1.4.1.2　给水附件

给水附件是安装在管道及设备上的具有启闭或调节功能的装置,分为配水附件和控制附件两大类。

1. 配水附件

配水附件主要用以调节和分配水流。常用配水附件见图 1-72。

1) 球形阀式配水龙头

装设在洗涤盆、污水盆、盥洗槽上的水龙头均属此类。水流经过此种龙头因改变流向,压力损失较大,如图 1-72(a)所示。

2) 旋塞式配水龙头

这种水龙头的旋塞旋转 90°时,即完全开启,短时间可获得较大的流量。由于水流呈直线通过,其阻力较小。缺点是启闭迅速时易产生水锤。一般用于压力为 0.1 MPa 左右的配水点处,如浴池、洗衣房、开水间等,如图 1-72(b)所示。

3) 盥洗龙头

装设在洗脸盆上,用于专门供给冷、热水。有莲蓬头式、角式、长脖式等多种形式,见图 1-72(c)。

4) 混合配水龙头

用以调节冷、热水的温度,如盥洗、洗涤、浴用等,式样较多,见图 1-72(d)~(f)。此外,还有小便器角形水龙头、皮带水龙头、电子自控水龙头等。

2. 控制附件

控制附件用来调节水量和水压,关断水流等。如截止阀、闸阀、止回阀、浮球阀和安全阀等,常用控制附件见图 1-73。

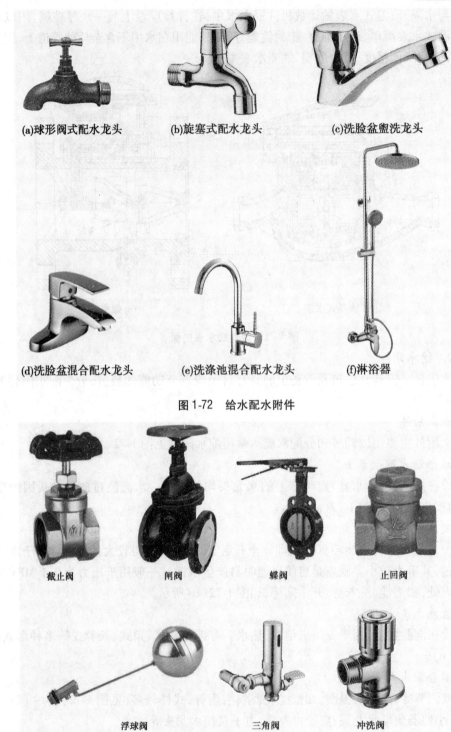

(a)球形阀式配水龙头　　(b)旋塞式配水龙头　　(c)洗脸盆盥洗龙头

(d)洗脸盆混合配水龙头　　(e)洗涤池混合配水龙头　　(f)淋浴器

图 1-72　给水配水附件

截止阀　　　闸阀　　　蝶阀　　　止回阀

浮球阀　　　三角阀　　　冲洗阀

图 1-73　给水控制附件

1) 截止阀

此阀关闭严密,但水流阻力较大,用于管径不大于 50 mm 或经常启闭的管段上。

2) 闸阀

此阀全开时水流呈直线通过,阻力较小。但若有杂质落入阀座,会使阀关闭不严,因而易产生磨损和漏水。当管径在 70 mm 以上时采用闸阀。

3) 蝶阀

阀板在 90°翻转范围内起调节、节流和关闭作用,操作扭矩小,启闭方便,体积较小。适用于管径 70 mm 以上或双向流动管道上。

4) 止回阀

止回阀用以阻止水流反向流动。

5) 浮球阀和液压水位控制阀

浮球阀是一种用以自动控制水箱、水池水位的阀门,防止溢流浪费。其缺点是体积较大,阀芯易卡住引起关闭不严而溢水。与浮球阀功能相同的还有液压水位控制阀,其克服了浮球阀的弊端,是浮球阀的升级换代产品。

6) 减压阀

减压阀的作用是降低水流压力。在高层建筑中使用它,可以简化给水系统,减少水泵数量或减少减压水箱,同时可增加建筑的使用面积,降低投资,防止水质的二次污染。在消火栓给水系统中可用它防止消火栓栓口处超压现象。

7) 安全阀

安全阀是一种保安器材。管网中安装此阀可以避免管网、用具或密闭水箱超压遭到破坏。一般有弹簧式和杠杆式两种。

除上述各种控制阀外,还有脚踏阀、液压式脚踏阀、水力控制阀、弹性座封闸阀、静音式止回阀等。

1.4.2　水表阀门安装

1.4.2.1　作业条件

(1)施工图纸已经过会审和设计交底,施工方案已编制。

(2)施工技术人员向班组做了图纸和施工方案交底,填写了"施工技术交底记录"或下达了"工程任务单",并且签发了"限额领料记录"。

(3)管道、用水设备或卫生器具已经安装。安装地点能关锁。

1.4.2.2　水表安装

(1)水表应安装在查看方便、不受暴晒、不受污染和不易损坏的地方,引入管上的水表应装在室外水表井、地下室或专用的房间内,装设水表部位的气温应在 2 ℃ 以上,以免冻坏水表。

(2)水表装到管道上之前,应先清除管道中的污物(用水冲洗),以免污物堵塞水表。

(3)水表应水平安装,并使水表外壳上的箭头方向与水流方向一致,不得装反;水表前后应装阀门;对于不允许停水或设有消防管道的建筑,还应设旁通管,此时水表后侧应装止回阀,旁通管上的阀门应设有铅封。为了保证水表计量准确,螺翼式水表的上游端应有 8~10 倍水表公称直径的直线管段;其他类型水表的前后亦应有不小于 300 mm 的直线管段。

（4）家庭户用小水表,明装于每户进水总管上,水表前应装有阀门。水表外壳距墙面不得大于 30 mm,水表中心距另一墙面（端面）的距离为 450~500 mm,水表的安装高度为 600~1 200 mm。水表前后直管长度大于 300 mm 时,其超出管段应用弯头（或把管段煨弯）引靠至墙面,沿墙面敷设,管中心距离墙面 20~30 mm。

室内水表的安装如图 1-74、图 1-75 所示。

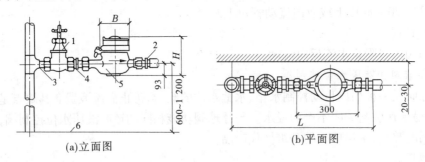

(a)立面图　　　　　　　　　　(b)平面图

1—阀门;2、4—补心;3—短管;5—水表;6—地面或楼板面

图 1-74　室内水表的安装示意图

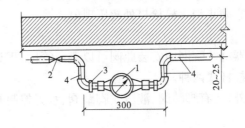

1—水表;2—阀门;3—补心;4—镀锌管

图 1-75　进户水表的安装示意图

（5）一般工业企业与民用建筑的室内、室外水表,在工作压力≤1.0 MPa,温度不超过 40 ℃,水质为不含杂质的饮用水或清洁水的条件下,可按照国标图 S145 进行安装。

1.4.2.3　阀门安装

1.阀门设置

给水管道上的下列部位应设置阀门:

（1）居住小区给水管道从市政给水管道的引入管段上。

（2）居住小区室外环状管网的节点处,应按分隔要求设置。环状管段过长时,宜设置分段阀门。

（3）从居住小区给水干管上接出的支管起端或接户管起端。

（4）入户管、水表和各分支立管（立管底部、垂直环形管网立管的上、下端部）。

（5）环状管网的分干管、贯通枝状管网的连接管。

（6）室内给水管道向住户、公用卫生间等接出的配水管起端,配水支管上配水点在 3 个及 3 个以上时设置。

（7）水泵的出水管，自灌式水泵的吸水泵。

（8）水箱的进、出水管，泄水管。

（9）设备（如加热器、冷却塔等）的进水补水管。

（10）卫生器具（如大、小便器，洗脸盆，淋浴器等）的配水管。

（11）某些附件，如自动排气阀、泄压阀、水锤消除器、压力表、洒水栓等前，减压阀与倒流防止器的前后等。

（12）给水管网的最低处宜设置泄水阀。

2．阀门安装前的检查

（1）安装前，应仔细检查核对型号与规格，是否符合设计要求。检查阀杆和阀盘是否灵活，有无卡阻和歪斜现象，阀盘必须关闭严密。

（2）解体检查的阀门质量应符合下列要求：

①合金钢阀门的内部零件进行光谱分析，材质正确；

②阀座与阀体结合牢固；

③阀芯与阀座的结合良好，并无缺陷；

④阀杆与阀芯的连接灵活、可靠；

⑤阀杆无弯曲、锈蚀，阀杆与填料压盖配合适度，螺纹无缺陷；

⑥阀盖与阀体结合良好，垫片、填料、螺栓等齐全，无缺。

（3）阀件检查工序如下：

①拆卸阀门（阀芯不从阀杆上卸下）；

②清洗、检查全部零件并润滑活动部；

③组装阀门，包括装配垫片、密封填料及检查活动部件是否灵活好用；

④修整在拆卸、装配时所发现的缺陷；

⑤要求斜体阀门必须达到合金钢阀门的要求。

3．阀门的压力试验

阀门安装前，应做强度和严密性试验。试验应在每批（同牌号、同型号、同规格）数量中抽查10%，且不少于1个。对于安装在主干管上起切断作用的闭路阀门，应逐个做强度和严密性试验。

试验介质，一般是常温清水，重要阀门可使用煤油。安全阀定压试验，可使用氮气等较稳定气体，也可用蒸汽或空气代替。对于隔膜阀，使用空气做试验。阀件试验应在阀门试压检查台上进行，如图1-76所示。

阀门的强度和严密性试验，应符合以下规定：阀门的强度试验压力为公称压力的1.5倍；严密性试验压力为公称压力的1.1倍；试验压力在试验持续时间内保持不变，且壳体填料及阀瓣密

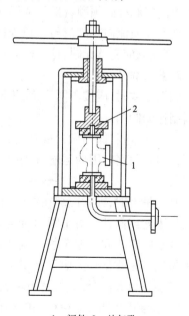

1—阀件；2—放气孔

图1-76 阀门试压检查台

封面无渗漏。阀门试压的试验持续时间应不少于表1-15的规定。

表1-15 阀门试验持续时间

公称直径 DN(mm)	最短试验持续时间(s)		
	严密性试验		强度试验
	金属密封	非金属密封	
≤50	15	15	15
65~200	30	15	60
250~450	60	30	180

4. 阀门安装的一般规定

阀门安装的质量直接影响使用,所以必须认真注意。

1)方向和位置

许多阀门具有方向性,例如截止阀、节流阀、减压阀、止回阀等,如果装倒、装反,就会影响使用效果与寿命(如节流阀),或者根本不起作用(如减压阀),甚至造成危险(如止回阀)。一般阀门,在阀体上有方向标志;万一没有,应根据阀门的工作原理,正确识别。

阀门安装的位置,必须方便于操作;即使安装暂时困难些,也要为操作人员的长期工作着想。最好阀门手轮与胸口取齐(一般离操作地坪1.2 m),这样开闭阀门比较省劲。落地阀门手轮要朝上,不要倾斜,以免操作别扭。靠墙靠设备的阀门,也要留出操作人员站立余地。要避免仰天操作,尤其是酸碱、有毒介质等,否则很不安全。

水平管道上的阀门,阀杆宜垂直或向左右偏45°,也可水平安装。但不宜向下;垂直管道上阀门阀杆必须顺着操作巡回线方向安装;阀门安装时应保持关闭状态,并注意阀门的特性及介质流向。阀门与管道连接时,不得强行拧紧法兰上的连接螺栓;对螺纹连接的阀门,其螺纹应完整无缺,拧紧时宜用扳手卡住阀门一端的六角体。

2)施工作业

阀门堆放时,应按不同规格、不同型号分类堆放。安装施工必须小心,切忌撞击脆性材料制作的阀门。

安装前,应将阀门做一检查,核对规格型号,鉴定有无损坏,尤其对于阀杆,还要转动几下,看是否歪斜,因为运输过程中,最易撞歪阀杆。还要清除阀内的杂物;之后进行压力试验。

阀门吊装时,绳索应绑在阀体与阀盖的法兰连接处,切勿直接拴在手轮或阀杆上,以免损坏手轮或阀杆。对于阀门所连接的管路,一定要清扫干净。可用压缩空气吹去氧化铁屑、泥沙、焊渣和其他杂物。这些杂物,不但容易擦伤阀门的密封面,其中大颗粒杂物(如焊渣),还能堵死小阀门,使其失效。

安装螺口阀门时,应将密封填料(线麻加铅油或聚四氟乙烯生料带),包在管子螺纹上,不要弄到阀门里,以免在阀内存积,影响介质流通。

安装法兰阀门时,要注意对称均匀地把紧螺栓。阀门法兰与管子法兰必须平行,间隙合理,以免阀门产生过大压力,甚至开裂。对于脆性材料和强度不高的阀门,尤其要注意。

3）保护设施

有些阀门还须有外部保护,这就是保温和保冷。保温层内有时还要加伴热蒸汽管线。什么样的阀门应该保温或保冷,要根据生产要求而定。原则上说,凡阀内介质降低温度过多,会影响生产效率或冻坏阀门,就需要保温,甚至伴热;凡阀门裸露,对生产不利或引起结霜等不良现象时,就需要保冷。保温材料有石棉、矿渣棉、玻璃棉、珍珠岩、硅藻土、蛭石等;保冷材料有软木、珍珠岩、泡沫、塑料等。

长期不用的水、蒸汽阀门必须放掉积水。

4）旁路和仪表

有的阀门,除必要的保护设施外,还要有旁路和仪表。安装了旁路,便于疏水阀检修。其他阀门,也有安装旁路的。是否安装旁路,要看阀门状况、重要性和生产上的要求而定。

5）填料更换

库存阀门,有的填料已不好使,有的与使用介质不符,这就需要更换填料。

阀门制造厂无法考虑使用单位千门万类的不同介质,填料函内总是装填普通盘根,但使用时,必须让填料与介质相适应。

在更换填料时,要一圈一圈地压入。每圈接缝以 45°为宜,圈与圈接缝错开 180°。填料高度要考虑压盖继续压紧的余地,现时又要让压盖下部压填料室适当深度,此深度一般可为填料室总深度的 10% ~20%。

对于要求高的阀门,接缝角度为 30°。圈与圈之间接缝错开 120°。

除上述填料外,还可根据具体情况,采用橡胶 O 形环(天然橡胶耐 60 ℃以下弱碱,丁腈橡胶耐 80 ℃以下油品,氟橡胶耐 150 ℃以下多种腐蚀介质)、三件叠式聚四氟乙烯圈(耐 200 ℃以下强腐蚀介质)、尼龙碗状圈(耐 120 ℃以下氨、碱)等成形填料。在普通石棉盘根外面,包一层聚四氟乙烯生料带,能提高密封效果,减轻阀杆的电化学腐蚀。

在压紧填料时,要同时转动阀杆,以保持四周均匀,并防止太死,拧紧压盖要用力均匀,不可倾斜。

5. 闸阀的安装

闸阀可装在管道或设备的任何位置,且一般没有规定介质的流向。

闸阀的安装姿态,依闸阀的结构而定。对于双闸板结构的闸阀,应直立安装,即阀杆处于铅垂位置,手轮在上面;对于单闸板结构的闸阀,可在任意角度上安装,但不允许倒装,若倒装,介质将长期存于阀体提升空间,检修不方便;对明杆闸阀必须安装在地面上,以免引起阀杆锈蚀。

小直径的闸阀在螺纹连接中,若安装空间有限,需拆卸压盖和阀杆手轮,应略微开启阀门,再加力拧动和拆卸压盖。如果闸板处于全闭状态,加力拧动压盖,易将阀杆拧断。

6. 截止阀的安装

截止阀可安装在设备或管道的任意位置。安装时,应使其阀杆尽量铅垂,若阀杆水平安装,会使阀瓣与阀座在不同轴线,形成位移,易发生泄漏。

截止阀的安装,有着严格的方向限制,其原则是"低进高出",即首先看清两端阀孔的高低,使进口管接入低端,出口管接于高端。采用这种方式安装时,其流动阻力小,开启省力,关闭后,填料不与介质接触,易于检修。

7. 止回阀的安装

止回阀的安装,必须特别注意介质的流向,才能保证阀盘自动开启。

为保证止回阀阀盘的启闭灵活、工作可靠,对卧式升降式止回阀,只能水平安装在管道上,立式升降式和旋启式止回阀可水平安装在管道上,也可安装在介质自下而上流动的垂直管道上。

8. 安全阀的安装

设备的安全阀应装在设备容器的开口上。如有困难,则应装设在接近容器出口的管路上,但管路的直径应不小于安全阀进口直径。

安全阀的定压是安装安全阀的重要环节。定压时,用水压或气压试验的方法,按工作压力 +30 kPa 进行。不同构造的安全阀,其调压方式不同。对弹簧式安全阀,通过用旋具调整弹簧的压紧程度的方式进行;对重锤式(杠杆式)安全阀,通过重锤在杠杆上滑动的方式进行。调整安全阀至压力表达到指示定压压力时,能开始泄放介质为止。定压后,应画出定压标记线(油漆线或锯痕线)。

操作要点和注意事项:

(1)安全阀应垂直安装,阀杆与水平面应保持良好的垂直度,有偏斜时必须校正,以保证容器或管道与安全阀间畅通无阻,杠杆式安全阀应使杠杆保持水平。

(2)安全阀的安装应注意其方向性。安装时,介质的流向应从阀瓣下向上流动,如果反向安装,将会酿成重大事故。

(3)对于单独排入大气的安全阀,应在其入口处装设一个常开的截断阀,并采用铅封。对于排入密闭系统或用集气管排入大气的安全阀,则应在它的入口和出口各装一个常开的截断阀,并用铅封。截断阀应选用明杆闸阀、球阀或密封好的旋塞阀。

(4)若安全阀的排出管过长应予固定,以防止振动。

(5)安全阀排放系统应经常试排放,以检查管路系统有无障碍,当排液管可能发生冻结时,则应加保温或伴热管。

9. 减压器的安装

减压器即减压阀阀组,包括减压阀、压力表、安全阀等部件。施工中,减压器大多经预装而成。预装时,配以三通、弯头、活接头等管件,以螺纹连接方式进行。

减压装置应设在振动较小、有足够空间和便于检修的位置,不能设置在邻近移动设备或容易受冲击的部位。沿墙敷设时,安装在离地面 1.2 m 处,平台敷设时,安装在离永久性操作平台 1.2 m 处。

操作要点和注意事项:

(1)减压阀均应安装在水平管道,波纹管式减压阀用于蒸汽管道时,波纹管应朝下安装。

(2)减压阀有方向性,安装时不得装反。阀体上的箭头方向应与介质流向一致。

(3)减压阀的两侧应安装阀门,最好采用法兰截止阀,以便于维修。

(4)减压阀前的管径与减压阀的公称直径相同。当设计无明确规定时,减压阀的出口管径比阀前管径大 1～2 号,并设旁通管便于检修。

(5)如系统中介质带渣物,应在减压阀前设过滤器。

（6）减压阀的前后应分别安装高、低压压力表，以观察压力变化。

（7）蒸汽系统的减压阀前应设疏水阀。

（8）减压阀的低压管上应配以弹簧式或杠杆式安全阀，安全阀的管径通常应比减压阀小 2 号，其排气管应接至室外。

（9）减压阀安装后，必须根据使用压力进行调试，并做好调试后的标志。

施工完毕，应对系统进行试压。试压结束后，关闭进口阀，打开冲洗阀对系统进行冲洗。

1.4.2.4　阀门的修理

阀门的常见故障及维修方法见表 1-16。

表 1-16　阀门的常见故障及维修方法

故障现象	故障原因	维修方法
密封圈不严密	密封圈与阀座、阀瓣配合不严	修理密封圈
	阀座与阀体螺纹加工不良，阀座倾斜	如无法修理，则应更换
	关闭时用力不当	缓慢、反复启闭几次
密封面损坏	阀门内腔有污物	取出杂物，研磨密封面
填料函泄漏	填料装填不正确	正确装填填料
	填料老化	更换填料
	阀杆变形或腐蚀生锈	修理或更换
	操作不当或用力过猛	缓开缓闭，操作平稳
阀杆升降不灵活	阀杆损伤、腐蚀、脱扣	更换阀杆
	阀杆弯扭	修理或更换阀杆
	阀杆螺母倾斜	更换阀件或阀门
	螺纹磨损	更换阀杆衬套
垫圈泄漏	垫圈材质不当或失效	更换合适垫圈
阀门开裂	冻坏	保温防冻
	螺纹阀门安装时力过大	安装时用力均匀
压盖断裂	紧压盖时用力不均	对称拧紧螺母
闸板失灵	楔形闸板因腐蚀而关不严	定期研磨
	双闸板顶楔损坏	更换顶楔
安全阀或减压阀弹簧损坏	弹簧材料选择不当	更换弹簧材料
	弹簧制造质量不佳	采用质量优良的弹簧

1.4.2.5　成品保护

（1）水表在管道试压后，要验交时再进行安装。阀门安装好后可将手轮拆下，待验交时再装上，以免过早安装时，容易损坏和丢失。

（2）安装的建筑物必须能加锁，并要建立严格的钥匙交接制度，尤其是多单位在内施工的安装项目，一定要建立值班交接制度。

1.4.2.6　应注意的质量问题

（1）水表、阀门的安装，对于建筑物的外观有很大影响，所以要特别注意整个房间的布置保持协调，标高要一致。

（2）注意阀门压盖漏水。将盖母拆下，用螺丝刀把填料盖撬出来，把旧填料清理干净，重新缠上 3~4 圈细石棉绳或生料带，再用填料盖盖好后，拧好盖母即可。对于填料变硬的阀门，阀杆转动后，两者间便产生了间隙。修理时，应先按松扣的方向将盖母转活动，然后按旋紧方向旋紧盖母即可，如不见效，说明填料已失去应有的弹性，应按上法把旧填料更换成新填料即可。DN50 以上的阀门没有盖母（与盖母相应的零件叫格兰或压兰），漏水修理方法与以上方法基本一样，所用的填料采用成型的石棉盘根。

（3）阀门开不动。阀门长期关闭，容易锈住，造成打不开的情况。开这类阀门时可用振打的方法，使阀杆与盖母（或压兰）之间产生微量间隙；如仍开不动，可用扳手或管钳转动手轮。用力应均匀缓慢，不得将阀杆扭断或扳弯。

（4）阀门开启后不通水，可能有以下几种情况：

①闸阀：感到阀门开不到头，再关也关不到底了，这是阀杆滑扣的象征，也就是阀杆不能将闸板带上来，所以阀门不通，需换阀门阀杆或更换阀门。

②球形阀门：开不到头或关不到底，属阀杆滑扣，需要换阀杆或阀门。能开到头或关到底，是阀芯、阀杆脱落。DN50 或以下的阀门，可把阀门盖打开后，把阀芯取出来，阀芯侧面有一道明槽，内侧有个环形暗槽与阀杆上的环形槽相应，把阀芯顶到阀杆上后，从阀芯明槽处，把直径与阀芯（或阀杆）环形槽直径相等的铜丝插入阀杆上的小孔（不透孔）后，用手使阀杆与阀芯做相对运动，铜丝会自然地卷入阀芯，阀芯就连接到阀杆上了。DN50 以上的阀门，阀芯与阀杆的连接形式较多，必须将阀门解体后，根据其结构的特点进行修理。

（5）阀门关不严。对使用垫料（皮钱）的阀门，多数原因是属垫料失效问题，应拆开阀门盖更换垫料。对球形阀门，可能是阀座和阀芯间卡有杂质、脏物或两者被划伤、腐蚀的部位使阀门无法关严。应将阀门盖打开检查，如属阀芯、阀座间卡有杂质、脏物，应消除解决；如属阀芯、阀座被划伤、腐蚀，需用研磨方法修理或更换。不经常开启的阀门，由于阀杆丝扣上生满了锈或密封面生锈，也会产生关不严的毛病，可将阀门反复开关几次或打开研磨。

（6）水表不得装反，水表上的铅封应保证完好。

■ 1.5　水箱、水泵的安装

1.5.1　水箱的安装

当建筑物较高，而城市给水管网供水压力不足以满足建筑物的水压要求时，需在建筑物给水系统的最高处设置水箱，以储存用水，调节用水量和稳定供水水压。水箱的配管与附件如图 1-77 所示。

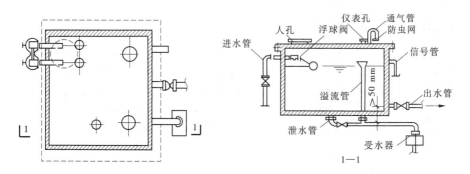

图 1-77 水箱配管、附件示意图

水箱按外形分,有圆形、方形和球形等;按制作材料分,有混凝土类、非金属类和金属类等;按拼接方式分,有拼装式、焊接式等。

混凝土类水箱(如钢筋混凝土水箱)经久耐用,维护方便,无腐蚀问题,但自重较大,受建筑物结构限制;非金属类水箱(如玻璃钢水箱)质量轻,在某些改造工程中,若楼板承重有限,可考虑选用;金属类水箱自重较小,容易加工,工程上应用最为广泛。常见的金属类水箱有内衬涂料钢板水箱、镀锌钢板水箱、搪瓷钢板水箱、不锈钢钢板水箱等。

1. 水箱安装前准备

(1)编制施工方案。编制的水箱安装就位方案,要紧密配合土建进行,注意建筑物中水箱进出口和吊装条件及制作水箱场地方案的选定。

(2)设备验收。对装配式或整体式水箱,检查是否具备出厂合格证和技术资料,并填写"设备开箱记录"。对现场制作的水箱,应按设计图纸或标准图进行检查。

(3)基础验收。检查基础外形尺寸、空间位置,基础的表面应无裂纹、空洞、掉角、露筋,用锤子敲打时,应无破碎现象发生。基础的标高、平面位置(坐标)、形状和主要尺寸应符合设计要求。填写"设备基础验收记录"。

(4)施工条件检查。检查照明、水源、电源等正常施工条件是否已具备。

2. 水箱就位

(1)托盘制作。为收集安装在室内钢板水箱壁上的凝结水及防止水箱漏水,一般在水箱支座上(垫梁上)设置托盘。托盘用 50 mm 厚的木板上包 22 号镀锌铁皮制作而成。其周边应伸出水箱周界 100 mm,高出盘面 50 mm。水箱托盘上设泄水管,以排除盘内的积水。

(2)托盘放置。在水箱支座上(垫梁上),放置好水箱托盘。盘上放置油浸枕木。

(3)水箱就位。将试验合格的水箱吊装就位,找平找正。

水箱的安装位置、标高应符合设计要求,其允许偏差为:坐标 15 mm;标高 ±5 mm;垂直度 1 mm/m。

3. 水箱附件布置

水箱的附件布置如图 1-78 所示。

1)进水管安装

水箱进水管一般从侧壁接入,也可以从底部或顶部接入。当水箱利用管网压力进水

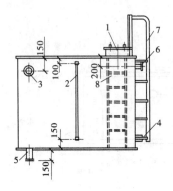 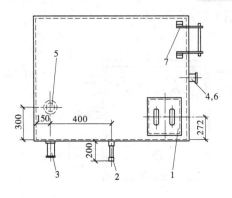

1—进水管;2—出水管;3—溢流管;4—排水管;5—水位信号;6—人孔;7、8—内外人梯

图 1-78　水箱附件

时,其进水管应设浮球阀。浮球阀直径与进水管直径相同,数量不少于 2 个。

2)泄水管安装

泄水管又名排水管或污水管。自水箱底部最低处接出,以便排除箱底沉泥及清洗水箱的污水。泄水管上装设阀门。如图 1-79 所示,可与溢流管连接,经过溢流管将污水排至下水道,也可直接与建筑排水沟相连。

若无特殊要求,泄水管一般选用公称直径为 40 ~ 50 mm 的管道。

3)出水管安装

水箱出水管可从侧壁或底部接出。出水管管口应高出水箱内底 50 mm 以上,出水管上一般应设阀门。

4)溢流管安装

水箱溢流管用来控制水箱的最高水位,可从侧壁或底部接出,其直径宜比进水管大 1 ~ 2 号,但在水箱底 1 m 以下管段可采用与进水管直径相同的管径。溢流管中的溢水必须经过图 1-80 所示的隔断水箱后,才能与排水管直接相连。设在平屋顶上的水箱,溢流出水可直接排除,但应设置滤网,防止污染水箱。溢流管上不得装设阀门。

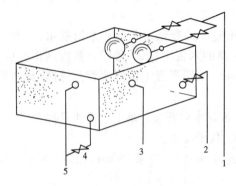 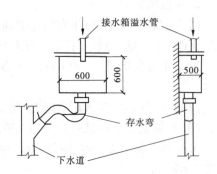

1—进水管;2—出水管;3—信号管;

4—泄水管;5—溢流管

图 1-79　水箱配管示意图　　　　　　　　　　图 1-80　溢流管的隔断水箱

5）水位信号装置安装

水位信号装置有水位计或信号管两种。

（1）水位计安装。水位计的安装如图 1-81 所示，参考尺寸见表 1-17。水位计旋塞与水箱壁间用一短管相连。该短管一端与水箱焊接，另一端与水位计旋塞螺纹连接。水位计装配时应保证上下阀门对中，玻璃管中心线允许偏差值为 1 mm。水位计应安装在观察方便、光线充足的地方。

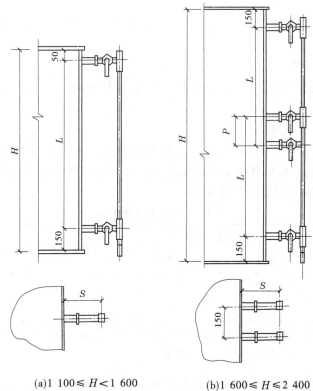

(a)1 100≤ *H* <1 600　　　　　　　(b)1 600≤ *H* ≤2 400

图 1-81　玻璃管水位计安装

表 1-17　水位计安装尺寸

水箱高度 H(mm)	水位计长度 L(mm)	旋塞错开长度 P(mm)	水位计数量 n
1 100	900		1
1 200	1 000		1
1 400	1 200		1
1 500	1 300		1
1 600	800	200	2
1 800	900	200	2
2 000	1 000	200	2
2 400	1 200	200	2

（2）信号管安装。信号管一般自水箱侧壁接出，安装在水箱溢流管管口标高以下 10 mm 处，管径 15 ~ 20 mm，接至经常有人值班的房间内的污水池上，以便随时发现水箱浮球阀设备失灵而及时检修。

6）人孔与通气管安装

对生活饮用水的水箱应设有密封箱盖，箱盖上设有检修人孔和通气管。通气管可伸至室外，但不得伸到有有害气体的地方，管口应设防止灰尘、昆虫、蚊和蝇的滤网，管口朝下。

通气管上不得装设阀门、水封等妨碍通气的装置，也不得与排水系统和通风管道相连。

7）内、外人梯安装

当水箱高度大于或等于 1 500 mm 时，应安装内、外人梯，以便于水箱的检修和日常维护。

4.水箱安装注意事项

（1）水箱间净高不低于 2.2 m，承重材料为非燃烧材料。水箱间应设在采光、通风良好，且不结冻的位置。水箱有冻结和结露危险时，必须设有保温层（包括管道在内）。

（2）水箱的安装间距按表 1-18 选用。

表 1-18　水箱的安装间距　　　　　　　　　　　　　　　　（单位:m）

水箱形式	水箱至墙面距离		水箱之间的净距	水箱顶至建筑结构最低点的距离
	有阀侧	无阀侧		
圆形	0.8	0.5	0.7	0.6
矩形	1.0	0.7	0.7	0.6

注：1. 当水箱按表中规定布置有困难时，允许水箱之间或水箱与墙壁之间的一面不留检修通道。

2. 表中有阀或无阀指有无液压水位控制阀或浮球阀。

（3）水箱进水管与出水管可合并设置，亦可分开设置，如图 1-82 所示。当进水管与出水管采用合并式时（见图 1-82（a）），出水管管口应设止回阀，防止水由水箱底部进入水箱。

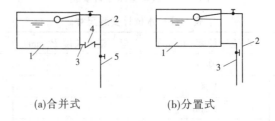

　　　　(a)合并式　　　　　　　　(b)分置式

1—水箱;2—进水管;3—出水管;4—止回阀;5—配水管

图 1-82　水箱进、出水管的设置

1.5.2　水泵的安装

水泵是将电动机的机械能传递给液体的一种动力机械，是提升和输送水的重要工具。

水泵的类型很多,有离心泵、轴流泵、混流泵、活塞泵、真空泵等。这里介绍在给水排水工程中最常用的离心泵安装技术。

离心泵是利用泵体内的高速叶轮,带动液体一起高速旋转产生离心力,来吸入并压出液体的。离心泵的结构简图如图1-83所示。

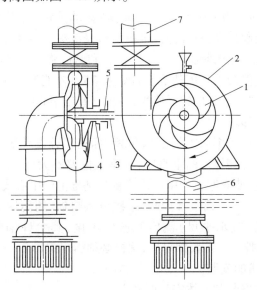

1—叶轮;2—泵壳;3—泵轴;4—轴承;5—填料函;6—吸水管;7—压水管

图1-83 离心泵的结构简图

离心泵管路及附件装置见图1-84。

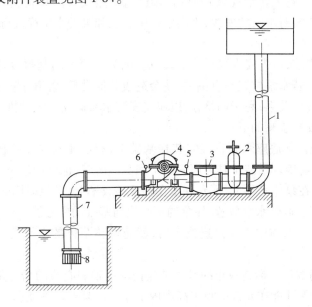

1—压水管;2—闸阀;3—逆止阀;4—水泵;5—压力表;6—真空表;7—吸水管;8—底阀

图1-84 离心泵管路及附件装置

1.5.2.1　水泵安装前检查

（1）水泵检查。核对水泵的名称、型号和规格,检查有无缺件、损坏和锈蚀等情况,进出管口保护物和封盖是否完好,并填写开箱检查记录表。水泵进出口保护物和封盖如失去保护作用,应将水泵解体检查。

（2）电机检查。核实电机的型号、功率、转速;盘动其转子,不得有碰卡现象;轴承润滑油脂不能出现变质及硬化现象;并保证电机引出线接头连接良好。

（3）基础验收。检查基础外形尺寸、空间位置和基础强度。基础尺寸、平面位置和标高是否符合设计要求。混凝土强度达到设计强度75%才能进行水泵安装。基础表面应平整,无裂缝、麻面,放置垫铁处应铲平修光,并画好基础中心线。

1.5.2.2　水泵底座的安装

（1）底座就位并找正。当基础的尺寸、位置、标高符合设计要求后,将底座置于基础上,套上地脚螺栓,检查地脚螺栓的垂直度,其垂直偏差不大于1%,否则剪力过大,螺栓易折断。调整底座位置,使底座上的中心线位置与基础上的中心线一致。

（2）底座找平。将底座一端微微抬起,逐次放入垫铁,用薄铁皮找平,安放位置应紧靠地脚螺栓,用水平仪（或水平尺）测定底座水平度,其允许偏差纵横方向均不大于0.1/1 000,找平后将其拧紧。拧紧螺母后,螺栓必须露出螺母2～3扣螺纹。

1.5.2.3　水泵和电动机的安装

水泵的安装有整体安装和分体安装两种方式。

1. 整体安装

若水泵出厂时电机、水泵与机座已组装好,安装前检查又未发现其他故障（外观检查良好,用手搬动靠背轮无异常现象）则可直接进行机组安装。其安装方法与前述底座安装方法相同。只是需对水泵的曲线、进出水口中心线和泵的水平度进行检查与调整。

2. 分体安装

水泵若分体安装,应先安水泵再装电动机。因为水泵要与其他设备、管道相连接,而受到一定的制约。若水泵位置稍有偏差,就会造成其他设备、管道连接上的困难。而电动机安装只与水泵发生关系,易于调整,所以应先安装水泵后安装电动机。这种方式又称为分体组装法。其安装步骤如下:

（1）水泵就位。无底座水泵直接安装在基础上,有底座水泵安装在底座上。水泵吊装就位时,应防止碰撞。吊装工具可用三角架和倒链滑车,也可用吊车直接吊装就位。起吊时,钢丝绳应系在泵体吊环上,不允许系在轴承座或轴上,以免损坏轴承座或使轴弯曲。

（2）水泵找正。调整水泵位置,使泵的中心线与基础的中心线一致。

（3）水泵找平。泵体中心线位置找正后,就应调整泵体的水平度。找平时可用水准仪或水平尺测量。

（4）水泵标高找正。标高找正的目的是检查水泵轴中心线的高程是否与设计要求的安装高程相符,以保证能在允许的吸水高度内工作。水泵安装高度以其进水口中心为准。标高找正可用水准仪测量,小型水泵也可用钢尺直接测量。

（5）泵体固定。水泵找正、找平后,可向地脚螺栓孔和基础与水泵底座间的空隙内灌注水泥砂浆,待水泥砂浆凝固后拧紧地脚螺栓,复查水泵的位置和水平,保证后续安装能顺利进行。

　　3.电动机的安装

　　(1)电动机就位。将电动机搬运到底座上,使其联轴器(靠背轮)与水泵的联轴器相对。

　　(2)电动机找平、找正。电动机找平、找正,应以水泵为基准。泵轴的中心线应与电动机轴的中心线在同一轴线上。电动机与水泵是通过联轴器连接的。只要两个联轴器既同心又相互平行,即符合安装要求。

　　电机轴与泵轴的对中情况,可利用测量两轴间的轴向和径向间隙的方法进行。

　　①轴向间隙测量。轴向间隙即两个联轴器端面的距离,轴向间隙不能过大或过小,过大传动效率低,过小则容易窜轴,造成轴功率增加,轴承发热,影响使用寿命。对此间隙,通常图纸上都有规定,如无规定,可参照下列数值调整:

　　小型泵(吸入口径300 mm以下)轴向间隙为2.4 mm;

　　中型泵(吸入口径350~500 mm)轴向间隙为4~6 mm;

　　大型泵(吸入口径600 mm以上)轴向间隙为4~8 mm。

　　两个联轴器间的轴向间隙,可用塞尺在联轴器的上、下、左、右四点测得,测定方法如图1-85所示。当两靠背轮周围间隙大小一样或其间隙误差不大于0.1 mm,即表明两靠背轮基本相互平行,轴向间隙符合要求。

　　②径向间隙测量。径向间隙的测定方法如图1-86所示。测量时,用手轻轻地转动联轴器,把直角尺一直角边靠在联轴器上,并沿轮缘做圆周移动。如直角尺各点都和两个轮缘的表面靠紧,则表示联轴器同心。也可沿该靠背轮分别在上、下、左、右并互为90°的四个测点,用塞尺检查另一个靠背轮的周边和直角尺的间隙。当直角尺和塞尺均与各点表面紧贴,或误差在0.1~0.15 mm之内,则表明两靠背轮基本同心,径向间隙符合要求。

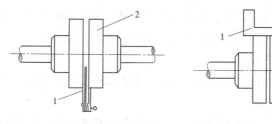

1—塞尺;2—联轴器　　　　　　　　1—直角尺;2—联轴器
图1-85　轴向间隙测定　　　　　　图1-86　径向间隙测定

　　③间隙的调整。如轴向间隙或纵向间隙不符合要求,应松开底座与电机的固定螺栓,移动电动机位置或增减电动机与底座(基础)间垫片厚度来调整。

　　电动机找正后,拧紧地脚螺栓和联轴器连接螺栓,水泵机组安装完毕。

1.5.2.4　水泵管路的安装

　　水泵的管路分吸入和排出两部分。安装时,应从水泵进出口开始分别向外延伸配管。

　　1.水泵吸水管路的安装

　　如图1-87所示,水泵吸水管路安装时,必须保证吸水管不漏气、不积气、不吸气,否则会影响水泵的吸水性能。吸水管安装好后,应作防腐处理。常见的方法是在吸水管表面涂沥青防腐层。

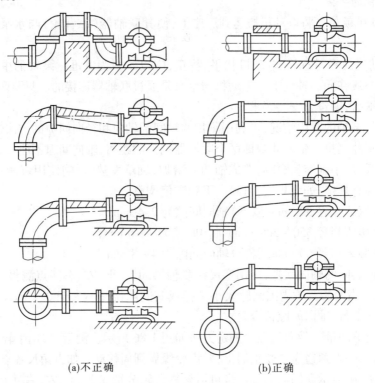

(a)不正确　　　　　　　　　(b)正确

图 1-87　水泵吸水管路安装

2. 水泵压水管路的安装

水泵压水管路经常承受高压,要求具有较高的强度,一般采用钢管。除为维修方便在适当位置处采用法兰连接外,均采用焊接接口,以求坚固而不漏水。

1.5.2.5　水泵试运转及故障排除

水泵安装完毕后,必须进行试运转,其目的是检查及排除在安装中没有发现的故障,使水泵系统的各部分配合协调。

(1)水泵试运转前检查。水泵试运转前应进行全面检查,内容包括轴承内润滑油的质量情况,各紧固部位的连接情况,出水阀、压力表及真空表和旋塞位置是否合适,电动机的转向检查等。

(2)盘车用手转动联轴器,检查其转动是否灵活,有无异常声响。然后再将联轴器的连接螺栓拆下,进行电机空负荷运行,检查电机的转向是否与泵的转向一致,合格后,上好联轴器的连接螺栓,即可启动。

(3)水泵的启动对于高于水位的泵,运转前应向吸水管内注满水;而吸入水位高差较大的离心泵,启动前还需关闭出口阀,启动水泵后才逐渐打开出水阀,以防止启动负荷过大而造成事故。

(4)水泵的试运转。水泵试运转过程中,如发生故障或水泵吸不上水,应立即关闭电机,以免损坏零件,待故障消除后再试。水泵填料函在水泵运转过程中,一般要求每分钟滴10滴左右,以润滑填料。

1.5.2.6　水泵机组运行故障的检查与处理

水泵经常处于运转状态,常因种种故障使水泵不能正常工作。离心式水泵常见的故障、发生的原因及处理方法如下。

1. 水泵不上水

(1)水泵的吸水管因倒坡会使管内存有空气并已形成气塞,使水泵无法连续吸水而造成水泵不出水。当出现倒坡时,应调整坡度,并及时排放泵体及吸水管内的空气。

(2)吸水底阀不严或损坏,使吸水管不满水,或底阀与吸水口被泥沙杂物堵塞,使底阀关闭不严。当确认上述故障后,应及时清理污物,检修底阀,损坏时应更换。

(3)底阀淹没深度不够也会造成水泵不上水,应增加吸水管浸入水中的深度。

(4)水池(水箱)中水位过低也会使水泵不上水,此时应检查进水系统中的进水量、水压是否严重不足或浮球阀、液位控制阀等是否失灵。发现问题应及时调整补水时间(如利用夜间低峰用水时补水),修理或更换失灵的进水阀。

2. 水泵不出水或水量过少

故障原因:压力管阻力太大,水泵叶轮转向不对,水泵转速低于正常数,叶轮流道阻塞等。

排除方法:检查压水管,清除阻塞;检查电机转向并改变转向;调整转速;清理叶轮流道。

3. 水泵轴承过热

在水泵运转时,轴承温升不宜超过60℃,当轴承缺油或水泵与电机轴不同心、轴承间隙太小、填料压得过紧,均可造成轴承过热。此时,应调整同心度、加油、调整填料压盖松紧度。

4. 水泵运转振动及噪声过大

水泵同心度偏差过大时会产生较大振动,其次应检查地脚螺栓、底座螺栓是否拧紧无松动。对要求控制噪声和振动较严格的建筑物应增加减振或隔振装置。

当吸水管深度过大、吸水池水位过低时,还会使水泵产生汽蚀现象而增大水泵的噪声。

离心式水泵减振装置常用的有橡胶隔振垫及减振弹簧盒。

(1)橡胶隔振垫通常安装在减振平衡板下面,安装时应根据水泵的型号,按图集要求的垫块的规格型号和数量分别垫在减振板四角及边位下,垫板必须成对支垫。

(2)采用减振弹簧盒时,其减振板必须留洞准确,预制板表面应平整。减振弹簧盒应准确平稳地摆放在板下的孔内,减振弹簧盒的规格型号及数量需按设计选定购置,不得任意变更型号和规格。

减振平衡板为钢筋混凝土预制板,加工时应严格按有关图集尺寸、混凝土强度等级、预留孔及预埋件的位置施工。

5. 水泵运行中突然停止出水

故障原因:进水管突然被堵塞,叶轮被吸入杂物打坏,进水口吸入大量空气。

排除方法:检查进水管,清除堵塞物;检查叶轮并更换;检查吸水池的水位及水泵的安装高度,保证有足够的水量。

■ 1.6　建筑给水工程质量检验评定标准

建筑给水工程质量的检验评定,要严格遵守《建筑给水排水及采暖工程施工质量验收规范》(GB 50242—2002)的有关规定。在进行给水工程质量检验评定工作中,要坚持认真负责、实事求是的精神,根据工程内容,严格按标准进行检验评定,不得随意降低标准或减少检验评定内容,使评定结果有据可查,准确可靠。

1.6.1　总则

1.6.1.1　给水排水工程质量检验评定依据

(1)《建筑给水排水及采暖工程施工质量验收规范》(GB 50242—2002)。

(2)施工图、设计说明书、设计变更等技术文件。

(3)给水排水工程施工及验收规范、上级颁发的技术规程、工艺标准以及有关规定。

(4)中间检查验收的主要记录资料(如试压、隐蔽、试运转和各种调整试验记录等)。

1.6.1.2　给水排水工程质量检验评定等级及条件

给水排水工程属安装工程中的分项工程,分项工程质量评定是工程质量检验评定的基础,必须认真检验评定。按国家颁发的现行质量检验评定标准规定,给水排水工程分为"合格"和"优良"两个等级。其具体合格和优良的条件如下。

1.工程合格条件

(1)保证项目(主要项目)必须符合相应质量检验评定标准的规定。

(2)基本项目(一般项目)抽检的处(件)应符合相应质量检验评定标准的合格规定和基本符合规定。

(3)允许偏差项目(实测项目)抽检的点数中,工程有80%及其以上的实测值应在相应质量检验评定标准的允许偏差范围内,其余各测点应接近相应标准。

2.工程优良条件

(1)保证项目(主要项目)必须符合相应质量检验评定标准的规定。

(2)基本项目每抽检的处(件)应符合相应质量检验评定标准的合格规定;其中有50%及其以上的处(件)符合优良的规定,该项即为优良;一般项目基本达到相应标准规定,亦可评为优良。

(3)允许偏差项目(实测项目)抽检的点数中,有90%及其以上的实测值在相应质量检验评定标准的允许偏差范围内,其余各抽检点应接近相应标准。

3.工程质量不合格时的处理

当给水排水工程质量经过检验评定,结果不符合相应检验评定标准合格的规定时,必须及时处理。工程质量不设不合格等级,即不合格的工程不能验收、交付使用。对于不合格的工程应按以下规定进行处理:

(1)凡返工重做的,可按相应质量检验评定标准规定的合格和优良条件重新评定其质量等级。

（2）凡经过加固补强或经法定检测单位鉴定能达到设计要求的，其质量等级只能评为合格。

（3）经过法定检测单位鉴定达不到原设计要求，但经设计单位认可又能满足结构安全和使用功能要求，可以不加固补强的，或者经过加固补强后改变了外形尺寸或造成永久性缺陷的，其质量可定为合格，其所在的分部工程不应评为优良。

1.6.1.3　工程质量评定程序及组织

给水排水工程的质量评定，应当在生产班组自检的基础上，由单位工程负责人组织给水排水工程负责人进行，由专职质量检验员对其评定结果进行核定，并得出核定结果。

1.6.1.4　工程质量评定的要求

（1）分项工程名称的划分，应严格按国家颁布的《建筑安装工程质量检验评定标准》规定的名称执行，不得随意更改和增减。

（2）各分项工程，应分使用功能、按系统分别进行质量检验评定。

（3）高层建筑的卫生器具安装分项工程，应按使用功能，逐层分别进行质量检验评定。

（4）保温工程应随各分项工程，分别进行配合质量检验评定。

1.6.2　建筑给水管道安装工程质量评定

适用于工作压力不大于 1.0 MPa 的室内给水和消防管道，材质为给水铸铁管、镀锌和非镀锌碳素钢管道的安装。该分项工程规定参加检验评定的保证项目 3 条，基本项目 9 条，允许偏差项目 3 条。其具体的质量检验评定表见"室内给水管道安装分项工程质量检验评定表"。

1.6.2.1　保证项目

1. 水压试验

1）质量标准

隐蔽管道和给水、消防系统的水压试验结果，必须符合设计要求和施工规范规定。

隐蔽管道是指直接铺设在土壤内，暗装在墙壁、管井、管廊、天棚、不通行地沟内或需要保温的管道，其管道的水压试验必须在隐蔽前进行，试验结果必须符合设计要求或施工规范的规定。

管道的水压试验应具备以下条件：

（1）管道系统应当安装结束。

（2）阀门已安装结束，并且该开的已打开、该关的已关闭。

（3）预留管道的接口部位，已用堵头或盲板封闭好。

（4）管道的固定（支、吊、托架、管卡等）已设置齐全、固定牢固。

（5）水压试验的设备及仪表已齐全，其所用的仪表是合格和有效的。

（6）有足够的试验水源，并且试验管道已装好并接通。

（7）水压试验的环境温度应当在 +5 ℃以上。

室内给水管道的水压试验必须符合设计要求。当设计未注明时，各种材质的给水管道系统试验压力均为工作压力的 1.5 倍，但不得小于 0.6 MPa。

检验方法:金属及复合管给水管道系统在试验压力下观测 10 min,压力降不应大于 0.02 MPa,然后降到工作压力进行检查,应不渗不漏;塑料管给水系统应在试验压力下稳压 1 h,压力降不得超过 0.05 MPa,然后在工作压力的 1.15 倍状态下稳压 2 h,压力降不得超过 0.03 MPa,同时检查各连接处不得渗漏。

要及时做好水压试验记录,其记录一定要准确、清晰,要包含以下内容:

(1)试验压力值 × × MPa。

(2)恒压时间 × 分钟。

(3)试验结果——须下结论(合格)。

(4)试验时间及有关人员签证。

大于工作压力的强度试验,其目的在于检验管材及管件本身和管道接口的强度,以避免投入运行后发生漏水等质量问题。水压试验工作必须在管道隐蔽前进行完毕,并且一定是试验合格的,否则不得将管道隐蔽。

2)检验方法

检查系统或分区(段)试验记录。

3)检查数量

按系统全数检查。

经检查,水压试验记录符合上述要求,则在"质量情况"栏中填写"符合本条规定"或"见水压试验记录"即可。

2.管道铺设

1)质量标准

管道及管道支座(墩),严禁铺设在冻土或未经处理的松土上。

管道的支座(墩)是支承管道的重要结构,管座(墩)在砌筑的同时应做好隐蔽工程记录。管座(墩)直接铺设在冻土或未经处理的松软土层上,则会发生管道局部或全部沉陷坍塌的质量事故。

松土层必须按土建要求分层夯实后,才能砌筑管座(墩),铺设管道前,应对相应管座(墩)进行交接检查验收,并做好记录,各方签证,符合要求后方可铺设管道。

2)检验方法

观察检查或检查隐蔽工程记录。

3)检查数量

按系统全数检查。

经检查符合上述要求的,可在"质量情况"栏中填写"符合本条规定"或见"交接检查验收记录"即可。

3.系统吹洗

1)质量标准

给水系统竣工后或交付使用前,必须进行吹洗。

管材及管件从采购、搬运、保管到安装期间,管道内腔有可能积存各种杂(脏)物,为了保证生活用水的水质,因此必须对给水管道系统进行吹洗。

一般可采用自来水吹洗。用水冲洗时应保持连续进行,水在管道内的流速为 3 m/s,

冲洗管道的末端应保持有 0.004 5 MPa 的水压。在设计无特殊要求的情况下,只需观察进、出口水的透明度是否趋向一致。如趋向一致即为合格。同时,需做好吹洗记录。

2)检验方法

检查吹洗记录。

3)检查数量

按系统全数检查。

经检查符合上述要求的,则可在"质量情况"栏中填上"符合本条规定"或见"吹洗记录"即可。

上述三条保证项目,经检验均符合要求,则应在"质量情况"栏中,用文字逐条分别填写,不得用"……"符号代替。

1.6.2.2 基本项目

基本项目的检验,根据标准规定的"合格"和"优良"条件逐条进行。其检验结果,应在"质量情况"的空格中,用评定代号表示,即优良—√;合格—○;不合格—×。而在"等级"栏中,则应用文字表示,即根据检验的处(段)数量,按条件计算,符合合格条件就写"合格",符合优良条件就写"优良"。

1. 管道的坡度

1)质量标准

合格:坡度的正负偏差不超过设计要求坡度值的 1/3。

优良:坡度符合设计要求。

2)检验方法

用水准仪(水平尺)拉线和尺量检查或检查隐蔽工程记录。

3)检查数量

按系统内直线管段长度每 50 m 抽查 2 段,不足 50 m 不少于 1 段;有分隔墙建筑,以隔墙为分段数,抽查 5%,但不少于 5 段。

2. 碳素钢管道的螺纹连接

1)质量标准

合格:管螺纹加工精度符合国标《55°非密封管螺纹》(GB/T 7307—2001)的规定:螺纹清洁、规整,断丝或缺丝不大于螺纹全扣数的 10%;连接牢固,管螺纹根部有外露螺纹,镀锌碳素钢管无焊接口。

优良:在合格的基础上,螺纹无断丝,镀锌碳素钢管和管件的镀锌层无破损,螺纹露出部分防腐蚀良好,接口处无外露填料等缺陷。

2)检验方法

观察和解体检查。

3)检查数量

不少于 10 个接口。

3. 碳素钢管道的法兰连接

1)质量标准

合格:两法兰平面对接必须相互平行、紧密,与管子中心线垂直,螺杆露出螺母,衬垫材质符合设计要求和施工规范规定,法兰中心与衬垫中心一致,垫片内径与法兰孔内径一致,且无双层。

优良:在合格的基础上,螺母在同侧,螺杆露出螺母长度一致,且不大于螺杆直径的1/2。

2)检验方法

观察检查。

3)检查数量

不少于5副。

4.非镀锌碳素钢管焊接

1)质量标准

合格:焊口平直度、焊缝加强面符合施工规范的规定;焊口表面无烧穿、裂纹和明显的结瘤、夹渣及气孔等缺陷。

优良:在合格的基础上,焊波均匀一致,焊缝表面无结瘤、夹渣和气孔。

2)检验方法

观察或用焊接检验测尺检查。

3)检查数量

不少于10个焊口。

5.金属管道的承插和套箍接口

1)质量标准

合格:接口结构和所用填料符合设计要求和施工规范的规定;灰口密实、饱满;填料凹入承口边缘不大于2 mm;胶圈接口平直、无扭曲;对口间隙准确。

优良:在合格的基础上,环缝间隙均匀,灰口平整、光滑,养护良好,胶圈接口回弹间隙符合施工规范规定。

2)检验方法

观察或尺量检查。

3)检查数量

不少于10个接口。

6.管道支(吊、托)架及管座(墩)安装

1)质量标准

合格:构造正确,埋设平正牢固。

优良:在合格的基础上,排列整齐,支架与管子接触紧密。

2)检验方法

观察或用手扳检查。

3)检查数量

各抽查5%,但均不少于5件(个)。

7.阀门安装

1)质量标准

合格:型号、规格、耐压强度和严密性试验结果,符合设计要求和施工规范规定;位置、进出水方向正确;连接牢固、紧密。

优良:在合格的基础上,启闭灵活,朝向合理,表面洁净。

2)检验方法

手扳检查和检查出厂合格证、试验单。

3)检查数量

按不同规格、型号抽查全数的5%,但不少于10个。

8.埋地管道的防腐层

1)质量标准

合格:材质和结构符合设计要求及施工规范的规定,卷材与管道以及各层卷材间粘贴牢固。

优良:在合格的基础上,表面平整,无皱褶、空鼓、滑移和封口不严等缺陷。

2)检验方法

观察或切开防腐层检查。

3)检查数量

每213 m抽查1处,但不少于5处。

9.管道、箱类和金属支架涂漆

1)质量标准

合格:油漆种类和涂刷遍数符合设计要求;漆膜附着良好,无脱皮、起泡和漏涂。

优良:在合格的基础上,漆膜厚度均匀、色泽一致,无流淌及污染现象。

2)检验方法

观察检查。

3)检查数量

各不少于5处。

1.6.2.3 允许偏差项目

允许偏差项目应根据标准规定的检验项次,对管道进行实体测量。检查数量应符合标准的规定,测得的数据要求如实填写,一定要写具体数据。

1.允许偏差和检验方法

室内给水管道安装的允许偏差和检验方法应符合表1-19的规定。

表1-19 室内给水管道安装的允许偏差和检验方法

项次	项目			允许偏差	检验方法
1	水平管道纵横方向弯曲	钢管	每米	1	用水平尺、直尺、拉线和尺量检查
			全长25 m以上	≤25	
		塑料管 复合管	每米	1.5	
			全长25 m以上	≤25	
		铸铁管	每米	2	
			全长25 m以上	≤25	

续表1-19

项次	项目			允许偏差	检验方法
2	立管垂直度	钢管	每米	3	吊线尺量检查
			5 m以上	≤8	
		塑料管复合管	每米	2	
			5 m以上	≤8	
		铸铁管	每米	3	
			5 m以上	≤10	
3	成排管段和成排阀门	在同一平面上间距		3	尺量检查
4	隔热层	表面平整度	卷材或板材	4	用2 m靠尺和楔形塞尺检查
			涂抹或其他	8	
		厚度δ		+0.1δ -0.05δ	用钢针刺入隔热层尺量检查

2. 检查数量

（1）水平管道纵、横方向弯曲：按系统直线管段长度每50 m抽查2段，不足50 m不少于1段；有分隔墙建筑，以隔墙为分段数，抽查5%，但不少于5段。

（2）立管垂直度：一根立管为1段，两层及其以上按楼层分段，各抽查5%，但不少于10段。

（3）隔热层：水平管和立管，凡能按隔墙、楼层分段的，均以每一楼层分隔墙内的管段为一个抽查点。抽查5%，但不少于5处；不能按隔墙、楼层分段的，每20 m抽查一处，但不少于5处。

1.6.2.4　检查结果

1. 保证项目

实际是将该分项工程各条保证项目检查的汇总，该分项工程的实际保证项目共3条。经检验，如果各条的质量情况均是"符合本条规定"，则在检查结果的保证项目后边的空栏中填写"符合本标准规定"即可。说明3条保证项目均已达到标准。

2. 基本项目

实际上是将该分项工程各条基本项目检查的结果汇总，该分项工程的基本项目有9条，如果工程范围不大，某内容没有的，就不参加检验。在基本项目后边，按规定填写检查×项，其中优良×项，优良率××%。其中优良项，只要把基本项目中的"等级"的优良个数写上即可。优良率是通过计算后得出的，为评定质量等级做好准备。

$$优良率 = 优良项数/基本项数 \times 100\%$$

3. 允许偏差项目

实测××点，包括达标和超标（通常在实测值外加圆圈，以示区别）的总测点数，其中合格××点是去掉超标点（圆圈实测值）数，即达标点数。合格率是根据实测点数与其中合格点数计算算出来的。合格率也是为了评定质量等级做好准备。

$$合格率 = 合格点数/实测点数 \times 100\%$$

1.6.2.5　评定等级

(1)质量等级应按照保证项目、基本项目、允许偏差项目检验的结果,对照标准规定的分项工程"合格"和"优良"等级条件,达到"合格"等级条件就写"合格",符合"优良"等级条件就写"优良",切不可把等级条件掌握错。工程负责人、工长、班组长 3 人均要签名,因为分项工程质量检验评定是在生产班组提供自检记录的基础上,由单位工程负责人组织有关人员进行评定的,因此负责该项工程施工的班组长一定要签字。

(2)质量等级应由专职质量检查人员来核定,也就是对评定的等级给予确认。核定时,不应随意用词或签写意见。可写"同意评为合格等级"或"同意评为优良等级",专职质量检查员要签字。

(3)评定表上方的"工程名称""部位";评定表下方的"年、月、日"均应填写齐全。

(4)分项工程质量检验评定,是分部工程和单位工程质量评定的基础。分项工程质量检验评定量大面广,如果出现"漏评"、"漏检"和"错评",将直接影响该分部工程和单位工程的质量评定等级的准确性,务必请各级技术人员认真组织评定。专职质量检查人员应认真、细致、严格地给予核定。

(5)建筑给水管道安装分项工程质量检验评定后的形式见表 1-20。

表 1-20　建筑给水管道安装分项工程质量检验评定表

工程名称:×××住宅楼　　　　　　　　　　　　　　　部位:第三单元给水系统

保证项目		项目	质量情况										
	1	隐蔽管道和给水、消防系统的水压试验结果,以及使用的管材品种、规格尺寸,必须符合设计要求和施工规范规定	符合本条规定										
	2	管道及管道支座(墩),严禁铺设在冻土和未经处理的松土上	符合本条规定										
	3	给水系统竣工后或支付使用前,必须进行吹洗	符合本条规定										

基本项目		项目	质量情况										等级
			1	2	3	4	5	6	7	8	9	10	
	1	管道坡度	√	√	○	√	○	√	√	√	√		优良
	2	碳素钢管螺纹连接	√	√	○	√	√	○	○	√	√	√	优良
	3	碳素钢管法兰连接											
	4	非镀锌碳素钢管焊接											
	5	金属管道的承插和套箍接口											
	6	管道支(吊、托)架及管座(墩)	○	√	√	√	√	√	√	√	√		优良
	7	阀门安装	√	√	√	√	√	√	√	√	√		优良
	8	埋地管道的防腐层											
	9	管道、箱类和金属支架涂漆	√	○	√	√	√	○	√	√			优良

续表 1-20

项目				允许偏差 (mm)	实测值(mm)									
					1	2	3	4	5	6	7	8	9	10
允许偏差项目	1	水平管道纵、横方向弯曲	给水铸铁管	每 1 m	1										
				全长(25 m 以上)	≤25										
			碳素钢管	每 1 m	管径小于或等于 100 mm	0.5	0.5	0	0	0	0	0.5	0	1.0	0	0
					管径大于 100 mm	1										
				全长 (25 m 以上)	管径小于或等于 100 mm	≤13	5	4	0	7						
					管径大于 100 mm	≤25										
	2	立管垂直度	给水铸铁管	每 1 m	3										
				全长(5 m 以上)	≤15										
			碳素钢管	每 1 m	2	0	1.0	0	0.5	0	0	0	0		
				全长(5 m 以上)	≤10	5	2		4		3	6			
	3	隔热层	表面平整度	卷材或板材	4	3	2	0	4	3	0	6	0		
				涂抹或其他	8										
			厚度(δ)		$+0.1\delta$ -0.15δ	+0.1	+0.2	+0.1	+0.2	+0.1					

检查结果	保证项目	符合本标准规定
	基本项目	检查 5 项,其中优良 5 项,优良率 100%
	允许偏差项目	实测 42 项,其中合格 40 项,合格率 95.2%

评定等级	优良	工程负责人:×××	核定意见	同意评为优良等级
		工　　　长:×××		
		班　组　长:×××		质量检查员:×××

×××年××月××日

注:基本项目栏内评定代号:优良√,合格○,不合格×。

1.6.3　给水管道附件及卫生器具给水配件安装工程质量评定

适用于饮水器、水表、消火栓、喷头等管道附件和各类卫生器具的水龙头、角阀、截止阀等室内给水配件的安装。

该分项工程规定参加质量检验评定的保证项目 1 条,基本项目 3 条,允许偏差项目 4 条。其具体的质量检验评定表见表 1-21。

表1-21　建筑给水管道附件及卫生器具给水配件安装分项工程质量检验评定表

保证项目	项目											质量情况		
	喷头及管道附件的型号、规格,自动喷洒和水幕消防装置的喷头位置、间距和方向必须符合设计要求与施工规范的规定													

基本项目		项目	质量情况										等级
			1	2	3	4	5	6	7	8	9	10	
	1	明装分户水表												
	2	箱式消火栓												
	3	卫生器具给水配件												

允许偏差项目		项目	允许偏差(mm)	实测值(mm)									
				1	2	3	4	5	6	7	8	9	10
	1	大便器高、低水箱角阀及截止阀	±10											
	2	水龙头	±10											
	3	淋浴器莲蓬头下沿	±15											
	4	浴盆软管淋浴器挂钩	±20											

检查结果	保证项目	
	基本项目	检查　项,其中优良　项,优良率　%
	允许偏差项目	实测　项,其中合格　项,合格率　%

评定等级	工程负责人:	核定意见	
	工　　　长:		
	班　组　长:		质量检查员:

1.6.3.1　保证项目

自动喷洒和水幕消防装置:

(1)质量标准:其喷头位置、间距和方向必须符合设计要求和施工规范规定。

(2)检验方法:观察和对照图纸及规范检查。

(3)检查数量:全数检查。

1.6.3.2　基本项目

1.明装分户水表

1)质量标准

合格:表外壳距墙表面净距离为10~30 mm;水表进出口中心距地面高度偏差不大于20 mm。

优良:在合格的基础上,安装平正,水表进出口中心距地面高度偏差小于10 mm。

2)检验方法

观察和尺量检查。

3)检查数量

抽查 10%,但不少于 5 个。

2.箱式消火栓的安装

1)质量标准

合格:栓口朝外,阀门中心距地面、箱壁的尺寸符合施工规范的规定。

优良:在合格的基础上,水龙带与消火栓和快速接头的绑扎紧密,并卷折、挂在托盘或支架上。

2)检验方法

观察和尺量检查。

3)检查数量

系统的总组数少于 5 组全检,大于 5 组抽查 1/2,但不少于 5 组。

3.卫生器具给水配件的安装

1)质量标准

合格:镀铬件安装后应完好无损伤,接口严密,配件启闭部分灵活。

优良:在合格的基础上,安装端正,表面洁净,连接处无外露填料。

2)检验方法

观察和启闭检查。

3)检查数量

各抽查 10%,但不少于 5 组。

1.6.3.3　允许偏差项目

1.允许偏差和检验方法

室内给水管道附件及卫生器具给水配件安装标高的允许偏差和检验方法应符合表 1-22 的规定。

表 1-22　建筑给水管道附件及卫生器具给水配件安装标高的允许偏差和检验方法

项次	项目	允许偏差(mm)	检验方法
1	大便器高、低水箱角阀及截止阀	±10	尺量检查
2	水龙头		
3	淋浴器莲蓬头下沿	±15	
4	浴盆软管淋浴器挂钩	±20	

2.检查数量

各抽查 10%,但均不少于 5 组。

该分项工程质量检验评定程序及填写要求,可参照本节"1.6.2　建筑给水管道安装工程质量评定"。

1.6.4　水箱水泵安装工程质量评定

适用于工作压力不大于 0.6 MPa 的金属水箱和离心式水泵的安装。

该分项工程规定参加质量检验评定的保证项目 3 条,基本项目 2 条,允许偏差项目 3 条。其具体的质量检验评定表见表 1-23。

表 1-23　建筑给水管道附属设备安装分项工程质量检验评定表

项目			质量情况
保证项目	1	水泵安装:水泵就位前基础混凝土强度、坐标、标高、尺寸和螺栓孔位置必须符合设计要求和施工规范的规定	
	2	水泵试运转:轴承温升必须符合施工规范的规定	
	3	水箱试验:敞口水箱的满水试验和密封水箱的水压试验必须符合设计要求和施工规范的规定	

基本项目	项目	质量情况										等级
		1	2	3	4	5	6	7	8	9	10	
	1.水箱支架或底座安装											
	2.水箱涂漆											

允许偏差项目		项目	允许偏差(mm)	实测值(mm)									
				1	2	3	4	5	6	7	8	9	10
	1	水箱	坐标	15										
			标高	±5										
			垂直度(每 1 m)	1										
	2	离心式水泵	泵体水平度(每 1 m)	9.1										
			连轴器同心度　轴向倾斜(每 1 m)	0.8										
			连轴器同心度　径向位移	0.1										
	3	水箱保温	表面平整度　卷材或板材	5										
			表面平整度　涂抹或其他	10										
			保温层厚度(δ)	$+0.1\delta$ -0.05δ										

检查结果	保证项目	
	基本项目	检查　项,其中优良　项,优良率　%
	允许偏差项目	实测　项,其中合格　项,合格率　%

评定等级	工程负责人:	核定意见	
	工　　长:		
	班　组　长:		质量检查员:

年　　月　　日

1.6.4.1　保证项目

1. 水泵安装

(1)质量标准:水泵就位前的基础混凝土强度、坐标、标高、尺寸和螺栓孔位置必须符合设计要求和施工规范的规定。

(2)检验方法:检查交接记录或根据设计图纸对照检查。

(3)检查数量:全数检查。

2. 水泵的试运转

(1)质量标准:水泵在设计负荷下连续运转不应少于 2 h,滚动轴承的温度不应高于 75 ℃,滑动轴承的温度不应高于 70 ℃。

(2)检验方法:检查温升测试记录。

(3)检查数量:全数检查。

3. 水箱的满水和水压试验

(1)质量标准:敞口水箱在安装前,应进行满水试验,以不漏为合格。密闭水箱在安装前,应做水压试验,其试验压力如果设计无要求,应以工作压力的 1.5 倍作水压试验,但不得小于 0.4 MPa,水压试验要求同室内给水管道。

(2)检验方法:检查灌水和试压记录。

(3)检查数量:全数检查。

1.6.4.2　**基本项目**

1. 水箱支架或底座的安装

1)质量标准

合格:尺寸和位置应符合设计要求,埋设平正牢固。

优良:在合格的基础上,水箱与支架(座)接触紧密。

2)检验方法

观察和对照设计图纸检查。

3)检查数量

全数检查。

2. 水箱涂漆

1)质量标准

合格:油漆种类和涂刷遍数符合设计要求,附着良好,无脱皮、起泡和漏涂。

优良:在合格的基础上,漆膜厚度均匀、色泽一致,无流淌及污染现象。

2)检验方法

观察检查。

3)检查数量

全数检查。

1.6.4.3　**允许偏差项目**

1. 允许偏差和检验方法

建筑给水附属设备安装的允许偏差和检验方法应符合表 1-24 的规定。

表1-24　建筑给水管道附属设备安装的允许偏差和检验方法

项次	项目		允许偏差（mm）	检验方法
1	水箱	坐标	15	用水准仪（水平尺）、直尺、拉线和尺量检查
		标高	±15	
		垂直度（每1 m）	1	吊线和尺量检查
2	离心式水泵	泵体水平度（每1 m）	0.1	在联轴器互相垂直的四个位置上，用水准仪、百分表或测微螺钉和塞尺检查
		联轴器同心度　轴向倾斜（每米）	0.8	
		联轴器同心度　径向位移	0.1	
2	水箱保温	保温层温度δ	+0.1δ −0.05δ	用钢针刺入保温层检查
		平面平整度　卷材或板材	5	用2 m靠尺过楔形塞尺检查
		平面平整度　涂抹或其他	10	

2.检查数量

（1）水箱坐标、标高、垂直度及泵体水平度和联轴器同心度全数检查；

（2）水箱保温，每台不少于5点。

1.7　给水管道施工实例

工程概况：某六层住宅楼，由室外给水管网接入一根DN90引入管，接入住宅楼−0.85 m处，由市政给水管网直接供水。现进行室内给水工程施工安装，经熟悉图纸，编制施工方案，做好准备工作。室内给水管采用PP-R管，热熔连接；拟投入管钳、热熔机、切割机、手电钻、电锤等施工工具。

1.7.1　作业条件

（1）暗装管道在吊顶未封闭前进行安装。

（2）明装托、吊管道必须在安装层的结构顶板完成后进行。

（3）立管安装在结构完成后进行，每层应有明确的标高线。

（4）支管安装在墙体砌筑完毕，墙面未装修前进行。

1.7.2　工艺流程

安装准备→洞口预留、套管制作安装→预制加工→干管安装→立管安装→支管安装→管道试压→管道防腐和保温→管道冲洗→管道通水。

1.7.3　预留预埋及套管制作安装

（1）预留预埋时按设计图纸将管道及设备的位置、标高尺寸测定，标好孔洞的部位，

将预制好的模盒、预埋件在绑扎钢筋前按标志固定牢,模盒内塞入纸团、木粉等物,在浇注时有专人看护,以免移位。

(2)本工程套管采用复用钢制套管。穿外墙、水池壁用钢性防水套管预埋。

(3)室内冷、热水管道穿楼板、墙体、基础设置套管。

(4)套管直径应比管径大两号,若管路保温,套管直径=管路直径+2×(保温层厚度+外缠保护层厚度)。

(5)穿楼板时套管上端应高出地面 20 mm,厨卫间应高出地面 50 mm,穿墙套管与墙面齐平。用钢筋捆绑以铅丝临时固定,待管路安装校正无误后调整位置,随后固定。

(6)安装防水套管时,将加工好的防水套管在浇注混凝土前按设计部位固定好,校对合格后一次浇注,待管道安装完毕后填料塞紧、捣实。详见 91SB3 - 36、91SB1 - 22。

1.7.4　给水管道连接

(1)给水管道采用 PP - R 管,热熔连接,切断管材时,必须使用切管器垂直切断;用布将承插口处擦净,使粘接表面无尘埃、水迹及油污,使用专用热熔接工具,按使用技术说明达到熔点即插入,粘接时应将插口轻轻插入承口中,对准轴线迅速完成。插入的深度由事先的量刻线确定。插入过程中可稍做旋转,但不得超过 1/4 圈,不得插到底后进行旋转。

(2)热熔接时注意事项。连接端面必须清洁、干燥、无油;管材和管件用双手推进熔接器模具内,应控制一定的深度,并保持 5 s 以上;管材和管件过度加热时,厚度变薄,管材在配件内变形,会发生漏水及堵塞现象。

1.7.5　给水管道安装

1.7.5.1　给水干管安装

安装前先检查预留洞口,以设计尺寸确定位置,修改洞口。给水干管安装时一般从总进入口开始操作,总进口端头加临时丝堵以备试压用。安装后找直、找正。

1.7.5.2　给水立管安装

给水立管宜分主管、支立管分步预制安装。安装前先检查预留洞口,以设计尺寸确定位置,修改洞口。安装时,若需打洞,洞口直径不应过大,并且不得随意切断楼板钢筋。必须切断时,需在立管安装后焊接加固。立管安装先每层从上至下统一安装卡件,然后安装立管,安装完后用线坠吊直找正。冷热水立管安装要求热水管在左、冷水管在右。给水立管每层设管卡,高度距地面 1.5 ~ 1.8 m。

1.7.5.3　给水支管安装

给水支管安装前核定各卫生洁具冷热水预留口高度、位置,找平找正后栽支管卡件。冷热水支管安装要求热水管在上、冷水管在下。

1.7.5.4　管道安装时注意事项

(1)水平安装的管道要有适当的坡度,给水横管以 0.002 ~ 0.005 的坡度坡向泄水装置或配水点,给水引入管应有不小于 0.003 的坡度坡向室外给水管网。给水室内管道图纸标高为管道中心标高。

(2)管道支、吊、托架的安装应符合设计要求和施工规范的规定。

（3）穿越管道的孔洞，当无防水要求时，可用 1∶2 水泥砂浆填实；当有防水要求时，应采用膨胀水泥配制 1∶2 水泥砂浆填实。

（4）管道安装完毕，检查坐标、标高、预留口位置和管道变径等是否正确，然后找直，用水平尺校对复核坡度，调整合格后，再调整吊卡螺栓 U 形卡，使其松紧适度、平正一致。

1.7.6　试压验收

热熔连接管道，水压试验应在 24 h 后进行；水压试验前，管道应固定，接头需明露；用手动泵加压，升压时间不小于 10 min，压力表精度为 0.01 MPa；至规定试验压力，稳压 1 h，测试压力降不得超过 0.05 MPa；然后在工作压力的 1.15 倍状态下稳压 2 h，压力降不得超过 0.03 MPa，同时检查各连接处不得渗漏；直埋在地坪和墙体内的管道，试压工作必须在面层浇捣或封堵前进行，达到试压要求后土建方能继续施工。

1.7.7　管道冲洗消毒

根据设计及规范的要求，给水、热水管道在系统运行前用水冲洗，水冲洗的排放管应接入可靠的排水井或沟内，并保证排水畅通和安全。以系统最大设计流量进行冲洗，水冲洗应连续进行，以出水口的水色和透明度与进水口目测一致为合格。生活给水系统水冲洗后，在投入运行前，应用含 20 ~ 30 mg/L 游离氯的水灌满管道进行消毒，停留时间不小于 24 h，消毒结束后，再用生活饮用水冲洗，并经卫生监督管理部门取样检验，水质符合现行的国家标准《生活饮用水卫生标准》后方可使用。

学习项目2　建筑消防给水工程

【学习目标】

(1)能熟练识读建筑消防给水工程施工图;

(2)具备编制建筑消防给水工程施工方案并组织施工安装的能力;

(3)具备建筑消防给水工程质量检查与验收的能力。

2.1　建筑消防给水系统概述

建筑内消防设备,用于扑灭建筑物中一般物质的火灾,是一种经济有效的方法。火灾统计资料表明,设有室内消防设备的建筑物内,初期火灾主要是用室内消防设备扑灭的。但为了节约投资,并考虑到消防队赶到火灾现场扑救民用建筑物初期火灾的可能性,并不要求任何建筑物都设置消防设备。

建筑消防系统根据使用灭火剂的种类和灭火方式可分为下列3种灭火系统:

(1)消火栓灭火系统;

(2)自动喷水灭火系统;

(3)其他使用非水灭火剂的固定灭火系统,如二氧化碳灭火系统、干粉灭火系统、卤代烷灭火系统、泡沫灭火系统等。

水是不燃液体,在与燃烧物接触后会通过物理、化学反应从燃烧物中摄取热量,对燃烧物起到冷却作用;同时水在被加热和汽化的过程中所产生的大量水蒸气,能够阻止空气进入燃烧区,并能稀释燃烧区内氧的含量从而减弱燃烧强度。另外,经水枪喷射出来的压力水流具有很大的动能和冲击力,可以冲散燃烧物,使燃烧强度显著减弱。

在水、二氧化碳、干粉、卤代烷、泡沫等灭火剂中,水具有使用方便、灭火效果好、来源广泛、价格便宜、器材简单等优点,是目前建筑消防的主要灭火剂。本章重点介绍层数少于10层的住宅及建筑高度(建筑物室外地面到其女儿墙顶部或檐口的高度)不超过24 m的低层民用建筑中,以水作为灭火剂的消火栓给水系统和自动喷水灭火系统。

消火栓灭火系统与自动喷水灭火系统的灭火原理主要为冷却,可用于多种火灾;二氧化碳灭火系统的灭火原理主要是窒息作用,并有少量的冷却降温作用,适用于图书馆的珍藏库、图书楼、档案楼、大型计算机房、电信广播的重要设备机房、贵重设备室和自备发电机房等。干粉灭火系统的灭火原理主要是化学抑制作用,并具有少量的冷却降温作用,可扑救可燃气体、易燃与可燃液体和电气设备火灾,具有良好的灭火效果。卤代烷灭火系统的主要灭火原理是化学抑制作用,灭火后不留残渍,不污染,不损坏设备,可用于扑救贵重仪表、档案、总控制室等的火灾。泡沫灭火系统的主要灭火原理是隔离作用,能有效地扑灭烃类液体火焰与油类火灾。

2.1.1 室内消火栓系统

室内消火栓灭火系统是把室外给水系统提供的水量,经过加压(外网压力不满足需要时)、输送到用于扑灭建筑物内的火灾而设置的固定灭火设备,是建筑物中最基本的灭火设施。

2.1.1.1 室内消火栓系统的设置范围

按照我国现行的《建筑设计防火规范》(GB 50016—2014)的规定,下列建筑应设置消火栓系统:

(1)建筑占地面积大于 300 m^2 的厂房和仓库;

(2)高层公共建筑和建筑高度大于 21 m 的住宅建筑;

(3)体积大于 5 000 m^3 的车站、码头、机场的候车(船、机)建筑、展览建筑、商店建筑、旅馆建筑、医疗建筑和图书馆建筑等单、多层建筑;

(4)特等、甲等剧场,超过 800 个座位的其他等级的剧场和电影院等,以及超过 1 200 个座位的礼堂、体育馆等单、多层建筑;

(5)建筑高度大于 15 m 或体积大于 10 000 m^3 的办公建筑、教学建筑和其他单、多层民用建筑。

2.1.1.2 室内消火栓系统的组成

室内消火栓系统一般由消火栓设备(水枪、水龙带、消火栓,如图 2-1 所示)、消防管道、消防水池和水箱、水泵结合器、消防水泵、报警装置及消防泵启动按钮等组成。室内消火栓灭火系统常采用环状管网的形式,如图 2-2 所示。

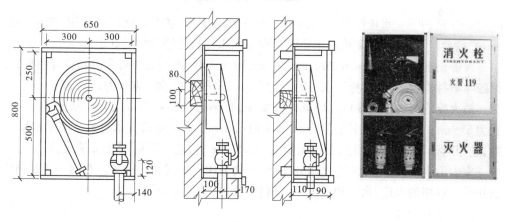

图 2-1 室内消火栓箱

1. 消火栓设备

消火栓设备由水枪、水带和消火栓组成,均安装于消火栓箱内,常用消火栓箱的规格有 800 mm×650 mm×200(320)mm,用木材、钢板或铝合金制作而成,外装玻璃门,门上应有明显的标志,如图 2-1 所示。

水枪一般为直流式,喷嘴口径有 13 mm、16 mm、19 mm 3 种。水带口径有 50 mm、65 mm 两种。喷嘴口径 13 mm 水枪配置口径 50 mm 的水带,16 mm 水枪可配置 50 mm 或 65

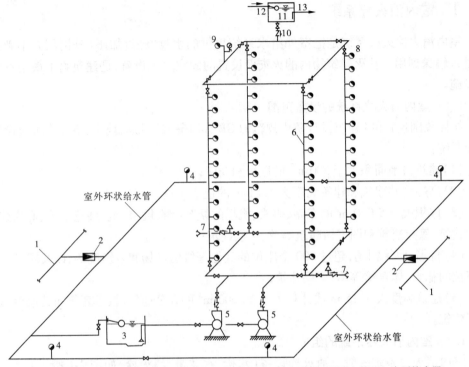

1—市政给水管网；2—水表；3—贮水池；4—室外消火栓；5—水泵；6—消防立管；7—水泵接合器；
8—室内消火栓；9—屋顶消火栓；10—止回阀；11—屋顶水箱；12—进水管；13—出水管

图 2-2　消火栓系统

mm 的水带，19 mm 水枪配置 65 mm 的水带。低层建筑室内消火栓可选用 13 mm 或 16 mm 喷嘴口径水枪，但必须根据消防流量和充实水柱长度经计算后确定。

　　水带长度一般为 15 mm、20 mm、25 mm、30 m 4 种，水带材质有麻织和化纤两种，有衬橡胶与不衬橡胶之分，衬橡胶水带阻力较小。水带的长度应根据水力计算选定。

　　消火栓均为内扣式接口的球形阀式龙头，有单出口和双出口之分。双出口消火栓直径为 65 mm。单出口消火栓直径有 50 mm 和 65 mm 2 种。当每支水枪最小流量 ≤2.5 L/s 时，选用直径 50 mm 消火栓；最小流量大于 ≥5 L/s 时，选用直径 65 mm 消火栓。

　　室内消火栓、水带和水枪之间的连接，一般采用内扣式快速接头。在同一建筑物内应选用同一规格的水枪、水带和消火栓，以利于维护、管理和串用。

　　2. 水泵接合器

　　在建筑消防给水系统中均应设置水泵接合器。当室内消防水泵因检修、停电、发生故障或室内消防用水量不足（例如遇到大面积恶性火灾，火场用水量超过固定消防泵供水能力）时，需要利用消防车从室外消火栓、消防蓄水池或天然水源取水，通过水泵接合器送至室内管网，供灭火使用。水泵接合器是连接消防车向室内消防给水系统加压的装置，一端由消防给水管网水平干管引出，另一端设于消防车易于接近的地方。水泵接合器有地上、地下和墙壁式 3 种。

3.屋顶消火栓

为了检查消火栓给水系统是否能正常运行及保护本建筑物免受邻近建筑火灾的波及,在室内设有消火栓给水系统的建筑屋顶应设一个消火栓。有可能结冻的地区,屋顶消火栓应设于水箱间内或有防冻技术措施。

4.消防水箱

消防水箱对扑救初期火灾起着重要作用,为确保自动供水的可靠性,应采用重力自流供水方式。消防水箱常与生活(或生产)高位水箱合用,以保持箱内贮水经常流动,防止水质变坏。水箱的安装高度应满足室内最不利点消火栓所需的水压要求,且应贮存有室内 10 min 的消防储水量。

5.消防水池

消防水池用于无室外消防水源情况下,贮存火灾持续时间内的室内消防用水量。消防水池可设于室外地下或地面上,也可设在室内地下室,或与室内游泳池、水景水池兼用。

2.1.1.3 消火栓布置要求

(1)设有消防给水的建筑物,其各层(无可燃物的设备层除外)均应设置消火栓。室内消火栓的布置,应保证有两支水枪的充实水柱可同时达到室内任何部位(建筑高度≤24 m,且体积≤5 000 m³库房可采用一支水枪的充实水柱射到室内任何部位)。

(2)室内消火栓栓口距楼地面安装高度为 1.1 m,栓口方向宜向下或与墙面垂直。

(3)消火栓应设在使用方便的走道内,宜靠近疏散方便的通道口处、楼梯间内。

(4)为保证及时灭火,每个消火栓处应设置直接启动消防水泵按钮或报警信号装置,并应有保护措施。

2.1.2 自动喷水灭火系统

自动喷水灭火系统是一种在发生火灾时,能自动打开喷头喷水灭火并同时发出火警信号的消防灭火设施。主要由火灾探测报警系统、喷头、管道系统、水流指示器、控制组件等部分组成。

据资料统计,自动喷水灭火系统扑救初期火灾的效率在97%以上,因此国外一些国家的公共建筑都要求设置自动喷水灭火系统。鉴于我国的经济发展状况,仅要求对发生火灾频率高、火灾危险等级高的建筑物中一些部位设置自动喷水灭火系统。

2.1.2.1 自动喷水灭火系统的工作原理

自动喷水灭火系统按喷头的开启形式可分为闭式喷头系统和开式喷头系统。

1.闭式自动喷水灭火系统

闭式自动喷水灭火系统是指在自动喷水灭火系统中采用闭式喷头,平时系统为封闭系统,火灾发生时喷头打开,使得系统为敞开式系统喷水。

闭式自动喷水灭火系统一般由水源、加压贮水设备、喷头、管网、报警装置等组成。

1)湿式自动喷水灭火系统

湿式自动喷水灭火系统为喷头常闭的灭火系统,如图 2-3 所示,管网中充满有压水,当建筑物发生火灾,火点温度达到开启闭式喷头时,喷头出水灭火。此时管网中有压水流动,水流指示器被感应送出电信号,在报警控制器上指示,某一区域已在喷水。持续喷水造成报警阀的上部水压低于下部水压,其压力差值达到一定值时,原来处于关闭的报警阀就会自动开启。同时,消防水流通过湿式报警阀,流向自动喷洒管网供水灭火。另一部分水进入延迟器、压力开关及水力警铃等设施发出火警信号。另外,根据水流指示器和压力开关的信号或消防水箱的水位信号,控制箱内控制器能自动开启消防泵,以达到持续供水的目的。该系统有灭火及时、扑救效率高的优点,但由于管网中充有有压水,当渗漏时会损坏建筑装饰和影响建筑的使用。该系统适用于环境温度 $4\ ℃ < T < 70\ ℃$ 的建筑物。

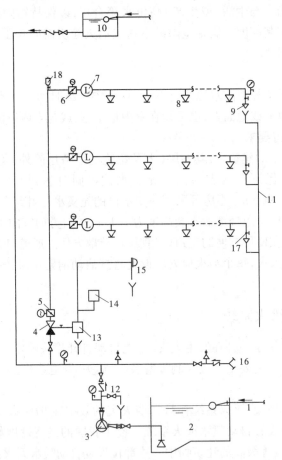

1—消防水池进水管;2—消防水池;3—喷淋水泵;4—湿式报警阀;5—系统检修阀(信号阀);
6—信号控制阀;7—水流指示器;8—闭式喷头;9—末端试水装置;10—屋顶水箱;11—试水排水管;
12—试验放水阀;13—延迟器;14—压力开关;15—水力警铃;16—水泵接合器;17—试水阀;18—探测器

图 2-3　湿式自动喷水灭火系统组成示意图

2)干式自动喷水灭火系统

干式自动喷水灭火系统为喷头常闭的灭火系统,管网中平时不充水,充有有压空气(或氮气)。当建筑物发生火灾,火点温度达到开启闭式喷头时,喷头开启、排气、充水、灭火。该系统灭火时,需先排除管网中的空气,故喷头出水不如湿式系统及时。但管网中平时不充水,对建筑装饰无影响,对环境温度也无要求,适用于采暖期长而建筑物内无采暖的场所。为减少排气时间,一般要求管网的容积不大于 3 000 L。

3）干、湿交替自动喷水灭火系统

在环境温度满足湿式自动喷水灭火系统设置条件（4 ℃ < T < 70 ℃）报警阀后的管段充以有压水，系统形成湿式自动喷水灭火系统；当环境温度不满足湿式自动喷水灭火系统设置条件（T < 4 ℃或 T > 70 ℃）时，报警阀后的管段充以有压空气（或氮气），系统形成干式自动喷水灭火系统，该系统适用于环境温度周期变化较大的地区。

4）预作用喷水灭火系统

预作用喷水灭火系统为喷头常闭的灭火系统，管网中平时不充水（无压）。发生火灾时，火灾探测器报警后，自动控制系统控制阀门排气、充水，由干式系统变为湿式系统。只有当着火点温度达到开启闭式喷头要求时，才开始喷水灭火。该系统弥补了上述两种系统的缺点，适用于对建筑装饰要求高、灭火及时的建筑物。

2. 开式自动喷水灭火系统

开式自动喷水灭火系统是指在自动喷水灭火系统中采用开式喷头，平时系统为敞开状，报警阀处于关闭状态，管网中无水，火灾发生时报警阀开启，管网充水，喷头喷水灭水。

开式自动喷水灭火系统中分为三种形式，即雨淋自动喷水灭火系统、水幕自动喷水灭火系统、水喷雾自动喷水灭火系统。

开式自动喷水灭火系统由开式喷头、管道系统、雨淋阀、火灾探测器、报警控制装置、控制组件和供水设备等组成。

1）雨淋自动喷水灭火系统

雨淋自动喷水灭火系统为喷头常开的灭火系统，当建筑物发生火灾时，由自动控制装置打开集中控制阀门，使整个保护区域所有喷头喷水灭火。该系统具有出水量大、灭火及时的优点。适用于火灾蔓延快、危险性大的建筑或部位。平时雨淋阀后的管网无水，雨淋阀由于传动系统中的水压作用而紧紧关闭着。火灾发生时，火灾探测器感受到火灾因素，便立即向控制器送出火灾信号，控制器将信号作声光显示并相应输出控制信号，打开传动管网上的传动阀门，自动地释放掉传动管网中有压水，使雨淋阀上传动水压骤然降低，雨淋阀启动，消防水便立即充满管网，经过开式喷头同时喷水。该系统提供了一种整体保护作用，实现对保护区的整体灭火或控火。同时，压力开关和水力警铃以声光报警，作反馈指示，消防人员在控制中心便可确认系统是否及时开启。

2）水幕自动喷水灭火系统

该系统工作原理与雨淋系统不同的是：雨淋系统中使用开式喷头，将水喷洒成锥体状扩散射流，而水幕系统中使用开式水幕喷头，将水喷洒成水帘幕状。因此，它不能直接用来扑灭火灾，而是与防火卷帘、防火幕配合使用，对它们进行冷却和提高它们的耐火性能，阻止火势扩大和蔓延。它也可单独使用，用来保护建筑物的门、窗、洞口或在大空间造成防火水帘起防火分隔作用。

3）水喷雾自动喷水灭火系统

水喷雾自动喷水灭火系统用喷雾喷头把水粉碎成细小的水雾滴之后喷射到正在燃烧的物质表面，通过表面冷却、窒息以及乳化的同时作用实现灭火。由于水喷雾具有多种灭火机制，使其具有适用范围广的优点，不仅可以提高扑灭固体火灾的灭火效率，同时由于水雾具有不会造成液体火飞溅、电气绝缘性好的特点，在扑灭可燃液体火灾、电气火灾中均得到了广泛的应用,如飞机发动机实验台、各类电气设备、石油加工场所等。

2.1.2.2 自动喷水灭火系统主要组件

1. 喷头

闭式喷头的喷口用热敏元件组成的释放机构封闭,当达到一定温度时能自动开启,如玻璃球爆炸、易熔合金脱离。其构造按溅水盘的形式和安装位置有直立型、下垂型、边墙、普通型、吊顶型和干式下垂型喷头之分(如图2-4所示),各种喷头的适用场所见表2-1。

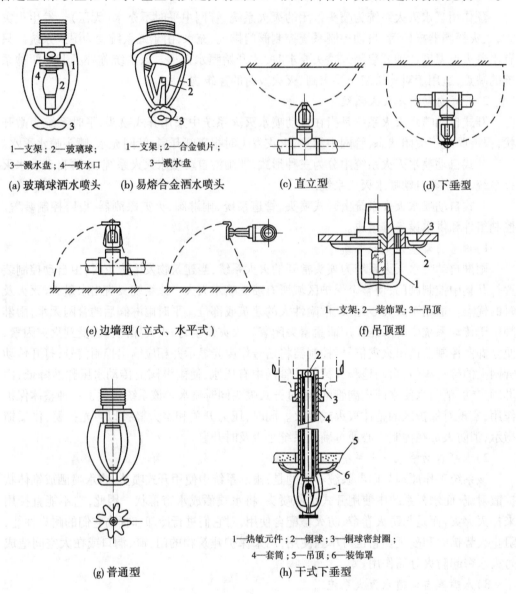

图 2-4　闭式喷头构造示意图

表2-1　各种类型喷头适用场所

项目	喷头类型	适用场所
闭式喷头	玻璃球洒水喷头	因具有外形美观、体积小、质量轻、耐腐蚀,适用于宾馆等美观要求高和具有腐蚀性场所
	易熔合金洒水喷头	适用于外观要求不高、腐蚀性不大的工厂、仓库和民用建筑
	直立型洒水喷头	适用于安装在管路下经常有移动物体场所,在尘埃较多的场所
	下垂型洒水喷头	适用于各种保护场所
	边墙型洒水喷头	安装空间狭窄、通道状建筑适用此种喷头
	吊顶型喷头	属装饰型喷头,可安装于旅馆、客厅、餐厅、办公室等建筑
	普通型洒水喷头	可直立、下垂安装,适用于有可燃吊顶的房间
	干式下垂型洒水喷头	专用于干式喷水灭火系统的下垂型喷头
开式喷头	开式洒水喷头	适用于雨淋喷水灭火系统和其他开式系统
	水幕喷头	凡需保护的门、窗、洞、檐口、舞台口等应安装这类喷头
	喷雾喷头	用于保护石油化工装置、电力设备等
特殊喷头	自动启闭洒水喷头	这种喷头具有自动启闭功能,凡需降低水渍损失场所均适用
	快速反应洒水喷头	这种喷头具有短时启动效果,凡要求启动时间短场所均适用
	大水滴洒水喷头	适用于高架库房等火灾危险等级高的场所
	扩大覆盖面洒水喷头	喷水保护面积可达 $30 \sim 36 \ m^2$,可降低系统造价

各种喷头的技术性能参数和色标见表2-2。

表2-2　几种类型喷头的技术性能参数和色标

喷头类别	喷头公称口径（mm）	动作温度(℃)和颜色	
		玻璃球喷头	易熔元件喷头
闭式喷头	10、15、20	57—橙、68—红、79—黄、93—绿、141—蓝、182—紫红、227—黑、260—黑、343—黑	57~77—本色 80~107—白 121~149—蓝 163~191—红 204~246—绿 260~302—橙 320~343—黑
开式喷头	10、15、20	—	—
水幕喷头	6、8、10、12.7、16、19		

开式喷头与闭式喷头的区别仅在于缺少有热敏感元件组成的释放机构。它是由本体、支架、溅水盘等组成的。按安装形式分为双臂下垂型、单臂下垂型、双臂直立型和双臂

边墙型四种,见图2-5。

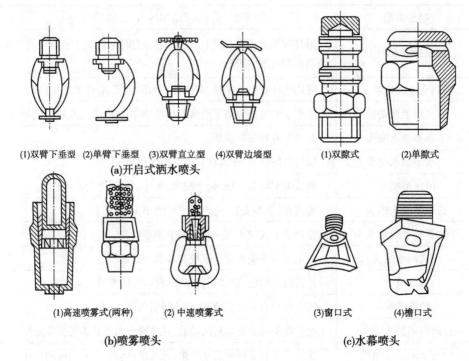

(1)双臂下垂型　(2)单臂下垂型　(3)双臂直立型　(4)双臂边墙型　　　(1)双隙式　　(2)单隙式
(a)开启式洒水喷头

(1)高速喷雾式(两种)　(2)中速喷雾式　　　(3)窗口式　　(4)檐口式

(b)喷雾喷头　　　　　　　　　　　　　　　**(c)水幕喷头**

图2-5　开式喷头构造示意图

选择喷头时应严格按照环境温度来选用喷头温度。为了正确有效地使喷头发挥喷水作用,在不同环境温度场所内设置喷头时,喷头的公称动作温度要比环境温度高30 ℃左右。

2. 报警阀

报警阀的作用是开启和关闭管网的水流,传递控制信号至控制系统并启动水力警铃直接报警。报警阀又分为湿式报警阀,干式报警阀,干、湿式报警阀和雨淋阀4种类型,如图2-6所示。湿式报警阀用于湿式自动喷水灭火系统;干式报警阀用于干式自动喷水灭火系统;干、湿式报警阀用于干、湿交替式喷水灭火系统,它是由湿式报警阀与干式报警阀依次连接而成,在温暖季节用湿式装置,在寒冷季节则用干式装置。雨淋阀用于雨淋、预作用、水幕、水喷雾自动喷水灭火系统。

报警阀宜设在明显地点,且便于操作,距地面高度宜为1.2 m,报警阀地面应有排水措施。

3. 水流报警装置

水流报警装置主要有水力警铃、水流指示器和压力开关。

(1)水力警铃主要用于湿式自动喷水灭火系统,宜装在报警阀附近(其连接管不宜超过6 m)。当报警阀打开消防水源后,具有一定压力的水流冲动叶轮打铃报警。水力警铃不得由电动报警装置取代。

(2)水流指示器用于湿式自动喷水灭火系统中。通常安装在各楼层配水干管或支管上,其功能是当喷头开启喷水时,水流指示器中浆片摆动而接通电信号送至报警控制器报警,并指示火灾楼层。

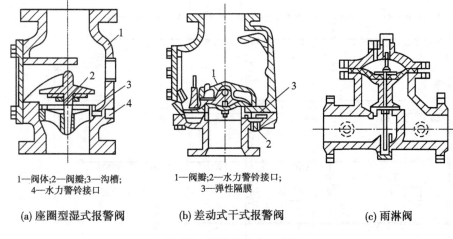

1—阀体;2—阀瓣;3—沟槽;　　　　1—阀瓣;2—水力警铃接口;
4—水力警铃接口　　　　　　　　3—弹性隔膜

(a) 座圈型湿式报警阀　　　　(b) 差动式干式报警阀　　　　(c) 雨淋阀

图 2-6　报警阀构造示意图

（3）压力开关垂直安装于延迟器和报警阀之间的管道上。在水力警铃报警的同时,依靠警铃管内水压的升高自动接通电触点,完成电动警铃报警,向消防控制室传送电信号或启动消防水泵。

4. 延迟器

延迟器是一个罐式容器,安装于报警阀与水力警铃（或压力开关）之间。用于防止水压波动原因引起报警阀开启而导致的误报。报警阀开启后,水流需经 30 s 左右充满延迟器后方可冲打水力警铃。

5. 火灾探测器

火灾探测器是自动喷水灭火系统的重要组成部分。目前常用的有感烟、感温探测器。感烟探测器是利用火灾发生地点的烟雾浓度进行探测,感温探测器是通过火灾引起的温升进行探测。火灾探测器布置在房间或走道的顶棚下面,其数量应根据探测器的保护面积和探测区的面积计算确定。

6. 末端检试装置

末端检试装置是指在自动喷水灭火系统中,每个水流指示器作用范围内供水最不利处,设置一检验水压、检测水流指示器以及报警阀和自动喷水灭火系统的消防水泵联动装置可靠性的检测装置。该装置由控制阀、压力表与给水排水管组成,排水管可单独设置,也可利用雨水管,但必须间接排除。

2.1.3　某商住楼消防系统施工图识读

某商住楼消防系统平面图、消火栓管道系统图见图 2-7 ~ 图 2-9。

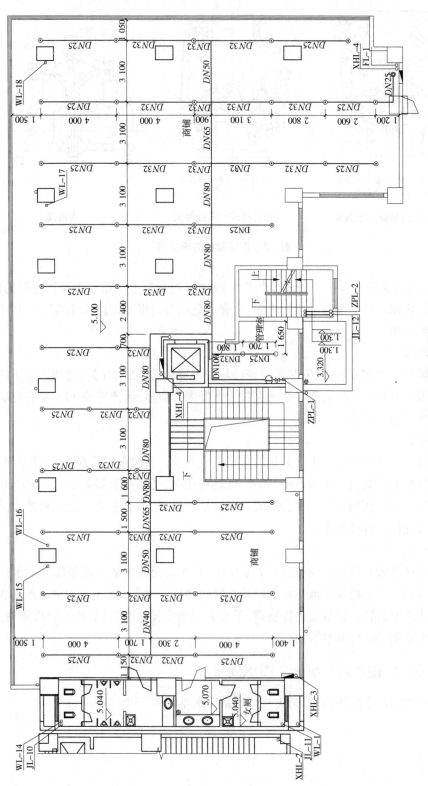

图 2-7　消防系统平面图

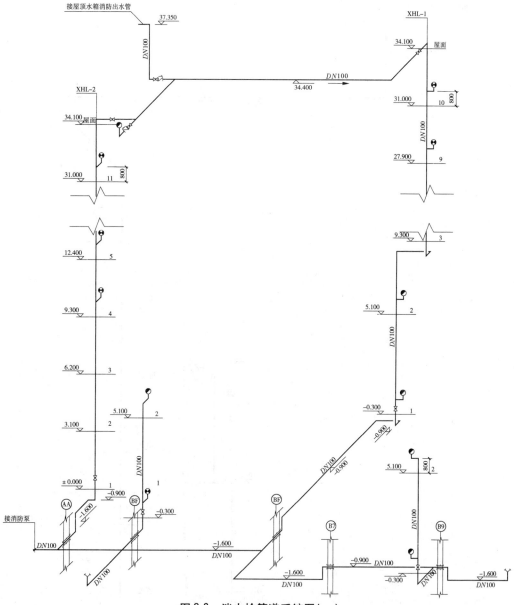

图 2-8　消火栓管道系统图(一)

　　本建筑物室内消火栓用水量为 20 L/s,在水泵房内设消火栓泵 2 台,1 用 1 备;一、二层商场设自动喷水灭火系统,用水量 30 L/s,水泵房内设喷淋泵 2 台,1 用 1 备。设消防水池,贮存消防水量 252 m³,屋顶设有消防水箱,贮存消防水量 18 m³。消火栓栓口直径 DN65,麻质水带 DN65 长 25 m,水枪喷口 19 mm,住宅部分各层均设双阀双出口消火栓 1 个。消火栓泵由消火栓箱内的消防按钮控制,亦可就地启停或由消防值班室控制。此外,三层以上每层设 2 个 MF2 手提式干粉灭火器。

　　消防管道采用热镀锌钢管,DN100 以下焊接 DN100 以上卡箍或法兰(二次镀锌)连接。

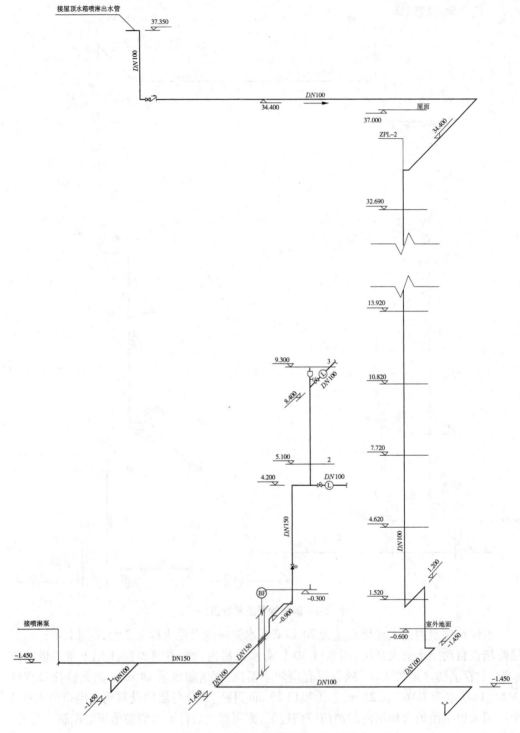

图 2-9　消火栓管道系统图（二）

2.2 消火栓灭火系统安装

消火栓灭火系统安装工艺流程:安装准备→干管安装→立管安装→消火栓(箱)及支管安装→消防水泵、高位水箱、水泵接合器安装→管道试压→管道冲洗→系统综合试压及冲洗→节流装置安装→消火栓配件安装→管道试压。

2.2.1 作业条件

(1)建筑主体结构已验收,现场已清理干净。

(2)管道安装所需要的基准线应测定并标明,如吊顶标高、地面标高、内隔墙位置线等。

(3)设备基础经检验符合设计要求,达到安装条件。

(4)安装管道所需要的脚手架应由专业人员搭设完毕。

(5)检查管道支架、预留孔洞的位置、尺寸是否正确。

2.2.2 安装准备

(1)认真熟悉图纸,根据施工方案、技术、安全交底的具体措施选用材料,测量尺寸,绘制草图,预制加工。

(2)核对有关专业图纸,查看各种管道的坐标、标高是否有交叉或排列位置不当,及时与设计人员研究解决,办理洽商手续。

(3)检查预埋件和预留洞是否正确。

(4)检查管材、管件、阀门、设备及组件等是否符合设计要求和质量标准。

(5)根据施工现场情况,安排合理的施工顺序,避免各工种交叉作业,互相干扰,影响施工。

2.2.3 干管安装

(1)消火栓系统干管安装应根据设计要求使用管材,按压力要求选用碳素钢管或无缝钢管。当要求使用镀锌管件时(干管直径在 100 mm 以上,无镀锌管件时采用焊法兰连接,试完压后做好标记拆下来加工镀锌),在镀锌加工前不得刷油和污染管道。需要拆装镀锌的管道应先安排施工。

(2)干管用法兰连接,每根配管长度不宜超过 6 m,可把几根直管段连接在一起,使用倒链安装,但不宜过长,也可调直后,编号依次顺序吊装;吊装时,应先吊起管道一端,待稳定后再吊起另一端。

(3)管道连接紧固法兰时,检查法兰端面是否干净,采用 3~5 mm 的橡胶垫片。法兰螺栓的规格应符合规定。紧固螺栓应先紧最不利点,然后依次对称紧固。法兰接口应安装在易拆装位置。

(4)配水干管、配水管应做红色或红色环圈标志。

(5)管网在安装中断时,应将管道的敞口封闭。

(6)管道在焊接前应清除接口处的浮锈、污垢及油脂。

(7)不同管径的管道焊接,连接时如两管径相差不超过小管径的15%,可将大管端部缩口与小管对焊。如果两管相差超过小管径的15%,应加工异径短管焊接。

(8)管道对口焊缝上不得开口焊接支管,焊口不得安装在支吊架位置上。

(9)管道穿墙处不得有接口(丝接或焊接),管道穿过伸缩缝处应有防冻措施。

(10)碳素钢管开口焊接时要错开焊缝,并使焊缝朝向易观察和维修的方向上。

(11)管道焊接时先焊三点以上,然后检查预留口位置、方向、变径等无误后,找直、找正,再焊接,紧固卡件、拆掉临时固定件。

(12)管道的安装位置应符合设计要求。当设计无要求时,应符合表2-3的要求。

表2-3　管道的中心线与梁、柱、楼板等的最小距离　　　　　　(单位:mm)

公称直径	50	70	80	100	125	150	200
距离	60	70	80	100	125	150	200

2.2.4　消火栓灭火系统立管安装

(1)立管暗装在竖井内时,在管井预埋铁件上安装卡件固定,立管底部的支吊架要牢固,防止立管下坠。

(2)立管明装时每层楼板要预留孔洞,立管可随结构穿入,以减少立管接口。

2.2.5　消火栓及支管安装

(1)消火栓箱体要符合设计要求(其材质有木、铁和铝合金等),栓阀有单出口和双出口双控等。产品均应有消防部门的制造许可证及合格证方可使用。

(2)消火栓支管要以栓阀的坐标、标高定位甩口,核定后再稳固消火栓箱,箱体找正稳固后再把栓阀安装好,栓阀侧装在箱内时应在箱门开启的一侧,箱门开启应灵活。

(3)消火栓箱体安装在轻质隔墙上时,应有加固措施。

(4)箱式消火栓的安装应符合下列规定:

①栓口应朝外,并不应安装在门轴侧,并平行于墙面。

②栓口中心距地面为1.1 m,允许偏差±20 mm。

③阀门中心距箱侧面为140 mm,距箱后内表面为100 mm,允许偏差±5 mm。

④消火栓箱体安装的垂直度允许偏差为3 mm。

(5)安装消火栓水龙带,水龙带与水枪和快速接头绑扎好后,应根据箱内构造将水龙带挂放在箱内的挂钉、托盘或支架上。

(6)室内消火栓系统安装完成后应取屋顶层(或水箱间内)试验消火栓和首层取两处消火栓做试射试验,达到设计要求为合格。

2.2.6　阀门及其他附件安装

(1)节流装置应安装在公称直径不小于50 mm的水平管段上;减压孔板安装在管道

内水流转弯处下游一侧的直管上,且与转弯处的距离不应小于管子公称直径的2倍。

（2）水泵接合器的安装。消防水泵接合器的三种形式,适用安装于不同的场所。地上消防水泵接合器,栓身与接口高出地面,目标显著,使用方便。地下消防水泵接合器安装在路面下,不占地方,特别适用于寒冷地区。墙壁式消防水泵接合器安装在建筑物墙根处,目标清晰、美观,使用方便。安装时,按图2-10各部位和尺寸进行安装（放水阀水平处长至开启方便处）,使用消防水泵接合器的消防给水管路,应与生活用水管道分开,以防污染生活用水（如无条件分开,也应保证使用前断开）;各零部件的连接及与地下管道的连接均需密封,以防渗漏。安装好后,应保证管道水平,闸阀、放水阀等开启应灵活,并进行1.6 MPa压力的水压试验;放水阀及安全阀溢水口要和下水道其他水道相通,以便用完后入出余水。

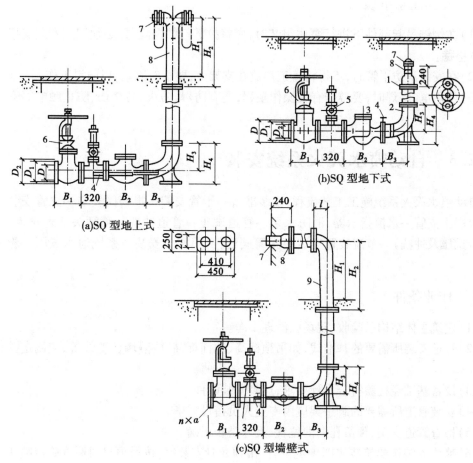

1—法兰接管;2—弯管;3—升降式单向阀;4—放水阀;5—安全阀;
6—楔式闸阀;7—进水用消防接口;8—本体;9—法兰弯管
图2-10　消防水泵接合器外形图

2.2.7　系统通水调试

消防系统通水调试应达到消防部门测试规定条件。消防水泵应接通电源并已试运转,测试最不利点的消火栓的压力和流量能否满足设计要求。消防系统的调试、验收结果应由当地公安消防部门负责核定。

2.2.8　应注意的质量问题

(1)管道拆改严重,是由于各专业工序安装协调不好,施工中应注意各专业工种的协调。

(2)水泵接合器不能加压,是阀门未开启、止回阀装反或有盲板未拆除造成的。

(3)消火栓箱门关闭不严,是安装时未找正或箱门强度不够变形造成的。

(4)消火栓关闭不严,是管道未冲洗干净,阀座内有杂物造成的。

2.2.9　安全注意事项

(1)在倒链吊起部件下进行泵体组装时,应将拉链打结保险,并必须用道木或支架等将泵体垫稳。

(2)在安装消防干管时,不得将管道浮放在支架上,要临时固定,以防滑下伤人。

(3)使用电、气焊时,要遵守有关操作规程,要有防爆、防火、防烧伤、防止触电等安全措施。

2.3　自动喷水灭火系统安装

自动喷水灭火系统施工工艺流程:安装准备→干管安装→报警阀安装→立管安装→喷洒分层干支管→水流指示器、消防水泵→管道试压→管道冲洗→喷洒头支管安装(系统综合试压及冲洗)→节流装置安装→报警阀配件、喷洒头安装→系统通水试压→管道冲洗。

2.3.1　作业条件

(1)建筑主体结构已验收,现场已清理干净。

(2)管道安装所需要的基准线,如吊顶标高、地面标高、内隔墙位置线等,应测定并标明。

(3)设备基础经检验符合设计要求,达到安装条件。

(4)安装管道所需要的脚手架应由专业人员搭设完毕。

(5)检查管道支架、预留孔洞的位置、尺寸是否正确。

(6)喷头安装按建筑装修图确定位置,吊顶龙骨安装完,按吊顶材料厚度确定喷头的标高。封吊顶时按喷头预留位置在顶板上开孔。

2.3.2　安装准备

(1)认真熟悉图纸,根据施工方案、技术、安全交底的具体措施选用材料,测量尺寸,绘制草图,预制加工。

(2)核对有关专业图纸,查看各种管道的坐标、标高是否有交叉或排列位置不当,及时与设计人员研究解决,办理洽商手续。

（3）检查预埋件和预留洞是否正确。

（4）检查管材、管件、阀门、设备及组件等是否符合设计要求和质量标准。

（5）根据施工现场情况,安排合理的施工顺序,避免各工种交叉作业,互相干扰,影响施工。

2.3.3 固定支架安装

（1）支吊架的位置以不妨碍喷头喷水效果为原则。一般吊架距喷头应大于 300 mm,对圆钢吊架可小到 70 mm。

（2）为防止喷头喷水时管道产生大幅度晃动,干管、立管均应加防晃固定支架。干管或分层干管可设在直管段中间,距立管及末端不宜超过 12 m,当单杆吊架长度小于 150 mm 时,可不加防晃固定支架。

（3）防晃固定支架应能承受管道、零件、阀门及管内水的总重量和 50% 水平方向推动力而不损坏或产生永久变形。立管要设两个方向的防晃固定支架。

（4）吊架与喷头的距离,应不小于 300 mm,距末端喷头的距离不大于 750 mm。

（5）吊架应设在相邻喷头间的管段上,当相邻喷头间距不大于 3.6 m,可设 1 个;小于 1.8 m,允许隔段设置。

2.3.4 干管、立管安装

喷洒管道一般要求使用镀锌管件(干管直径在 100 mm 以上,无镀锌管件时采用焊接法兰连接,试完压后做一标记拆下来加工镀锌)。需要镀锌加工的管道应选用碳素钢管或无缝钢管,在镀锌加工前不允许刷油和污染管道。需要拆装镀锌的管道应先安排施工。

自动喷淋系统管网布置形式如图 2-11 所示。喷洒干管用法兰连接,每根配管长度不宜超过 6 m,可把几根直管段连接一起,使用倒链安装,但不宜过长。也可调直后,编号依次顺序吊装,吊装时,应先吊起管道一端,待稳定后再吊起另一端。

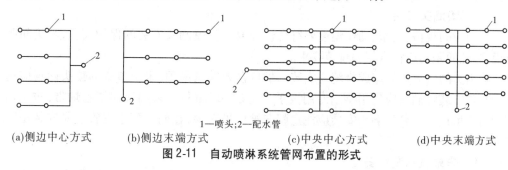

1—喷头;2—配水管

(a)侧边中心方式 (b)侧边末端方式 (c)中央中心方式 (d)中央末端方式

图 2-11 自动喷淋系统管网布置的形式

管道连接紧固法兰时,检查法兰端面是否干净,采用 3~5 mm 的橡胶垫片。法兰螺栓的规格应符合规定。紧固螺栓应先紧最不利点,然后依次对称紧固。法兰接口应安装在易拆装的位置。

自动喷洒和水幕消防系统的管道应有坡度,充水系统应不小于 0.002,充气系统和分支管应不小于 0.004。

立管暗装在竖井内时,在管井内预埋铁件上安装卡件固定,立管底部的支吊架要牢固,防止立管下坠。

立管明装时每层楼板要预留孔洞,立管可随结构穿入,以减少立管接口。

2.3.5　自动喷淋灭火系统附件安装

2.3.5.1　报警阀安装

报警阀应设在明显、易于操作的位置,距地高度宜为 1 m 左右。报警阀处地面应有排水措施,环境温度不应低于 +5 ℃。报警阀组装时应按产品说明书和设计要求,控制阀应有启闭指示装置,并使阀门工作处于常开状态。

报警阀配件安装应在交工前进行,延迟器安装在闭式喷头自动喷水灭火系统上,是防止误报警的设施。可按说明书及组装图安装,应装在报警阀与水力警铃之间的信号管道上。水力警铃安装在报警阀附近。与报警阀连接的管道应采用镀锌钢管。

2.3.5.2　水流指示器安装

水流指示器一般安装在每层的水平分支干管或某区域的分支干管上。应水平立装,倾斜度不宜过大,保证叶片活动灵敏,水流指示器前后应保持有 5 倍安装管径长度的直管段,安装时注意水流方向与指示器的箭头一致。国内产品可直接安装在丝扣三通上,进口产品可在干管开口用定型卡箍紧固。水流指示器适用于在直径为 50 ~ 150 mm 的管道上安装。

2.3.5.3　喷洒头支管安装

喷洒头支管指吊顶型喷洒头的末端一段支管,这段管不能与分支干管同时顺序完成,要与吊顶装修同步进行。吊顶龙骨装完,根据吊顶材料厚度定出喷洒头的预留口标高,按吊顶装修图确定喷洒头的坐标,使支管预留口做到位置准确。支管管径一律为 25 mm,末端用 25 mm × 15 mm 的异径管箍口,管箍口与吊顶装修层平,拉线安装。支管末端的弯头处 100 mm 以内应加卡件固定,防止喷头与吊顶接触不牢、上下错动。支管装完,预留口用丝堵拧紧。准备系统试压。

2.3.5.4　喷洒头安装

喷洒头的规格、类型、动作温度要符合设计要求。喷洒头安装的保护面积,喷头间距及距墙、柱的距离应符合相关规范要求。

喷洒头的两翼方向应成排统一安装。护口盘要贴紧吊顶,走廊单排的喷头两翼应横向安装。安装喷洒头应使用特制专用扳手(灯叉型),填料宜采用聚四氟乙烯带,防止损坏和污染吊顶。水幕喷洒头安装应注意喷向被保护对象,在同一配水支管上应安装相同口径的水幕喷头。

2.3.5.5　末端试水装置安装

末端试水装置由试水阀、压力表、试水接头及排水管组成。它设置有供水的最不利点,用于检测系统和设备的安全可靠性。末端试验装置的出水,应采取孔口出流的方式排入排水管道,如图 2-12 所示。

2.3.5.6　高位水箱安装

高位水箱应在结构封顶前就位,并应做满水试验,消防用水与其他共用水箱时应确保

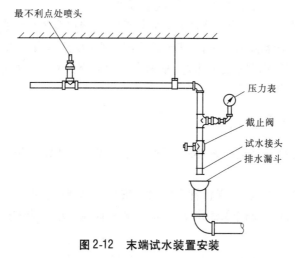

图 2-12　末端试水装置安装

消防用水不被他用,留有 10 min 的消防总用水量。与生活水合用时应使水经常处于流动状态,防止水质变坏。消防出水管应加单向阀(防止消防加压时,水进入水箱)。所有水箱管口均应预制加工,如果现场开口焊接应在水箱上焊加强板。

2.3.5.7　节流装置安装

在高层消防系统中,低层的喷洒头和消火栓流量过大,可采用减压孔板或节流管等装置均衡。减压孔板应设置在直径不小于 50 mm 的水平管段上,孔口直径不应小于安装管段直径的 50%,孔板应安装在水流转弯处下游一侧的直管段上,与弯管的距离不应小于设置管段直径的 2 倍。采用节流管时,其长度不宜小于 1 m。节流管直径按表 2-4 选用。

表 2-4　节流管直径　　　　　　　　（单位:mm）

管段直径	50	70	80	100	125	150	200
节流管直径	25	32	40	50	70	80	100

2.3.6　系统通水调试

消防系统通水调试应达到消防部门测试规定条件。消防水泵应接通电源并已试运转,测试最不利点的喷头的压力和流量能否满足设计要求。消防系统的调试、验收结果应由当地公安消防部门负责核定。

2.3.7　应注意的质量问题

(1)喷洒管道拆改严重,是因为各专业工序安装协调不好,施工中应注意各专业工种的协调。

(2)喷头处有渗漏现象,是系统尚未试压就封吊顶,造成通水后渗漏。所以,封吊顶前必须经试压,办理隐蔽工程验收手续。

(3)喷头与吊顶接触不严,护口盘偏斜,是因为支管末端弯头处未加卡件固定,支管尺寸不准,使护口盘不正。

（4）喷头不成排、成行，是安装时未拉线造成的。

（5）水流指示器工作不灵敏，是安装方向相反或电接点有氧化物造成接触不良。

（6）水泵接合器不能加压，是阀门未开启、止回阀装反或有盲板未拆除造成的。

（7）水幕消防系统测试时喷头堵塞，是因为管道内有杂物或水中有杂质，应在安装喷头前做冲洗和吹扫工作。

2.3.8　安全注意事项

（1）在倒链吊起部件下进行泵体组装时，应将拉链打结保险，并必须用道木或支架等将泵体垫稳。

（2）在安装消防干管时，不得将管道浮放在支架上，要临时固定，以防滑下伤人。

（3）使用电、气焊时，要遵守有关操作规程，要有防爆、防火、防烧伤、防止触电等安全措施。

2.4　建筑消防系统安装质量检验评定标准

具体内容详见"1.6　建筑给水工程质量检验评定标准"。

2.5　室内消火栓系统安装实例

工程概况：某办公楼消火栓系统水源为地下一层的消防水池，其贮水量 432 m^3。平时由屋顶水箱供水，屋顶水箱贮存消防水量 18 m^3。系统上、下成环，除水箱间、变配电间外，其他各层均设有消火栓保护。室外设有 3 套消防水泵接合器，供消防车向系统供水。现进行室内消火栓系统施工安装，经熟悉图纸，编制施工方案做好准备工作。室内消防给水管采用镀锌钢管，当管径 >100 mm 时，采用镀锌钢管焊接；当管径 ≤100 mm 时，采用镀锌钢管丝扣连接。拟投入电焊机、套丝机、管钳、台虎钳、切割机、手电钻、电锤等施工工具。

2.5.1　作业条件

主体结构已验收，现场已清理干净，管道安装所需的基准线，如吊顶标高、地面标高、内隔墙位置线等，已测定并标明，设备基础经检验符合设计要求。

2.5.2　工艺流程

安装准备→干管安装→立管安装→消火栓及支管安装→消防水泵安装→消防水箱安装→水泵接合器安装→管道试压→管道冲洗→消火栓配件安装→系统通水调试。

2.5.3　管道安装

根据图纸，结合现场实际情况确定管线位置，安装支架，绘出加工图。根据加工图，量出每段的钢管尺寸。切割下料，根据相关技术要求进行套丝连接或焊接。孔洞预留、干管、立管及支架的安装要求参见学习项目 1。

2.5.4　消火栓安装

消火栓箱体要符合设计要求,栓阀有单出口和双出口两种。产品均应有消防部门的制造许可证及合格证方可使用。土建砌墙时,根据国标留下消防箱待装洞。消防箱与洞四周间隙为 10～20 mm,用木楔固定消防箱,保证消防箱平整,不变形,箱盖开关自如。消火栓支管要以栓阀的坐标、标高定位甩口,核定后再稳固消火栓箱,箱体找正稳固后再把栓阀安装好。

(1)安装消火栓水龙头带,水龙头带与水枪和快速接头绑扎好后,应根据箱内构造将水龙头挂放在箱内的挂钉、托盘或支架上。

(2)箱式消火栓的安装应符合下列规定:

①栓口应朝外,并不应该安装在门轴侧。

②栓口中心距地面为 1.1 m,允许偏差 ±20 mm。

③阀门中心距箱侧为 140 mm,距箱后内表面为 100 mm,距箱底 120 mm,允许偏差 ±5 mm。

④消火栓箱体安装的垂直度允许偏差为 3 mm。

⑤装好消火栓,再用 C25 水泥砂浆将消防箱四周的间隙填实。消防箱盖安装后与墙粉饰面平齐。为确保消防箱面板在交工前不被损坏,可先拆去箱盖另作保护。

(3)消火栓配件安装。应在交工前进行。消防水龙带应折放在挂架上或者卷实、盘紧放在箱内,消防水枪要竖放在箱内侧,自救式水枪和软管应放在挂卡上或放在箱底部。消防水龙带与水枪快速接头的连接,应使用配套卡箍锁紧。有电控按钮时,应注意与电气专业配合施工。

2.5.5　消防水泵安装

(1)水泵的规格型号应符合设计要求,水泵应采用自灌式吸水,水泵基础按设计图纸施工,吸水管应加减振接头。加压泵可不设减振装置,但恒压泵应加减振装置,进、出水口加防噪声设施,水泵出水口宜加缓闭式逆止阀。

(2)水泵配管安装应在水泵定位找平,用人工或其他方法将上好地脚螺栓的水泵就位在基础上,稳固后应与基准线相吻合,并用水平尺在底座上利用垫铁调整找平,泵底座不应有明显的倾斜;找正找平后进行混凝土灌注;联轴器找正,泵与电机轴的同心度、两轴水平度、两联轴节端面之间的间隙符合验收规范要求。

(3)水泵设备不得承受管道的重量。安装顺序为逆止阀、阀门依次与水泵紧牢,与水泵相接配管的一片法兰与阀门法兰紧牢,再把法兰松开取下焊接,冷却后再与阀门连接好,组后再焊与配管相接的另一管段。

(4)配管法兰应与水泵、阀门的法兰相符,阀门安装手轮方向便于操作,标高一致,配管排列整齐。

(5)水泵的试运转。先单独试运转电机,转动无异常情况,转动方向无误;再安装联轴器的连接螺栓,安装前应用手转动水泵轴,应转动灵活,无卡阻、杂音及异常现象;泵启动前应先关闭出口阀门,然后启动电机,当泵达到正常运转后,逐步打开出口阀门,使其保持工作压力,检查水泵轴承温度。

2.5.6　消防水箱安装

消防水箱制作安装由水箱厂家负责,现场加工安装固定,按图纸位置预留法兰接口,并由厂家经满水试验合格后,交施工方接管安装。要求水箱支架或底座安装尺寸及位置符合设计规定,安装平整牢固。水箱满水试验静置 24 h 观察,应不渗不漏,才为合格。

2.5.7　消防水泵接合器安装

(1)消防水泵接合器的安装位置、型式必须符合设计要求。

(2)消防水泵接合器的位置标志应明显,栓口的位置应方便操作。

(3)消防水泵接合器的安全阀及止回阀安装位置和方向应正确,阀门启闭应灵活。

(4)消防水泵接合器安装并满水后,接口应不渗漏。

学习项目3　建筑排水工程

【学习目标】

(1)能熟练识读建筑排水工程施工图；

(2)具备合理选用管材及各种卫生器具、水表的能力；

(3)具备编制建筑排水工程施工方案并组织施工安装的能力；

(4)具备建筑排水工程质量检查与验收的能力。

3.1　建筑排水系统概述

建筑排水是建筑给排水工程的主要组成部分之一。建筑排水系统的任务是将建筑内的卫生器具或生产设备收集的生活污水、工业废水和屋面的雨雪水,有组织地、及时地、迅速地排至室外排水管网、室外污水处理构筑物或水体。

3.1.1　建筑排水系统的分类

根据所排除污水的性质,建筑内部排水系统可分为如下三类。

3.1.1.1　生活污水排水系统

排除人们日常生活过程中产生的污(废)水的管道系统,包括粪便污水排水管道及生活废水排水管道。

(1)粪便污水排水管道:排除从大小便器(槽)及用途与此相似的卫生设备排出的污水,其中含有粪便、便纸等较多的固体物质,污染严重。

(2)生活废水排水管道:排除从洗脸盆、浴盆、洗涤盆、淋浴器、洗衣机等卫生设施排出的废水,其中含有一些洗涤下来的细小悬浮杂质,比粪便污水干净一些。

3.1.1.2　工业废水排水系统

排除生产过程中产生的污(废)水的管道系统,包括生产废水排水管道及生产污水排水管道。

(1)生产废水排水管道:排除使用后未受污染或轻微污染以及水温稍有升高,经过简单处理即可循环或重复使用的工业废水,如冷却废水、洗涤废水等。

(2)生产污水排水管道:排除在生产过程受到各种较严重污染的工业废水,如酸、碱废水,含酚、含氰废水等,也包括水温过高,排放后造成热污染的工业废水。

3.1.1.3　屋面雨水排水系统

排除降落在屋面的雨(雪)水的管道系统,其中含有从屋面冲刷下来的灰尘。

3.1.2　排水体制选择

与城市排水管网相同,建筑物内部的各种污水、废水,如果分别设置管道排出建筑物外,称为建筑分流制排水;如果将其中两类或者三类污水、废水用同一条管道排出,则称建筑合流制排水。建筑内部排水分流或合流体制的确定,应根据污水性质、污染程度,结合建筑物外部的排水体制,综合考虑经济技术情况、中水系统的开发、污水的处理要求、有利于综合利用等方面因素。具体考虑的因素有:建筑物排放污水、废水的性质;市政排水体制和污水处理设施的完善程度;污水是否回用;室内排水点和排出建筑的位置等。

下列情况下,应采用分流制,建筑物内设置单独管道将污、废水排至处理或回收构筑物:

(1)餐饮业和厨房洗涤水中含有大量油脂时;

(2)室外仅有雨水管道,生活污水单独排入化粪池进行处理(生活废水则直接排入城市雨水管道内或沟渠)后排入河道或雨水管道;

(3)医院污水中含有大量致病菌或含有放射性元素超过排放标准规定的浓度时;

(4)锅炉、水加热器等设备排水温度超过40 ℃时;

(5)汽车修理间排出废水中含有大量机油类时;

(6)工业废水中含有有毒和有害物质需要单独处理时;

(7)生产污水含酸碱,以及行业污水必须处理回收利用时;

(8)不经处理和稍经处理后可重复利用的水量较多、较洁净的废水(如冷却水、工业洗涤废水等);

(9)建筑中水系统中需要回用的生活废水。

下列情况下,可采用合流体制:

(1)城市有污水处理厂时,生活废水不考虑回用,生活污水和生活废水宜合流排出;

(2)工业建筑中生产废水与生活污水性质相似时。

3.1.3　建筑排水系统的组成

建筑内部排水系统一般由卫生器具或生产设备受水器、排水管系、通气管系、清通设备、污水抽升设备、室外排水管道及污水局部处理设施等部分组成(见图3-1)。

3.1.3.1　**卫生器具或生产设备受水器**

卫生器具是建筑内部排水系统的起点,是用来承受用水和将用后的废水、废物排泄到排水系统中的容器。污水、废水从器具排水口经器具内的水封装置或器具排水管连接的存水弯排入排水管系。建筑内的卫生器具应具备内表面光滑、不渗水、耐腐蚀、耐冷热、耐磨损、便于清洁卫生、有一定强度等特性。

3.1.3.2　**排水管系**

排水管系由器具排水管(连接卫生器具和横支管之间的一段短管,除坐式大便器外,其间包括存水弯)、有一定坡度的横支管、立管、埋设在室内地下的总干管和排出到室外的排出管等组成。其作用是将污(废)水迅速安全地排出到室外。

存水弯的作用是在其内形成一定高度的水封,通常为50～100 mm,阻止排水系统中

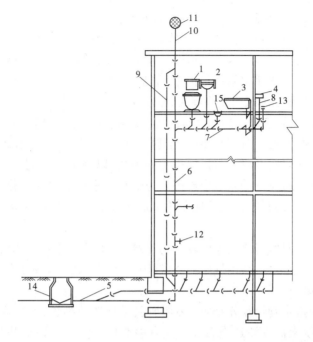

1—大便器;2—洗脸盆;3—浴盆;4—洗涤盆;5—排出管;6—排水立管;
7—排水横支管;8—排水支管;9—专用通气立管;10—伸顶通气管;
11—通气帽;12—检查口;13—清扫口;14—检查井

图 3-1 建筑内部排水系统的组成

的有毒有害气体或虫类进入室内,保证室内的环境卫生。存水弯的类型主要有 S 形和 P 形两种,如图 3-2 所示。

(a)S形存水弯   (b)P形存水弯

图 3-2 存水弯

S 形存水弯常用在排水支管与排水横管垂直连接的部位。

P 形存水弯常用在排水支管与排水横管和排水立管不在同一平面位置而需连接的部位。

3.1.3.3 通气管系

建筑内的污水、废水是依靠重力作用排出室外的,即排水管系内部的流动是重力流。为了保证排水管系的良好工作状态,排水管系必须和大气相通,从而保证管系内气压恒定,维持重力流状态。由此可见,通气管系是维持建筑排水系统正常工作的重要组成部分之一。通气管系是与排水管系相连通的一个系统,但是其内不通水,主要功能为加强排水

管系内部气流循环流动,控制排水管系内压力的变化。

对于层数不高、卫生器具不多的建筑物,一般将排水立管上端延伸出屋面,用来通气及排除排水管系内的臭气。污水立管顶端延伸出屋面的管段(自立管最高层检查口向上算起)称为伸顶通气管,为排水管系最简单、最基本的通气方式。伸顶通气管应高出屋面0.30 m以上,并应大于当地最大积雪厚度,以防止积雪盖住通气口。对于平屋顶,若经常有人逗留活动,则通气管应高出屋面2 m,并应根据防雷要求设置防雷设备。在通气管出口4 m以内有门、窗时,通气管应高出门、窗顶0.60 m或引向无门、窗的一侧。通气管出口不宜设在建筑物的屋檐檐口、阳台、雨篷等的下面,以免影响周围空气的卫生条件。通气管不得与建筑物的通风管道或烟道连接。为防止雨雪或脏物落入排水立管,通气管顶端应装网形或伞形通气帽(寒冷地区应采用伞形通气帽),如图3-3所示,通气管穿越屋顶处应有防漏措施。

对于层数较多或卫生器具设置也较多的建筑物,单纯采用将排水管上端延伸补气的技术已不能满足稳定排水管系内气压的要求,因此必须设置专用的通气管系。

3.1.3.4　清通设备

为了保持室内排水管道排水畅通,必须加强经常性的维护管理,为了检查和疏通管道,在排水管道系统上需设清通设备。一般有检查口、清扫口、检查井及带有清通门(盖板)的90°弯头或三通接头等设备。

检查口(如图3-4所示)一般设在立管及较长的水平管段上。供立管或立管与横支管连接处有异物堵塞时清掏用,多层或高层建筑的排水立管上,每隔二层设一个,检查口间距不大于10 m。但在立管的最低层和设有卫生器具的两层以上,坡顶建筑物的最高层必须设置检查口,平顶建筑可用通气口代替检查口。检查口设置高度,一般从地面至检查口中心1 m为宜,并应高于卫生器具上边缘0.15 m。

清扫口(如图3-5所示)一般装于横支管,尤其是各层横支管连接卫生器具较多时,横支管起点均应装置清扫口(有时亦可用能供清掏的地漏代替)。在连接4个及4个以上的大便器塑料排水横管上宜设置清扫口。清扫口安装不应高出地面,必须与地面平,为了便于清掏,与墙面应保持一定距离,一般不宜小于0.15 m。

　　图3-3　通气帽图　　　　　图3-4　检查口　　　　　图3-5　清扫口

　　检查井,也称窨井,如图3-6所示,是为便于对管渠系统作定期检查和清通,设置在排水管道交会、转弯、管渠尺寸或坡度改变、跌水等处以及相隔一定距离的直线管渠上的井式地下构筑物。

装配式钢筋混凝土检查井　　　　　　混凝土砌块式检查井　　　　　　　塑料检查井

图3-6　检查井

3.1.3.5　污水抽升设备

　　当建筑物内的污(废)水不能自流排至室外时,要设置污水抽升设备。

3.1.3.6　室外排水管道

　　自排出管接出的第一检查井后至城市下水道或工业企业排水主干管间的排水管段为室外排水管道,其任务是将室内的污(废)水排往市政或工厂的排水管道中去。

3.1.3.7　污水局部处理设备

　　污水局部处理设备指当室内污水未经处理不允许直接排入城市排水系统或水体时,而设置的局部水处理构筑物。根据污水的性质,可以采用不同的污水局部处理设备,如沉淀池、隔油池(井)、化粪池、降温池、中和池等都是常用的污水局部处理设备。

　　1. 化粪池

　　当建筑物所在的城镇或小区内没有集中的污水处理厂或虽然有污水处理厂但已超负荷运行时,建筑物排放的污水在进入水体或城市管网前,应进行预处理,目前一般采用化粪池。化粪池的主要作用是使生活污水中的粪便等悬浮性有机物在化粪池中通过沉淀和厌氧发酵,污水在池内上部停留一定时间后排走,沉淀在池底的污泥经消化后定期清掏。

　　化粪池的形状一般多采用矩形(如图3-7所示),在污水量较少或地盘较小时,也可采用圆形化粪池。化粪池多设于建筑物背向大街一侧靠近卫生间的地方,应尽量隐蔽,不宜设在人们经常活动之处。化粪池距建筑物的净距不小于5 m,因化粪池出水处理不彻底,含有大量细菌,为防止污染水源,化粪池距地下取水构筑物不得小于30 m。池壁、池底应采取妥善的防止渗漏措施。

　　化粪池具有结构简单、便于管理、不消耗动力和造价低等优点,虽然在我国广泛应用了很多年,但有机物去除率低(仅20%左右)、清掏污泥时臭气污染空气、影响环境卫生等不足一直是其不尽如人意之处。

　　2. 隔油池(井)

　　食堂、餐饮业的厨房排放的污水中,均含有较多的植物油和动物油脂,当排入下水道的污水中的含油量大于400 mg/L时,随着水温的下降,污水中挟带的油脂颗粒便开始凝固并黏附于管壁上,缩小了管道的断面积,最终堵塞管道。由汽车库排出的汽车冲洗污水

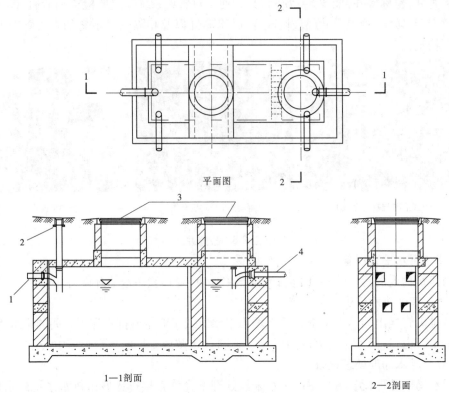

平面图

1—1剖面　　　　　　　　　　　　　　　2—2剖面

1—进水管(三个方向任选一个);2—清扫口;3—井盖;4—出水口(三个方向任选一个)

图3-7　化粪池

和其他一些生产污水中,含有的汽油等轻油类进入排水管道后,挥发并聚集于检查井处,达到一定浓度时,易发生爆炸或引起火灾,以致破坏管道和影响维修人员健康。因此,上述两类污水需进行除油处理后才可排入排水系统。目前,一般采用隔油池(井)进行处理(如图3-8所示)。

3.1.4　屋面雨水排水系统

屋面雨水排水系统的任务是汇集和排除降落在建筑物屋面上的雨、雪水。降落在屋面上的雨水和融化的雪水,如果不能及时排除,会对房屋的完好性和结构造成不同程度的损坏,并影响人们的生活和生产活动。因此,需设置专门的雨水排水系统,系统地、有组织地将屋面雨、雪水及时排除。屋面雨水排除方式按雨水管道的位置可分为两种形式:外排水系统和内排水系统。根据建筑结构形式、气候条件及生产使用要求,在技术经济合理的情况下,屋面雨水应尽量采用外排水。

3.1.4.1　外排水系统

外排水是指屋面不设雨水斗,建筑物内部没有雨水管道的雨水排放方式。按屋面有无天沟,又分为普通外排水和天沟外排水两种形式。

1. 普通外排水

普通外排水也称水落管外排水,由檐沟和水落管组成。一般性的居住建筑、屋面面积

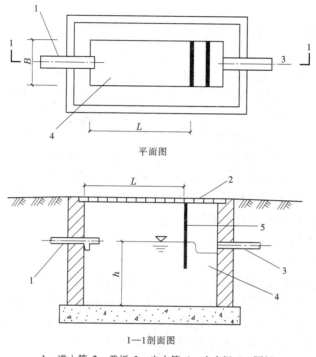

平面图

1—1剖面图

1—进入管;2—盖板;3—出水管;4—出水间;5—隔板

图 3-8 隔油井示意图

较小的公共建筑和单跨工业建筑,雨水常采用屋面檐沟汇集,然后流入隔一定间距沿外墙设置的水落管排泄至地下管沟或地面。水落管多由铸铁、白铁皮、玻璃钢或 UPVC 材料制作,管径多为 75 ~ 100 mm。根据设计地区的降雨量以及管道的通水能力确定一根水落管服务的屋面面积,再根据屋面面积和形状确定水落管设置间距。一般民用建筑水落管间距为 8 ~ 16 m,工业建筑水落管间距为 18 ~ 24 m。

2. 天沟外排水

天沟外排水,是利用屋面构造上所形成的坡度和天沟,使雨、雪水向建筑物两端(山墙、女儿墙方向)汇集,进入雨水斗,并经墙外立管排至地面或雨水道。天沟外排水系统由天沟、雨水斗和排水立管组成,见图3-9。天沟外排水系统适用于长度不超过 100 m 的

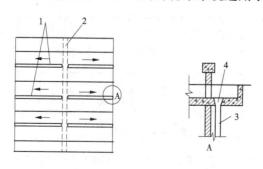

1—天沟;2—伸缩缝;3—立管;4—雨水斗

图 3-9 屋面天沟布置图

多跨厂房。

　　采用天沟外排水方式可有效地避免内排水系统在使用过程中建筑内部检查井冒水的问题,而且具节约投资、节省金属材料、施工简便(相对于内排水而言不需留洞、不需搭架安装悬吊管)、有利于合理地使用厂房空间和地面、可减小厂区雨水管道埋深等优点。其缺点是天沟长又有一定坡度,导致结构负荷增大;晴天屋面集灰多,雨天天沟排水不畅等。

　　天沟的断面形式根据屋面结构情况确定,一般为矩形和梯形。为了在保证排水顺畅的同时又不过度增加屋面结构的负荷,天沟坡度一般为 0.003 ~ 0.006。

　　天沟应以建筑物伸缩缝或沉降缝为分水线,天沟的长度应以当地的暴雨强度、建筑物跨度(汇水面积)、屋面的结构形式(决定天沟断面)等为依据进行水力计算确定,一般以不超过 50 m 为宜。当天沟过长时,由于坡度的要求,将会给建筑处理带来困难。为了防止天沟内过量积水,应在天沟顶端壁处设置溢流口。

3.1.4.2　内排水系统

1. 内排水系统的分类

　　对于大面积建筑屋面及多跨的工业厂房,尤其是屋面有天窗,多跨度、锯齿形屋面或壳形屋面等工业厂房,其屋面面积较大或曲折甚多,采用檐沟外排水或天沟外排水的方式排除屋面雨雪水不能满足时,必须在建筑物内部设置雨水管系统;对于建筑外立面处理要求较高的建筑物,也应采取内排水系统;高层大面积平屋面民用建筑,特别是处于寒冷地区的建筑物,均应采取建筑内排水系统。

　　建筑内排水系统由雨水斗、连接管、悬吊管、排出管、埋地管和附属构筑物等部分组成。根据悬吊管所连接的雨水斗的数量不同,建筑内排水系统可分为单斗和多斗两种。为了安全起见,在进行建筑内排水系统的设计时应采用单斗系统,如图 3-10 所示。根据建筑物内部是否设置雨水检查井,又可分为敞开系统和密闭系统。敞开系统的建筑物内

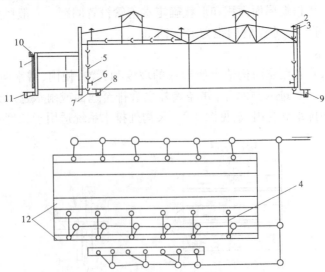

1—水落管;2—雨水斗;3—连接管;4—悬吊管;5—立管;6—检查口;
7—埋地管;8—排出管;9—检查井;10—檐沟;11—雨水沟;12—天沟

图 3-10　屋面排水系统示意图

部设置检查井,该系统可接纳生产废水,方便清通和维修,但有可能出现检查井冒水的现象,雨水漫流室内地面,造成危害。密闭系统是压力排水,埋地管在检查井内用密闭的三通连接,有检查和清通措施,不会出现建筑物内部冒水情况,但不能接纳生产废水。为了安全可靠,一般应采用密闭式内排水系统。

2.内排水系统的布置和敷设

1)雨水斗

雨水斗设在雨水由天沟进入雨水管道的入口处,具有泄水、稳定天沟水位、减少掺气量及拦阻杂物的作用,是管系的重要组成部分。常用的雨水斗有 65 型、79 型和 87 型等(见图 3-11)。在阳台、花台、供人们活动的屋面及窗井处可采用平箅式雨水斗(见图 3-12)。

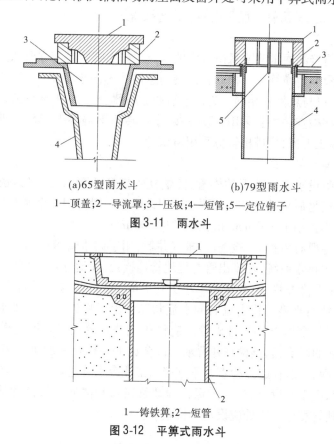

(a)65型雨水斗　　　　(b)79型雨水斗

1—顶盖;2—导流罩;3—压板;4—短管;5—定位销子

图 3-11　雨水斗

1—铸铁箅;2—短管

图 3-12　平箅式雨水斗

雨水斗应满足最大限度地迅速排除屋面雨、雪水的要求。为了避免水流在斗前形成过大的漩涡,减少掺气及拦阻杂物,雨水斗设有整流格栅装置。雨水斗的整流格栅进水孔的有效面积应等于连接管横断面积的 2 ~ 2.5 倍,以利于排水,整流格栅应便于拆卸。布置雨水斗时,应以伸缩缝、防火墙或沉降缝作为天沟排水分水线,各自成排水系统。当分水线两侧两个雨水斗连接在同一根立管或悬吊管上时,应采用伸缩接头并保证密封不漏水。在寒冷地区,雨水斗应布置在受室温影响的屋面及雪水易融化范围的天沟内,雨水立管应布置在室内。采用多斗排水系统时,为使泄流量均匀,雨水斗宜对立管对称布置,一根悬吊管上连接的雨水斗不得多于 4 个,雨水斗不能设在立管顶端。

2）连接管

连接管是接纳雨水斗流来的雨水,并将其引入悬吊管中的一段短竖管。连接管径不得小于雨水斗短管的直径,且不小于 100 mm,并应牢固地固定在建筑物的承重结构上。下端用斜三通与悬吊管连接。

3）悬吊管

悬吊管是架空布置的、连接雨水斗和排水立管的横敷管段,悬吊管可承纳一个或几个雨水斗,也可直接将雨水排放至室外而不设立管。为满足水力条件和便于清通,悬吊管应设不小于 0.005 的坡度。悬吊管和雨水斗、立管的连接应满足一定的规定。悬吊管的端头和长度大于 15 m 的悬吊管上设检查口或带法兰盘的三通,并宜布置在靠近柱、墙处,其间距不得大于 20 m。悬吊管一般采用钢管或铸铁管。

4）立管及排出管

立管的作用是接纳雨水斗或悬吊管中的水流。排出管则是与立管相连将雨水引到埋地横管中去的一段埋地横管。一根立管连接的悬吊管不多于 2 根,立管管径不小于悬吊管管径,管材和接口与悬吊管相同。为便于清通,立管距地面约 1 m 处应设检查口。排出管与下游埋地管在检查井中宜采用管顶平接,水流转角不得小于 135°。排出管虽为埋地管,但因该管段属压力流,故排出管应采用铸铁管。

5）埋地横管与附属构筑物

埋地横管是敷设于室内地下的横管,接纳立管排来的雨水,并将其送至室外雨水管道。埋地横管应满足最小敷设坡度的要求。埋地横管一般可用非金属管材,为便于清通,埋地横管的直径不宜小于 200 mm,最大不超过 600 mm。

附属构筑物主要有检查井、检查口、排气井等,用于雨水管道的清扫、检修、排气。检查井设于敞开式内排水系统,在排出管与埋地管连接处,埋地管转弯、变径及超过 30 m 的直线管段上,都应设检查井,检查井深不小于 0.7 m。检查井内应做高流槽导流,流槽高于管顶 200 mm,从而改善立管出流后的水流状态。为了将进入雨水排水系统的气体释放,在埋地管起端几个检查井与排出管间应设排气井。设置室内埋地横管(敞开系统)时,由于多种因素的影响,起点检查井冒水的机会比下游检查井的机会多,故为避免检查井冒水或造成倒灌,一般在起点检查井不宜接入工业废水管道。

对密闭系统,由于不设检查井,为保证埋地管畅通和清通立管及埋地管转角处的堵塞,密闭系统埋地管靠近立管处应设水平检查口。

3.2 建筑排水管道安装

3.2.1 排水管材及管件

3.2.1.1 钢管

焊接钢管用作卫生器具排水管及生产设备的非腐蚀性排水支管。管径小于或等于 50 mm 时,可采用焊接或配件连接。

无缝钢管用作镶入件埋设在建筑结构内部或用于检修困难的管段和机器设备附近振

动较大的地方;因管道承受内压较高,也可作为非腐蚀性生产排水管。无缝钢管通常采用焊接或法兰连接。具体内容见"1.2　给水管材及管件"。

3.2.1.2　排水铸铁管及管件

1.普通排水铸铁管

普通排水铸铁管是建筑内部排水系统的主要管材,有排水铸铁承插口直管、排水铸铁双承直管。其管件有曲管、管箍、弯头、三通、四通、存水弯、瓶口大小头(锥形大小头)、检查口等。

排水铸铁管较钢管耐腐蚀,但性脆且重,常用于室内生活污水管道、雨水管道以及工业厂房中振动不大的生产排水管道。

排水铸铁管直径为 50 ~ 200 mm,壁厚 4 ~ 7 mm,长度有 0.5 m、1 m、1.5 m、2 m 等多种,其管端形状只有承插式一种,接口形式为承插连接。排水铸铁管及其管件如图 3-13 所示。

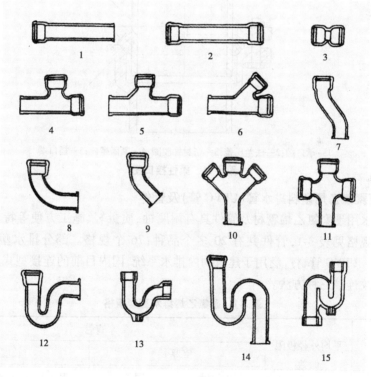

1—承插直管;2—双承直管;3—管箍(套筒);4—T形三通;5—90°正三通;6—45°斜三通;
7—乙字管;8—90°弯管;9—45°弯管;10—Y形四通;11—正四通;12—P形承插存水弯;
13—丝扣P形存水弯;14—S形承插存水弯;15—丝扣S形存水弯

图 3-13　排水铸铁管及其管件

管箍(套筒)用于没有承口的排水铸铁短管的直线连接。

90°三通管用于水流呈 90°汇集处,其水力条件较 45°承插三通管差。

45°三通管用于水流呈 45°汇集处,可以和 45°弯管配合使用,水力条件比 90°三通管好。

90°弯管用于水流呈90°急转弯处,45°弯管用于水流呈135°转弯处及加大回转半径时,用两个45°弯管代替90°弯管使用,例如室内排水立管与排出管连接时采用两个45°弯头。

Y形承插四通管用于水流呈"十"字汇集处,其水力条件较正四通管好。

P形存水弯两端所接出的管道呈90°角,S形存水弯两端所接出的管道互相平行。

2. 柔性接口排水铸铁管

高层建筑以及地震区建筑排水铸铁管宜采用柔性接口,使其在内水压下具有良好的曲挠性和伸缩性,以适应建筑楼层间变位导致的轴向位移和横向曲挠变形,防止管道裂缝、折断。图 3-14 所示为 RK-1 型柔性接口图,接口采用法兰压盖和螺栓将橡胶密封圈压紧。柔性接口排水铸铁管件有立管检查口、三通、45°三通、45°弯头、90°弯头、45°和30°通气管、四通、P形和S形存水弯等。

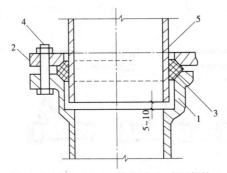

1—承口端;2—法兰压盖;3—密封橡胶圈;4—紧固螺栓;5—插口端
图 3-14   柔性接口图

3.2.1.3   硬聚氯乙烯塑料排水管(UPVC 管)及管件

建筑排水用硬聚氯乙烯管材及管件具有耐腐蚀、质量轻、施工方便等特点,硬氯乙烯排水直管的规格见表 3-1,管件共有 20 多个品种,76 个规格。部分排水塑料管管件如图 3-15所示。UPVC 管材广泛用于建筑物内排水系统,国内目前的连接型式有粘接、橡胶卷连接和螺纹连接三种方法。

表 3-1   硬氯乙烯排水直管规格   (单位:mm)

公称外径 D	平均外径极限偏差	直管			
		壁厚 e		长度 L	
		基本尺寸	极限偏差	基本尺寸	极限偏差
40	+ 0.30	20	+ 0.40	4 000 或 6 000	− 10
50	+ 0.30	20	+ 0.40		
75	+ 0.30	23	+ 0.40		
90	+ 0.30	32	+ 0.60		
110	+ 0.30	32	+ 0.60		
125	+ 0.40	32	+ 0.60		
160	+ 0.50	40	+ 0.60		

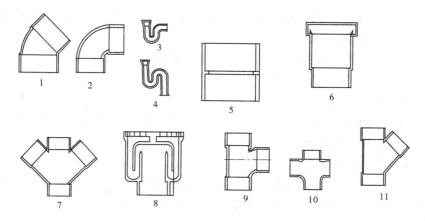

1—45°弯头;2—90°弯头;3—P形存水弯;4—S形存水弯;5—管箍;6—伸缩节;
7—45°斜四通;8—地漏;9—90°顺水三通;10—正四通;11—45°斜三通

图 3-15　排水塑料管管件

图 3-16 所示为一种带有内螺旋的 UPVC 管,它的特点是能使污废水沿管壁内螺旋纹道流动,以使排水时噪声减小。

3.2.2　建筑排水管道安装

3.2.2.1　排水管道的安装要求

(1)室内排水管材及连接方式见表 3-2。

(2)为了保证排水通畅,排水管道的横管与横管、横管与立管连接,应采用45°三通(斜三通)或45°四通或90°斜三通(顺水三通)。排水管道穿墙、穿基础时,排出管与立管的连接宜采用两个45°弯头或弯曲半径不小于 4 倍管径的90°弯头,否则管道容易堵塞。

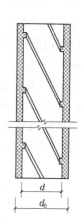

图 3-16　内螺旋 UPVC 管

表 3-2　室内排水管材及连接方式

系统类别	管材	连接方式
生活污水	硬聚氯乙烯排水塑料管(UPVC 管)	粘接、橡胶圈连接
	UPVC 芯层发泡复合管	粘接
	UPVC 螺旋消声管	橡胶圈连接
	柔性抗震排水铸铁管(WD 管)、铸铁排水管	承插式、法兰连接、橡胶圈不锈钢带连接
雨水	UPVC 雨水管	粘接
	给水铸铁管、稀土排水铸铁管	承插连接
	钢管	焊接、法兰

（3）承插排水管道的接口，应以油麻丝填充，用水泥或石棉水泥打口，不得用一般水泥砂浆抹口，否则使用时在接口处往往会漏水。

（4）严格控制排水管道的坡度，避免坡度过小或倒坡。

（5）排水管道不宜穿越建筑物沉降缝、伸缩缝以及烟道、风道和居室。如果必须穿越，要有切实的保护措施。

（6）暗装或埋地的排水管道，在隐蔽前必须做灌水试验，其灌水高度不应低于底层地面高度。在满水 15 min 后，再灌满 5 min，液面不下降为合格。

3.2.2.2　铸铁排水管道安装

室内排水系统施工的工艺流程：安装准备→埋地管安装→干管安装→立管安装→支管安装→器具支管安装→封口堵洞→灌水试验→通水通球试验。

1. 安装准备

根据施工图及技术交底，配合土建完成管道段穿越基础、墙壁和楼板的预留孔洞，并检查、校核预留孔洞的位置和大小是否准确。

为了减少在安装中捻固定灰口，对部分管材与管件可预先按测绘的草图捻好灰口，并编号，码放在平坦的场地上，管段下面用木方垫平垫实。捻好灰口的预制管段，对灰口要进行养护，一般可采用湿麻绳缠绕灰口，浇水养护，保持湿润。冬季要采取防冻措施，一般常温 24～48 h 后方能移动，运到现场安装。

2. 排出管的安装

排水管道穿墙、穿基础时应按图 3-17 安装。排水管穿过承重墙或基础处应预留孔洞，使管顶上部净空不得小于建筑物的沉降量，一般不小于 0.15 m。排出管道穿墙、穿基

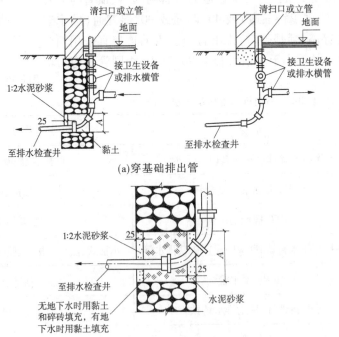

(a)穿基础排出管

(b)穿过地下室墙壁排出管

图 3-17　排出管的安装示意图

础预留孔洞尺寸见表3-3。

说明:用于有地下水地区时,基础面的防水措施与构筑物的墙面防水措施相同。

表3-3 排水管道穿墙、穿基础时预留孔洞尺寸　　　　　　　　（单位:mm）

排出管直径(DN)	50～100	125～150	200～250
孔洞A穿基础	300×300	400×400	500×500
孔洞A穿砖墙	240×240	360×360	490×490

3. 污水干管安装

1)管道铺设安装

在挖好的管沟或房心土回填到管底标高处铺设管道时,应将预制好的管段按照承口朝向来水方向,由出水口处向室内顺序排列。挖好捻灰口用的工作坑,将预制好的管段徐徐放入管沟内,封闭堵严总出水口,做好临时支撑,按施工图纸的坐标、标高找好位置和坡度,以及各预留管口的方向和中心线,将管段承插口相连。

在管沟内捻灰口前,先将管道调直、找正,用麻钎或薄捻凿将承插口缝隙找均匀,把麻打实,校直、校正,管道两侧用土培好,以防捻灰口时管道移位。

将水灰比为1:9的水泥捻口灰拌好后,装在灰盘内放在承插口下部,人跨在管道上,一手填灰,一手用捻凿捣实,先填下部,由下而上,边填边捣实,填满后用手锤打实,再填再打,将灰口打满打平为止。

捻好的灰口,用湿麻绳缠好养护或回填湿润细土掩盖养护。

管道铺设捻好灰口后,再将立管及首层卫生洁具的排水预留管口,按室内地平线、坐标位置及轴线找好尺寸,接至规定高度,将预留管口装上临时丝堵。

按照施工图对铺设好的管道坐标、标高及预留管口尺寸进行自检,确认准确无误后即可从预留管口处灌水做闭水试验,水满后观察水位不下降,各接口及管道无渗漏,经有关人员进行检查,并填写隐蔽工程验收记录,办理隐蔽工程验收手续。

管道系统经隐蔽验收合格后,临时封堵各预留管口,配合土建填堵孔、洞,按规定回填土。

2)托、吊管道安装

安装在管道设备层内的铸铁排水干管可根据设计要求做托、吊或砌砖墩架设。

安装托、吊干管要先搭设架子,将托架按设计坡度栽好或栽好吊卡,量准吊棍尺寸,将预制好的管道托、吊牢固,并将立管预留口位置及首层卫生洁具的排水预留管口,按室内地平线、坐标位置及轴线找好尺寸,接至规定高度,将预留管口装上临时丝堵。

托、吊排水干管在吊顶内者,需做闭水试验,按隐蔽工程项目办理隐检手续。

4. 污水立管安装

根据施工图校对预留管洞尺寸有无差错,如系预制混凝土楼板,则需剔凿楼板洞,应按位置画好标记,对准标记剔凿。如需断筋,必须征得土建施工队有关人员同意,按规定要求处理。

立管检查口设置按设计要求。如排水支管设在吊顶内,应在每层立管上均装立管检查口,以便作灌水试验。

在立管上应每隔一层设置一个检查口,但在最底层和有卫生器具的最高层必须设置。如为两层建筑可仅在底层设置立管检查口;如有乙字弯管,则在该层乙字弯管的上部设置检查口。检查口中心高度距操作地面一般为 1 m,允许偏差 20 mm;检查口的朝向应便于检修,暗装立管,在检查口处应安装检修门。

在连接 2 个及 2 个以上大便器或 3 个及 3 个以上卫生器具的污水横管上应设置清扫口。当污水管在楼板下悬吊敷设时,可将清扫口设在上一层楼地面上,污水管起点的清扫口与管道相垂直的墙面距离不得小于 200 mm,若污水管起点设置堵头代替清扫口,与墙面距离不得小于 400 mm。

在转角小于 135°的污水横管上应设置检查口或清扫口。污水横管的直线管段,应按设计要求的距离设置检查口或清扫口。

安装立管应两人上下配合,一人在上一层楼板上,由管洞内投下一个绳头,下面一人将预制好的立管上半部拴牢,上拉下托将立管下部插口插入下层管承口内。

立管插入承口后,下层的人把甩口及立管检查口方向找正,上层的人用木楔将管在楼板洞处临时卡牢,打麻、吊直、捻灰。复查立管垂直度,将立管临时固定牢固。

立管安装完毕后,配合土建用不低于楼板强度的混凝土将洞灌满堵实,并拆除临时支架。如系高层建筑或管道井内,应按照设计要求用型钢做固定支架。

高层建筑考虑管道胀缩补偿,可采用法兰柔性管件(见图 3-18),但在承插口处要留出胀缩补偿余量。

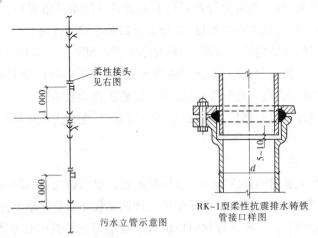

污水立管示意图　　　　　RK-1 型柔性抗震排水铸铁管接口样图

图 3-18　法兰柔性管件

高层建筑采用辅助透气管,可采用辅助透气异型管件连接(见图 3-19)。

5. 污水支管安装

支管安装应先搭好架子,并将托架按坡度栽好,或栽好吊卡,量准吊棍尺寸,将预制好的管道托到架子上,再将支管插入立管预留口的承口内,将支管预留口尺寸找准,并固定

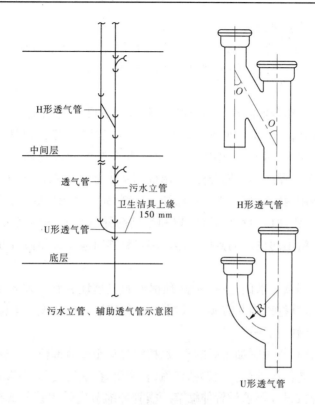

图 3-19　辅助透气异型管件连接

好支管,然后打麻、捻灰口。

　　支管设在吊顶内,末端有清扫口者,应将管接至上层地面上,便于清掏。支管安装完后,可将卫生洁具或设备的预留管安装到位,找准尺寸并配合土建将楼板孔洞堵严,预留管口装上临时丝堵。

　　排水管道坡度过小或倒坡,均影响使用效果,各种管道坡度必须按设计要求找准,如设计无要求,可参照表 3-4 的要求进行安装。

表 3-4　生活污水管道的坡度

序　号	管径(mm)	坡度	
		标准坡度	最小坡度
1	50	0.035	0.025
2	75	0.025	0.015
3	100	0.020	0.012
4	125	0.015	0.010
5	150	0.010	0.007
6	200	0.008	0.005

3.2.2.3　UPVC 排水管道施工

UPVC 排水管道施工工艺流程:安装准备→预制加工→干管安装→立管安装→支管安装→卡件固定→封口堵洞→闭水试验→通水试验。

1. 预制加工

根据图纸要求并结合实际情况,按预留口位置测量尺寸,绘制加工草图。根据草图量好管道尺寸,进行断管。断口要平齐,用专用的断管工具(剪刀、切割机),然后用铣刀或刮刀除掉断口内外飞刺,外棱铣出 15°角。粘接前应对承插口先插入试验,不得全部插入,一般为承口的 3/4 深度。试插合格后,用棉布将承插口需粘接部位的水分、灰尘擦拭干净。如有油污需用丙酮除掉。用毛刷涂抹粘接剂,先涂抹承口后涂抹插口,随即用力垂直插入,插入粘接时将插口中稍作转动,以利粘接剂分布均匀,30 s 至 1 min 即可粘接牢固。粘牢后立即将溢出的粘接剂擦拭干净。多口粘连时应注意预留口方向。

2. 干管安装

首先根据设计图纸要求的坐标、标高预留槽洞或预埋套管。埋入地下时,按设计坐标、标高、坡向、坡度开挖槽沟并夯实。采用托、吊管安装时应按设计坐标、标高,现场拉线确定排水方向坡度做好托、吊架。

施工条件具备时,将预制加工好的管段,按编号运至安装部位进行安装。各管段粘连时也必须按粘接工艺依次进行。全部粘连后,管道要直,坡度均匀,各预留口位置准确。

立管和横管应按设计要求设置伸缩节。横管伸缩节应采用锁紧式橡胶圈管件;当管径大于或等于 160 mm 时,横干管宜采用弹性橡胶密封圈连接形式。当设计对伸缩量无规定时,管端插入伸缩节处预留的间隙应为:夏季,5 ~ 10 mm;冬季,15 ~ 20 mm。

干管安装完后应做闭水试验,出口用充气橡胶堵封闭,达到不渗不漏、水位不下降为合格。地下埋设管道应先用细砂回填至管上皮 100 mm,上覆过筛土,夯实时勿碰损管道。托吊管粘牢后再按水流方向找坡度。最后将预留口封严和堵洞。主干管连接示意图如图 3-17 所示。

生活污水塑料管道的坡度必须符合设计要求或表 3-5 的规定。横管的坡度设计无要求时,坡度应为 0.026。立管管件承口外侧与墙饰面的距离宜为 20 ~ 50 mm。

表 3-5　生活污水塑料管道的坡度

项次	管径(mm)	标准坡度(‰)	最小坡度(‰)
1	50	25	12
2	75	15	8
3	110	12	6
4	125	10	5
5	160	7	4

管道支承件的间距,立管管径为 50 mm 的,不得大于 1. 2 m;立管管径大于或等于 75 mm 的,不得大于 2 m;横管直线管段支承件的间距宜符合表 3-6 的规定。

表 3-6　横管直线管段支承件的间距

管径(mm)	40	50	75	90	110	125	160
间距(m)	0. 40	0. 50	0. 75	0. 90	1. 10	1. 25	1. 60

3. 立管安装

首先按设计坐标要求,将洞口预留或后剔,洞口尺寸不得过大,更不可损伤受力钢筋。安装前清理场地,根据需要支搭操作平台。

立管安装前先从高处拉一根垂直线至首层,以确保垂直;安装时按设计要求安装伸缩节,伸缩节最大允许伸缩量见表 3-7 的规定,应符合下列规定:

表 3-7　伸缩节最大允许伸缩量　　　　　　　　　（单位:mm）

管径	50	75	90	110	125	160
最大允许伸缩量	12	15	20	20	20	25

（1）当层高小于或等于 4 m 时,污水立管和通气立管应每层设一伸缩节;当层高大于 4 m 时,其数量应根据管道设计伸缩量和伸缩节允许伸缩量计算确定。

（2）污水横支管、横干管、器具通气管、环形通气管和汇合通气管上无汇合管件的直线管段大于 2 m 时,应设伸缩节,但伸缩节之间最大间距不得大于 4 m。

（3）管道设计伸缩量不应大于表 3-7 伸缩节的允许伸缩量。伸缩节设置位置如图 3-20 所示。

将已预制好的立管运到安装部位。首先清理已预留的伸缩节,将锁母拧下,取出 U 形橡胶圈,清理杂物。复查上层洞口是否合适。立管插入端应先画好插入长度标记,然后涂上肥皂液,套上锁母及 U 形橡胶圈。安装时先将立管上端伸入上一层洞口内,垂直用力插入至标记为止(一般预留胀缩量为 20 ~ 30 mm)。合适后即用自制 U 形钢制抱卡紧固于伸缩节上沿。然后找正找直,并测量顶板距三通口中心是否符合要求。无误后即可堵洞,并将上层预留伸缩节封严。

为了使立管连接支管处位移最小,伸缩节应尽量设在靠近水流汇合管件处。为了控制管道的膨胀方向,两个伸缩节之间必须设置一个固定支架。

固定支撑每层设置一个,以控制立管膨胀方向,分层支撑管道的自重,当层高 H 小于 4 m(DN 小于 50 mm,H 小于 3 m)时,层间设滑动支撑 1 个;若层高 H 大于 4 m(DN 小于 50 mm,H 大于 3 m)时,层间设滑动支撑 2 个。

立管在底层和在楼层转弯处应设置立管检查口,消能装置处在有卫生器具的最高层的立管上也应设置立管检查口。其安装高度距地面 1 m,检查口位置和朝向应便于检修,暗装立管在检查口处应设检修门。

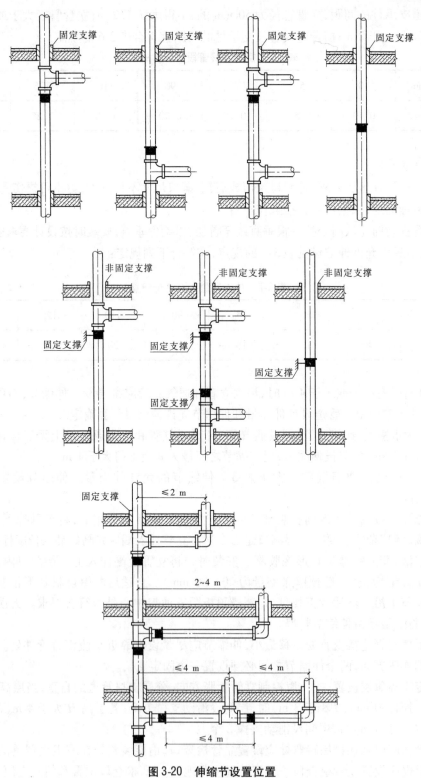

图 3-20　伸缩节设置位置

在水流转角小于135°的横管上应设置检查口或清扫口。公共建筑内,在连接4个以上的大便器的污水横管上宜设置清扫口。

横管、排水管直线距离大于表3-8的规定值时,应设置检查口或清扫口。

表3-8 检查口(清扫口)或检查井的最大距离

DN(mm)	50	75	90	110	125	160
距离(m)	10	12	12	15	20	20

管道穿楼板或穿墙时,须预留孔洞,孔洞直径一般可比管道外径大50 mm。管道安装前,必须检查预留孔洞的位置和标高是否正确。安装施工应密切配合土建施工,做好预留洞或凿洞以及补洞工作。

立管穿楼板处应加装UPVC或其他材料的止水翼环,用C20细石混凝土分层浇筑填补,第一次为楼板厚度的2/3,待强度达1.2 MPa以后,再进行第二次浇筑至与地面相平。

室内塑料排水管道安装的允许偏差和检验方法见表3-9。

表3-9 室内塑料排水管道安装的允许偏差和检验方法

项目		允许偏差(mm)	检查方法
水平管道纵、横方向弯曲	每1 m	1.5	用水准仪(水平尺)、直尺、拉线和尺量检查
	全长(25 m以上)	不大于38	
立管垂直度	每1 m	3	吊线和尺量检查
	全长(5 m以上)	不大于15	

4.支管安装

首先剔出吊卡孔洞或复查预埋件是否合适。清理场地,按需要支搭操作平台。将预制好的支管按编号运至现场。清除各粘接部位的污物及水分。将支管水平初步吊起,涂抹粘接剂,用力推入预留管口。根据管段长度调整好坡度,合适后固定卡架,封闭各预留管口和堵洞。

5.器具连接管安装

1)操作方法

(1)核查卫生器具及预留孔洞。从排水横管上接出,与卫生器具排水口相连接的一段垂直短管叫排水支立管。安装前,首先根据图纸和规范要求核对各种卫生器具、排水设备、管件规格等内容,检查预留孔洞的位置和尺寸,如有偏差,应修整至符合要求。

(2)量尺下料。以上内容确认无误后,在地面上画出大于支立管管径中心的十字线和修正孔,按土建在墙上给定的地面水平线,挂好通过支立管中心十字线的垂线,然后根据不同型号的卫生器具所需要的排水支立管的高度从横管甩口处量尺,如图3-21所示。测量时需先扶稳吊锤,将钢卷尺插入管子承口颈部,使卷尺与垂线成90°角时,尺与垂线接触处即为所测的横尺寸(如将卷尺对着承口外沿,则需加上承口深度);将卷尺抵至垂线与横管十字交叉处,测出支立管上的短管尺寸,加上(当卷尺在承口内)或减去(当卷尺在承口下)1/2管径,则为所测短管的实际尺寸。

支立管下料时,还需与土建配合,按卫生器具的类型对所测尺寸进行一定的增减,如地漏应低于地面5~10 mm,坐便器落水口处的铸铁管应高出地面10 mm等。

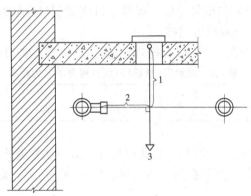

1—立尺寸;2—横尺寸;3—吊锤

图 3-21　排水支立管安装尺寸测量示意图

（3）安装支立管。安装时,将管托起,插入横管的甩口内,在管子承口处绑上铁丝,并在楼板上临时吊住,调整好坡度和垂直度后,打麻捻口并将其固定在横管上,将管口堵住,然后将楼板洞或墙孔洞用砖塞平,填入水泥砂浆固定。补洞的水泥砂浆表面应低于建筑表面 10 mm 左右,以利于土建抹平地面。

2）操作要领及注意事项

（1）所有器具支立管均应实际测量下料长度,在排水横管安装并固定好后,接至卫生器具的排水口处,并妥善进行管口封闭,以备安装卫生器具。器具支管量尺时,尺头插入横管上垂直向上的管件承口内侧,量至一层设计地坪得尺寸基数为 S。器具排水管的安装方法及要求见表 3-10。

表 3-10　器具排水管的安装

卫生器具名称		器具排水支管的安装		
		用料	管面安装高度	管中心与后墙的距离（mm）
蹲便器	铸铁存水弯	承口短管 DN100	$S + 10$ mm	600
	瓷存水弯			420（毛墙）
坐便器	与下水口连接	不带承口短管 DN100	S = 与地面平齐	（净墙面400）420（毛墙）
	连体式			按设计位置
洗脸盆	明装	带承口短管 DN50	S	80（台式122）
	暗装	镀锌钢管 DN32	—	与墙面平齐
地漏	—	地漏及短管	地漏面比地面低 20 mm	按设计位置
地面扫除口	—	扫除口及短管	扫除口面与地面平齐	按设计位置
存水弯	明装	S 形存水弯	下部套钢板环插入承口短管打口连接	
	暗装	P 形存水弯	端部缠石棉绳抹油灰插入排水钢管,或用锡焊接连接	

（2）安装时要保证支立管的坡度和垂直度,不得有倒坡现象。

（3）支立管露出地坪的尺寸需根据卫生器具和排水设备附件的种类确定，不得出现地漏高出地坪和小便池落水高出池底的现象。

（4）支立管安装好后，应拆除一切临时支架，并堵好所有的管口，防止异物落入管中堵塞管道。

3.2.3　建筑排水管道试验

3.2.3.1　通球灌水试验

室内排水系统安装完后，要进行通球、灌水试验，通球用胶球按管道直径选用。

通球前，必须作通水试验，试验程序为由上而下进行以不堵为合格。胶球应从排水立管顶端投入，并注入一定水量于管内，使球能顺利流出为合格。

隐蔽或埋地的排水管道在隐蔽前必须做灌水试验，其灌水高度应不低于底层卫生器具的上边缘或底层地面高度。

检验方法：满水 15 min 水面下降后，再灌满观察 5 min，液面不降，管道及接口无渗漏为合格。

隐蔽或埋地的排水管道在隐蔽前作灌水试验，主要是防止管道本身及管道接口渗漏。灌水高度不低于底层卫生器具的上边缘或底层地面高度，主要是按施工程序确定的，安装室内排水管道一般均采取先地下后地上的施工方法。从工艺要求看，铺完管道后，经试验检查无质量问题，为保护管道不被砸碰和不影响土建及其他工序，必须进行回填。如果先隐蔽，待一层主管做完再补做灌水试验，一旦有问题，就不好查找是哪段管道或接口漏水。

灌水试验时，先把各卫生器具的口堵塞，然后把排水管道灌满水，仔细检查各接口是否有渗漏现象。

3.2.3.2　闭水试验

排水管道安装后，按规定要求必须进行闭水试验。凡属隐蔽暗装管道必须按分项工序进行。卫生洁具及设备安装后，必须进行通水通球试验，且应在油漆粉刷最后一道工序前进行。

地下埋设管道及出屋顶透气立管如不采用硬质聚氯乙烯排水管件而采用下水铸铁管件时，可采用水泥捻口。为防止渗漏，塑料管插接处用粗砂纸将塑料管横向打磨粗糙。

粘接剂易挥发，使用后应随时封盖。冬季施工进行粘接时，凝固时间为 2 ~ 3 min。粘接场所应通风良好，远离明火。

3.3　卫生器具的安装

卫生器具是建筑内部排水系统的重要组成部分，是用来满足生活和生产过程中的卫生要求，收集和排除生活及生产中产生的污、废水的设备。卫生器具一般采用不透水、无气孔、表面光滑、耐腐蚀、耐磨损、耐冷热、便于清扫、有一定强度的材料制造，如陶瓷、搪瓷生铁、塑料、复合材料等，卫生器具正向着冲洗功能强、节水消声、设备配套、便于控制、使用方便、造型新颖、色彩协调等方面发展。其品种繁多，造型各异，豪华程度差别悬殊，故安装中必须在订货的基础上,参照产品样本或实物确定安装方案。

3.3.1 卫生器具安装基本要求

3.3.1.1 安装前的准备工作

(1)熟悉施工安装图样,确定所需的工具、材料及其数量、配件的种类等。

(2)检查卫生器具的质量及外观,熟悉现场的实际情况。

(3)对现场进行清理,确定卫生器具的安装位置并凿眼、打洞。

3.3.1.2 安装前的质量检查

1. 质量检查的内容

卫生器具安装前的质量检验是安装工作的组成部分。质量检验包括:器具外形端正与否、瓷质的细腻程度、色泽的一致性、有无损伤、各部分几何尺寸是否超过表允许公差。

卫生洁具的规格、型号必须符合设计要求,并有出厂产品合格证。卫生洁具外观应规矩、造型周正、表面光滑、美观、无裂纹,边缘平滑,色调一致。

卫生洁具零件规格应标准,质量应可靠,外表光滑,电镀均匀,螺纹清晰,锁母松紧适度,无砂眼、裂纹等缺陷。

2. 质量检查的方法

(1)外观检查。表面是否有缺陷。

(2)敲击检查。轻轻敲打,声音实而清脆是未受损伤的,声音沙裂是受损伤破裂的。

(3)尺量检查。用尺实测主要尺寸。

(4)通球检查。对圆形孔洞可做通球试验,检验用球直径为孔洞直径的 0.8 倍。

3.3.1.3 卫生器具安装的基本要求

(1)安装的位置要准确。安装位置包括平面位置和安装高度,应符合设计要求或有关标准规定,见表 3-11。

表 3-11　卫生器具的安装高度

项次	卫生器具名称		卫生器具安装高度(mm)		备　注
			居住和公共建筑	幼儿园	
1	污水盆(池)	架空式	800	800	
		落地式	500	500	
2	洗涤盆(池)		800	800	
3	洗脸盆和冲手盆(有塞、无塞)		800	500	自地面至器具上边缘
4	盆洗槽		800	500	
5	浴盆		520	—	
6	蹲式大便器	高水箱	1 800	1 800	自台阶面至高水箱底
		低水箱	900	900	自台阶面至低水箱底

续表3-11

项次	卫生器具名称		卫生器具安装高度（mm）		备　注
			居住和公共建筑	幼儿园	
7	坐式大便器	高水箱	1 800	1 800	自台阶面至高水箱底
		低水箱 外露排出管式虹吸	510	—	自地面至低水箱底
		喷射式	470	370	
8	小便器	立式	1 000	—	自地面至上边缘
		挂式	600	450	自地面至下边缘
9	小便槽		200	150	自地面至台阶面
10	大便槽冲洗水箱		不低于2 000		自台阶至水箱底
11	妇女卫生盆		360	—	自地面至器具上边缘
12	化验盒		800	—	自地面至器具上边缘

（2）安装的卫生器具应稳固。卫生器具安装时，通常采用预埋支架或木螺丝固定。固定木螺丝用的预埋木砖须在沥青中浸泡，进行防腐处理。卫生器具本身与支架接触处应平稳贴实，可采取加软垫的方法实现。若直接使用螺栓固定，螺栓上应加软胶皮垫圈，且拧紧时用力要适当。卫生器具与管道、地面等的连接处，应加垫胶皮、油灰等填料填实。

（3）安装的美观性。卫生器具安装应端正、平直。

（4）安装的严密性。卫生器具与给水配件连接的开洞处，应使用橡胶板；与排水管、排水栓连接的下水口应使用油灰；与墙面靠接时，应使用油灰或白水泥填缝。

（5）安装的可拆卸性。由于瓷质卫生器具在使用过程中会有破损和更换的可能，安装时应考虑到卫生器具可拆卸的特点，在器具和给水支管连接处，必须装可拆卸的活接头，器具的排水口和排水短管、存水弯连接处应用油灰填塞，以利于拆卸。

（6）安装后的防护。卫生器具安装后，应采取有效的防护措施，如切断水源、草袋覆盖、封闭器具敞口等。

（7）连接卫生器具的排水管管径坡度应符合设计要求或表3-5中的有关规定。

3.3.1.4　作业条件

（1）所有与卫生洁具连接的管道压力、闭水试验已完毕，并已办好隐预检手续。

（2）浴盆的稳装应待土建做完防水层及保护层后配合土建施工进行。

（3）其他卫生洁具应在室内装修基本完成后再进行稳装。

3.3.1.5　操作工艺

工艺流程：安装准备→卫生洁具及配件检验→卫生洁具安装→卫生洁具配件预装→卫生洁具稳装→卫生洁具与墙、地缝隙处理→卫生洁具外观检查→通水试验。

卫生洁具在稳装前应进行检查、清洗。配件与卫生洁具应配套。部分卫生洁具应先进行预制再安装。

3.3.2　各种卫生器具的安装规程

3.3.2.1　大便器的安装

　　大便器：我国常用的大便器有蹲式、坐式和大便槽式三种类型，蹲式、坐式大便器如图 3-22 所示。

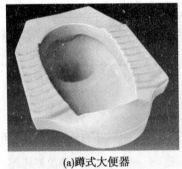

(a)蹲式大便器　　　　　　　　(b)坐式大便器

图 3-22　大便器

　　1.蹲式大便器的安装

　　高水箱蹲式大便器的安装如图 3-23 所示。安装顺序为大便器、存水弯、高水箱、进水管、冲洗管。

　　1)操作方法

　　(1)安装存水弯。首先根据图纸的设计要求和地面下水管口的位置,确定存水弯的安装位置并安装存水弯。

　　(2)安装胶皮碗。将胶皮碗套在大便器的进水口上,采用成品喉箍箍紧或用 14 号铜丝绑扎两道,钢丝应错位绑扎,拧扣要错开 90°,如图 3-24 所示。

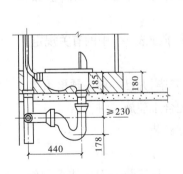

图 3-23　蹲式大便器的安装

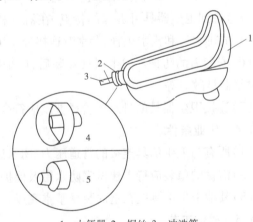

1—大便器;2—铜丝;3—冲洗管;

4—未翻边的胶皮碗;5—翻边的胶皮碗

图 3-24　胶皮碗安装示意图

（3）安装蹲便器。清除排水管甩向大便器承口周围及管内的杂物。在排水连接管承口内外壁抹上油灰，并在周围及大便器下面铺垫白灰膏，然后将蹲便器排水口插入承口内稳住。图3-25所示为蹲便器与排水管连接安装图。将大便器两侧用砖砌好，用水平仪找平找正，并用碎砖和水泥砂浆调整，最后抹光，接口处用油灰压实、抹平。

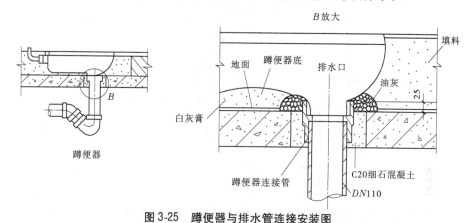

图3-25　蹲便器与排水管连接安装图

（4）连接进水冲洗管。水箱和蹲便器之间用冲水管连接。冲水管上端插入水箱出水口；根据高水箱浮球阀距给水管三通的尺寸配好乙字管，并在乙字管的上端套上锁母，管端缠油麻，抹铅油（或直接缠生料带），插入水箱出水口后锁紧锁母。冲水管下端与大便器进水口上的胶皮碗相连接，用14号铜丝绑扎两道。在偏离水箱中心左侧400 mm处安装角式截止阀。冲洗管连接好后，用干燥的细砂埋好，并在上面抹一层水泥砂浆。

2）操作要领及注意事项

（1）蹲便器与排水管接口处一定要严密不漏水。

（2）禁止使用水泥砂浆将胶皮碗全部填死或在便盆周围浇灌混凝土固定，会给日后的维修带来不便。

（3）安装好后应使用草袋（草绳）盖上便器，以防堵塞或损坏便盆。

3）延时自闭冲洗阀的安装

冲洗阀的中心高度为1 100 mm。根据冲洗阀至胶皮碗的距离，断好90°弯的冲洗管，使两端合适。将冲洗阀锁母和胶圈卸下，分别套在冲洗管直管段上，将弯管的下端插入胶皮碗内40～50 mm，用喉箍卡牢。再将上端插入冲洗阀内，推上胶圈，调直找正，将锁母拧至松紧适度。

延时自闭式冲洗阀的安装见图3-26。

2. 低水箱坐式大便器的安装

坐式大便器从结构上分有低水箱与坐便器连体和分体两种形式。分体低水箱坐式大便器的安装如图3-27所示。安装顺序为大便器、水箱、进水管、冲洗管。

1）操作方法

（1）安装坐式大便器。

①确定安装位置并打眼。将便器排水口插入到排水管内，并使其排水口中心对准下水管中心，找正找平后标出便器底座外部轮廓及固定坐便器的4个螺栓孔眼位置，并在此

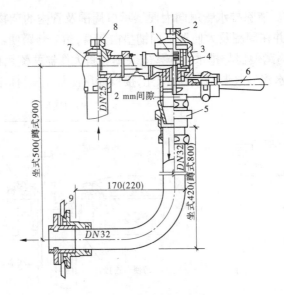

1—冲洗阀;2—调时螺栓;3—小孔;4—滤网;5—防污器;
6—手柄;7—直角截止阀;8—开闭螺栓;9—大便器

图 3-26　延时自闭冲洗阀的安装

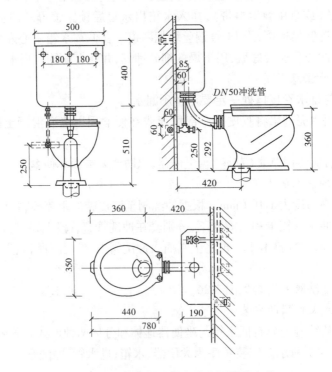

图 3-27　分体式低水箱坐式大便器的安装

位置打眼(不能破坏地面防水层),预埋膨胀螺栓或木砖。

②安装坐便器。安装前,清除排水管口及大便器内部的杂物,按照所画大便器的轮廓

线将大便器出水口插入 $DN100$ mm 的排水管口内。坐式大便器与排水管的连接如图 3-28 所示,排水管和地面连接处安装止水翼环,其间隙用细石混凝土填塞。用水平尺反复校正坐便器安放平正后,将螺栓加垫拧紧螺母固定,坐便器出水与排水管下水口的承插接头用油灰填充。

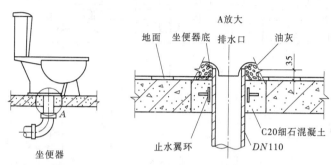

图 3-28　坐式大便器与排水管的连接

　　(2)安装低水箱。首先安装低水箱上的排水口、进水浮球阀、冲洗扳手等配件,组装时,水箱中带溢流管的管口应低于水箱固定螺孔 10~20 mm。然后确定水箱的安装位置,使其出水口中心线位置对准坐便器进水口中心线,并在墙上打孔,预埋木砖或膨胀螺栓,再用木螺钉或预埋螺栓加垫圈将水箱固定在墙上。

　　(3)安装连接低水箱出水口与大便器进水口之间的冲洗管。

　　(4)安装低水箱给水三角阀和铜管,给水管应横平竖直,连接严密。

　　2)操作要点及注意事项

　　(1)拧紧螺母固定大便器时,不可过分用力,以防大便器底部瓷质碎裂。

　　(2)大便器排水口周围和底面不得使用水泥砂浆进行填充,油灰不宜涂抹太多。大便器就位固定后,应及时擦拭大便器周围的污物,并灌入 1~2 桶清水,防止油灰粘贴甚至堵塞排水管口。

　　(3)坐式大便器上的塑料盖应在即将交工时安装,以免在施工过程中被损坏。

　　3.大便槽的安装

　　大便槽主体由土建部分砌筑而成,给水排水部分主要是安装冲洗水箱、冲洗管、大便槽排水管,如图 3-29 所示。

　　操作方法:首先在墙上打洞,放置角钢平正后用水泥砂浆填灌并抹平表面。安装水箱,并根据水箱位置安装进水管、冲洗管和大便槽排水管,进水管一般离光地面 2 850 mm,偏离槽中心 500 mm。冲洗管下端与槽底呈 30°~40°夹角,水箱进水口中心与排水管中心及沟槽中心在一条直线上。

3.3.2.2　小便器的安装

　　小便器一般设于公共建筑的男厕所内,有挂式、立式和小便槽三种。挂式、立式小便器如图 3-30 所示。

　　1.挂式小便器安装

　　挂式小便器安装如图 3-31 所示。

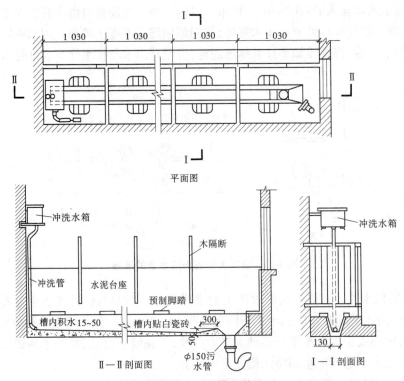

平面图

Ⅱ—Ⅱ剖面图　　　　　ϕ150污水管　　　Ⅰ—Ⅰ剖面图

图 3-29　大便槽安装图

(a)挂式　　　　　(b)立式

图 3-30　小便器

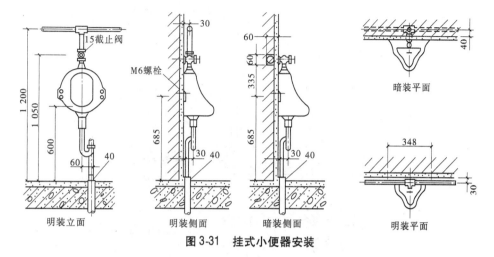

图3-31 挂式小便器安装

1)操作方法

(1)安装小便斗。根据图纸要求在墙上画出小便斗的安装中心线,确定小便器两耳孔在墙上的位置,并打洞预埋木砖。将小便斗的中心对准墙上中心线,用木螺钉配铝垫片穿过耳孔将小便器紧固在木砖上,使小便斗上沿口距地面600 mm。

(2)安装排水管。清理小便器预留排水管周围的杂物,卸开存水弯螺母,将存水弯下端插入预留的排水管口内,上端与小便斗排水口相连接,找正后用螺母加垫并拧紧,最后将存水弯与排水管间隙处用油灰填塞密封,然后用压盖压紧。

(3)安装冲洗管。冲洗管可以明装或暗装,方法与大便器冲洗管基本相同。将三角阀安装在预留的给水管上,使护口盘紧靠在墙壁的表面上,用截好的小铜管穿上铜碗和锁母,上端缠绕生料带与三角阀连接,下端和便器的进水口连接,锁母锁紧三角阀,最后用铜罩将油灰压入进水口的密封槽内进行密封。

2)操作要领及注意事项

(1)冲洗管与小便器进、出水管中心线应重合。小便器与墙面的缝隙需用白水泥嵌平、抹光。

(2)明装管道的阀门采用铜皮钱阀,暗装管道的阀门采用铜角式截止阀。

2.立式小便器的安装

立式小便器的安装如图3-32所示,安装方法与挂式小便器基本相同,只是立式小便器在安装前已经装好了排水管及存水弯。

1)操作方法

(1)安装小便器排水管。小便器与排水管的连接如图3-33所示。安装时,找出管口中心线,清理排水管口并抹油灰,将排水栓加垫后固定在出水口上,在其底部凹槽中嵌入水泥和白灰膏的混合灰,排水栓突出部分抹油灰,将小便器垂直就位,使排水栓和排水管口接合好并找平、找正后固定。

(2)安装冲洗水管。一端用锁母与角阀连接,另一端用扣碗插入喷水鸭嘴内,内缠石棉绳,锁紧后在扣碗下用油灰抹平。

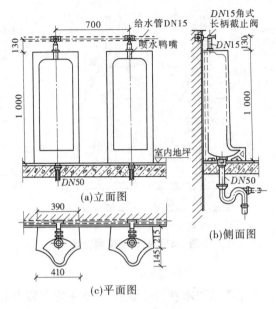

图 3-32　立式小便器的安装

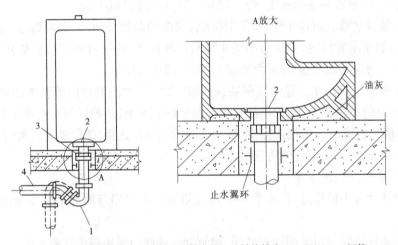

1—DN50 mm 存水弯;2—DN50 mm 排水栓;3—转换接头;4—DN50 mm 短管

图 3-33　立式小便器排水管的安装

2)操作要领及注意事项

(1)给水横管中心距光地坪 1 130 mm,最好为暗装。

(2)小便器与墙面或地面不贴合时,用白水泥嵌平并抹光。

3.小便槽的安装

小便槽主体结构由土建部分砌筑。按其冲洗形式有自动和手动两种。冲洗水箱和进水管的安装方法与前述基本相同。只是小便槽的多孔喷淋管需要制作后再行安装,多孔管孔径 2 mm,与墙成 45°角安装,可设置高位水箱或手动阀。为防止铁锈污染地面,除给水系统选用优质管材外,多孔管常采用塑料管。小便槽的安装如图 3-34 所示。

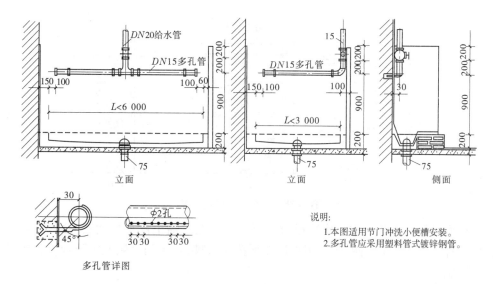

图 3-34 小便槽的安装

3.3.2.3 洗脸盆的安装

洗脸盆一般用于洗脸、洗手、洗头,常设置在盥洗室、浴室、卫生间,也用于公共洗手间或厕所内洗手,理发室内洗头,医院各治疗间洗器皿和医生洗手等。洗脸盆的高度及深度适宜,盥洗不用弯腰,较省力,脸盆前沿设有防溅沿,使用时不溅水,可用流动水盥洗,比较卫生,也可作为不流动水盥洗,有较大的灵活性。洗脸盆有长方形、椭圆形和三角形,安装方式有柱脚式、台式、墙架式,如图 3-35 所示。

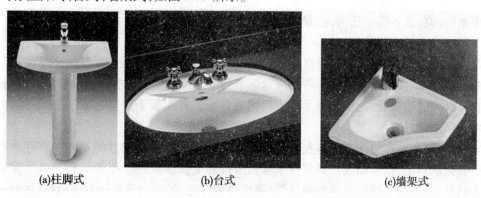

(a)柱脚式   (b)台式   (c)墙架式

图 3-35 洗脸盆

1. 墙架式洗脸盆的安装

墙架式洗脸盆的安装如图 3-36 所示。

1)洗脸盆零件安装

(1)安装脸盆下水口。先将下水口根母、眼圈、胶垫卸下,将上垫垫好油灰后插入脸盆排水口孔内,下水口中的溢水口要对准脸盆排水口中的溢水口眼。外面加上垫好油灰的胶垫,套上眼圈,带上根母,再用自制扳手卡住排水口十字筋,用平口扳手上根母至松紧适度。

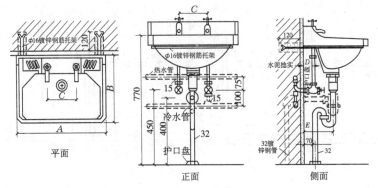

图 3-36　墙架式洗脸盆安装

（2）安装脸盆水嘴。先将水嘴根母、锁母卸下，在水嘴根部垫好油灰，插入脸盆给水孔眼，下面再套上胶垫眼圈，带上根母后左手按住水嘴，右手用自制八字死扳手将锁母紧至松紧适度。

2）洗脸盆稳装

（1）洗脸盆支架安装。应按照排水管口中心在墙上画出竖线，由地面向上量出规定的高度，画出水平线，根据盆宽在水平线上画出支架位置的十字线。按印记剔成 $\phi 30$ mm × 120 mm 孔洞。将脸盆支架找平栽牢。再将脸盆置于支架上找平、找正。将架钩钩在盆下固定孔内，拧紧盆架的固定螺栓，找平、找正。

（2）铸铁架洗脸盆安装。按上述方法找好十字线，按印记剔成 $\phi 15$ mm × 70 mm 的孔洞，栽好铅皮卷，采用 $2\frac{1}{2}''$ 螺丝将盆架固定于墙上。将活动架的固定螺栓松开，拉出活动架将架钩钩在盆下固定孔内，拧紧盆架的固定螺栓，找平、找正。

3）洗脸盆排水管连接

（1）S 形存水弯的连接。应在脸盆排水口丝扣下端涂铅油，缠少许麻丝。将存水弯上节拧在排水口上，松紧适度。再将存水弯下节的下端缠油盘根绳插在排水管口内，将胶垫放在存水弯的连接处，把锁母用手拧紧后调直找正。再用扳手拧至松紧适度。用油灰将下水管口塞严、抹平。

（2）P 形存水弯的连接。应在脸盆排水口丝扣下端涂铅油，缠少许麻丝。将存水弯立节拧在排水口上，松紧适度。再将存水弯横节按需要长度配好。把锁母和护口盘背靠背套在横节上，在端头缠好油盘根绳，试安高度是否合适，如不合适可用立节调整，然后把胶垫放在锁母内，将锁母拧至松紧适度。把护口盘内填满油灰后向墙面找平、按实。将外溢油灰除掉，擦净墙面。将下水口处外露麻丝清理干净。

4）洗脸盆给水管连接

首先量好尺寸，配好短管。装上八字水门。再将短管另一端丝扣处涂油、缠麻，拧在预留给水管口（如果是暗装管道，带护口盘，要先将护口盘套在短节上，管子上完后，将护口盘内填满油灰，向墙面找平、按实，清理外溢油灰）至松紧适度。将铜管（或塑料管）按尺寸断好，需煨灯又弯者把弯煨好。将八字水门与水嘴的锁母卸下，背靠背套在铜管（或塑料管）上，分别缠好油盘根绳或铅油麻线，上端插入水嘴根部，下端插入八字水门中口，分别拧好上、下锁母至松紧适度。找直、找正,并将外露麻丝清理干净。

2.立柱式洗脸盆安装

立柱式洗脸盆的安装如图 3-37 所示。

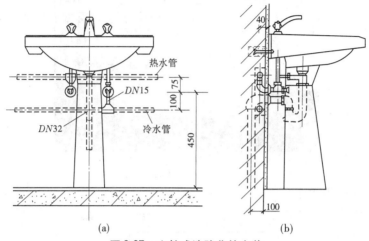

(a)　　　　　　　　　　　　(b)

图 3-37　立柱式洗脸盆的安装

1)立柱式洗脸盆配件安装

(1)混合水嘴的安装。将混合水嘴的根部加1 mm 厚的胶垫、油灰。插入脸盆上洞中间孔眼内,下端加胶垫和眼圈,扶正水嘴,拧紧根母至松紧适度,带好给水锁母。

(2)将冷、热水阀门上盖卸下,退下锁母,将阀门自下而上地插入脸盆冷、热水孔眼内。阀门锁母和胶圈套入四通横管,再将阀门上根母加油灰及 1 mm 厚的胶垫,将根母拧紧与丝扣平。盖好阀门盖,拧紧门盖螺丝。

(3)脸盆排水口加 1 mm 厚的胶垫、油灰。插入脸盆上沿中间孔眼内,下端加胶垫和眼圈,扶正水嘴,拧紧根母至松紧适度,带好给水锁母。

(4)脸盆排水口加 1 mm 厚胶垫、油灰,插入脸盆排水孔眼内,外面加胶垫和眼圈,丝扣处涂油、缠麻。用自制扳手卡住下水口十字筋,拧入下水三通口,使中口向后,溢水口要对准脸盆溢水眼。

(5)将手提拉杆和弹簧万向珠装入三通中心,将锁母拧至松紧适度。再将立杆穿过混合水嘴空腹管至四通下口,四通和立杆接口处缠油盘根绳,拧紧压紧螺母。

2)立柱式洗脸盆稳装

(1)按照排水管口中心画出竖线,将支柱立好,将脸盆转放在立柱上,使脸盆中心对准竖线,找平后画好脸盆固定孔眼位置。同时将支柱在地面位置做好印记。按墙上印记剔成φ10 mm × 80 mm 的孔洞,栽好固定螺栓。将地面支柱印记内放好白灰膏,稳好支柱及脸盆,将固定螺栓加胶皮垫、眼圈,带上螺母拧至松紧适度。再次将脸盆面找平,支柱找直。将支柱与脸盆接触处及支柱与地面接触处用白水泥勾缝抹光。

(2)立柱式洗脸盆给排水管连接方法参照洗脸盆给排水管道安装。

3.3.2.4　浴盆的安装

浴盆设在住宅、宾馆、医院等卫生间或公共浴室,供人们清洁身体,如图 3-38 所示。

浴盆配有冷、热水或混合龙头,并配有淋浴设备。浴盆的形式一般为长方形,亦有方形、斜边形。材质有陶瓷、搪瓷钢板、塑料、复合材料等。

图 3-38　浴盆

浴盆安装如图 3-39 所示。

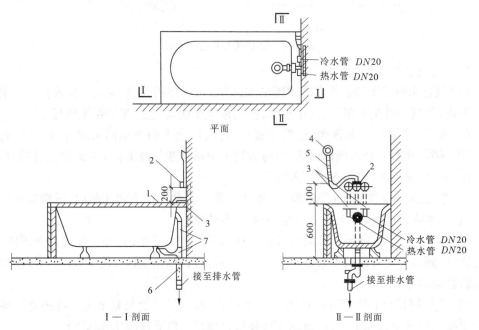

1—浴盆;2—混合阀门;3—给水管;4—莲蓬头;5—蛇皮管;6—存水弯;7—排水管

图 3-39　浴盆安装

1. 浴盆稳装

浴盆稳装前应将浴盆内表面擦拭干净,同时检查瓷面是否完好。带腿的浴盆先将腿部的螺丝卸下,将拨销母插入浴盆底卧槽内,把腿扣在浴盆上,带好螺母,拧紧找平。浴盆如砌砖腿,应配合土建施工把砖腿按标高砌好。将浴盆稳于砖台上,找平、找正。浴盆与砖腿缝隙外用1:3水泥砂浆填充抹平。

2. 浴盆排水安装

将浴盆排水三通套在排水横管上,缠好油盘根绳,插入三通中口,拧紧锁母。三通下口装好铜管,插入排水预留管口内(铜管下端板边)。将排水口圆盘下加胶垫、油灰,插入浴盆排水孔眼,外面再套胶垫、眼圈,丝扣处涂铅油、缠麻。用自制叉扳手卡住排水口十字筋,上入弯头内。

将溢水立管下端套上锁母,缠上油盘根绳,插入三通上口、对准浴盆溢水孔,带上锁母。溢水管弯头处加 1 mm 厚的胶垫、油灰,将浴盆堵螺栓穿过溢水孔花盘,上入弯头"一"字丝扣上,无松动即可。再将三通上口锁母拧至松紧适度。

浴盆排水三通出口和排水管接口处缠绕油盘根绳捻实,再用油灰封闭。

3. 混合水嘴安装

将冷、热水管口找平、找正。把混合水嘴转向对丝抹铅油,缠麻丝,带好护口盘,用自制扳手(俗称钥匙)插入转向对丝内,分别拧入冷、热水预留管口,校好尺寸,找平、找正。使护口盘紧贴墙面。然后将混合水嘴对正转向对丝,加垫后拧紧锁母,找平、找正。用扳手拧至松紧适度。

3.3.2.5 淋浴器的安装

淋浴器多用于工厂、学校、机关、部队等单位的公共浴室和体育场馆内,也可安装在卫生间的浴盆上,作为配合浴盆一起使用的洗浴设备。淋浴器占地面积小,清洁卫生,避免疾病传染,耗水量小,设备费用低。有成品淋浴器,也可现场制作安装。图3-40为现场制作安装的淋浴器。

在建筑标准较高的建筑内的淋浴间内,也可采用光电式淋浴器,利用光电打出光束,使用时人体挡住光束,淋浴器即出水,人体离开时即停水,如图3-41(a)所示。在医院或疗养院为防止疾病传染可采用脚踏式淋浴器,如图3-41(b)所示。

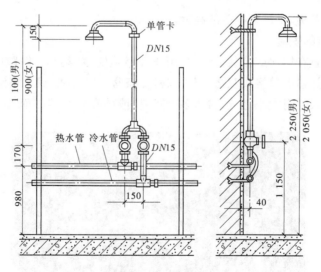

图3-40 淋浴器安装

暗装管道先将冷、热水预留管口加试管找平、找正。量好短管尺寸,断管、套丝、涂铅油、缠麻,将弯头上好。明装管道按规定标高煨好 Ω 弯(俗称元宝弯),上好管箍。

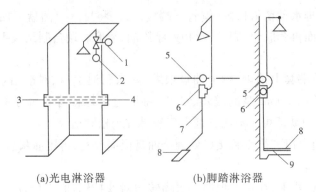

(a)光电淋浴器　　　　　　(b)脚踏淋浴器

1—电磁阀;2—恒温水管;3—光源;4—接收器;5—恒温水管;

6—脚踏水管;7—拉杆;8—脚踏板;9—排水沟

图 3-41　淋浴器

　　淋浴器锁母外丝丝头处抹油、缠麻。用自制扳手卡住内筋,上入弯头或管箍内。再将淋浴器对准锁母外丝,将锁母拧紧。将固定圆盘上的孔眼找平、找正。画出标记,卸下淋浴器,将印记剔成 ϕ10 mm×40 mm 的孔眼,栽好铅皮卷。再将锁母外丝口加垫抹油,将淋浴器对准锁母外丝口,用扳手拧至松紧适度。再将锁母外丝口加垫抹油,将淋浴器对准锁母外丝口,用扳手拧至松紧适度。再将固定圆盘与墙面靠严,孔眼平正,用木螺丝固定在墙上。

　　将淋浴器上部铜管预装在三通口上,使立管垂直,固定圆盘与墙面贴实,孔眼平正,画出孔眼标记,栽入铅皮卷,锁母外加垫抹油,将锁母拧至松紧适度。上固定圆盘采用木螺丝固定在墙面上。

　　安装时应注意男、女浴室喷头的高度。

3.3.2.6　洗涤盆的安装

　　洗涤盆常设置在厨房或公共食堂内,用作洗涤碗碟、蔬菜等。医院的诊室、治疗室等处也需设置。洗涤盆有单格或双格之分,双格洗涤盆一格洗涤,另一格泄水,如图 3-42 所示。洗涤盆规格尺寸有大小之分,材质多为陶瓷,或砖砌后瓷砖贴面,不锈钢制品质量较高。

图 3-42　双格洗涤盆

洗涤盆的安装如图3-43、图3-44所示。

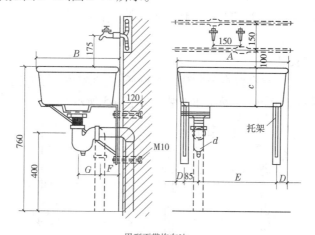

甲型不带拖布池

图3-43　单格洗涤盆安装

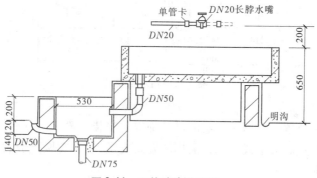

图3-44　双格洗涤盆安装

1.安装盆架

　　栽架前应将盆架与洗涤盆试一下是否相符。在冷、热水预留管口之间画一条平分垂线(只有冷水时,洗涤盆中心应对准给水管口)。由地面向上量出规定的高度,画出水平线,按照洗涤盆架的宽度由中心线左右画好十字线,剔成φ50 mm×120 mm的孔眼,用水冲净孔眼内杂物,将盆架找平、找正。用水泥栽牢。将家具盆放于架上纵横找平、找正。洗涤盆靠墙一侧缝隙处嵌入白水泥浆勾缝抹光。

2.排水管的连接

　　先将排水口根母松开卸下,放在家具盆排水孔眼内,测量出距排水预留管口的尺寸。将短管一端套好丝扣,涂油、缠麻。将存水弯拧至外露丝2~3扣,按量好的尺寸将短管断好,插入排水管口的一端应做扳边处理。将排水口圆盘下加工工业1 mm厚的胶垫、抹油灰,插入洗涤盆排水孔眼,外面再套上胶垫、眼圈,带上根母。在排水口的丝扣处抹油、缠麻,用自制扳手卡住排水口内十字筋,使排水口溢水孔眼对准洗涤盆溢水孔眼,用自制扳手拧紧根母至松紧适度。吊直找正。接口处捻灰,环缝要均匀。

3.水嘴安装

　　将水嘴丝扣处涂油缠麻,装在给水管口内,找平,找正,拧紧。除净外露麻丝。

4. 堵链安装

在瓷盆上方 50 mm 并对准排水口中心处剔成 ϕ10 mm × 50 mm 孔眼,用水泥浆将螺栓注牢。

3.3.2.7　污水盆的安装

污水盆又称污水池,常设置在公共建筑的厕所、盥洗室内,供洗涤拖把、打扫卫生或倾倒污水等。多为砖砌、贴瓷砖现场制作安装,如图 3-45 所示。

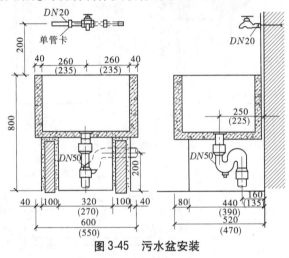

图 3-45　污水盆安装

1. 操作方法

(1)确定安装位置。根据污水盆的尺寸确定其安装位置。

(2)安装污水盆。架空式污水盆需用砖砌筑支墩,后在支墩上放置污水盆,盆上沿口的安装高度为 800 mm。

(3)安装给水和排水管道。给水和排水管道及水嘴的安装方法同 3.3.2.6。

2. 操作要点及注意事项

(1)落地式污水盆直接置于地坪上,盆高 500 mm。

(2)落地式污水盆水嘴的安装高度为距光地面 800 mm,架空式污水盆水嘴的安装高度为距光地面 1 000 mm。

3.3.2.8　盥洗台

盥洗台有单面和双面之分,常设置在同时有多人使用的地方,如集体宿舍、教学楼、车站、码头、工厂生活间内。通常采用砖砌抹面、水磨石或瓷砖贴面现场建造而成,图 3-46、图 3-47 为单面盥洗台。盥洗台安装方法同 3.3.2.7。

3.3.2.9　净身盆的安装

1. 净身盆配件安装

净身盆安装见图 3-48。

(1)将混合阀门及冷、热水阀门的门盖卸下,下根母调整适当,以 3 个阀门装好后上根母与阀门颈丝扣基本相平为宜。将预装好的喷嘴转心阀门装在混合开关的四通下口。

将冷、热水阀门的出口锁母套在混合阀门四通横管处,加胶圈或缠油盘根装在一起,拧紧锁母。将 3 个阀门门颈处加胶垫,同时由净身盆自下而上穿过孔眼。3 个阀门上加

图 3-46 单面盥洗台

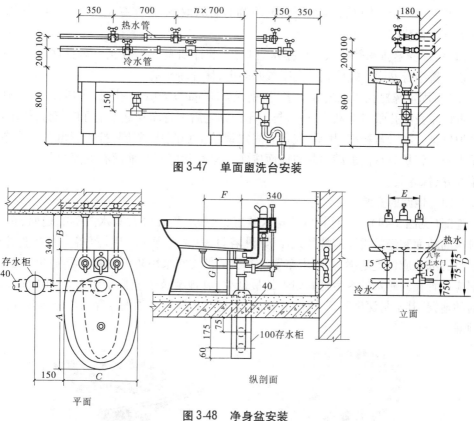

图 3-47 单面盥洗台安装

图 3-48 净身盆安装

胶垫、眼圈带好根母。混合阀门上加角型胶垫及少许油灰,扣上长方形镀铬护口盘,带好根母。然后将空心螺栓穿过护口盘及净身盆。盆下加胶垫、眼圈和根母,拧紧根母至松紧适度。

将混合阀门上根母拧紧,其根母与转心阀门颈丝扣平为宜。将阀门盖放入阀门门挺旋转,能使转心阀门盖转动30°即可。再将冷、热水阀门的上根母对称拧紧。分别装好3个阀门盖,拧紧冷、热水阀门盖上的固定螺丝。

(2)喷嘴安装。将喷嘴靠瓷面处加1 mm厚的胶垫,抹少许油灰,将定型铜管一端与喷嘴连接,另一端与混合阀门四通下转心阀门连接。拧紧锁母,转心阀门门挺须朝向与四通平行一侧,以免影响手提拉杆的安装。

(3)排水口安装。将排水口加胶垫,穿入净身盆排水孔眼。拧入排水三通上口。同时检查排水口与净身盆排水孔眼的凹面是否紧密,如有松动及不严密现象,可将排水口锯掉一部分,尺寸合适后,将排水口圆盘下加抹油灰,外面加胶垫、眼圈,用自制叉扳手卡入排水口内十字筋,使溢水口对准净身盆溢水孔眼,拧入排水三通上口。

(4)手提拉杆安装。将挑杆弹簧珠装入排水三通中口,拧紧锁母至松紧适度。然后将手提拉杆插入空心螺栓,用卡具与横挑杆连接,调整定位,使手提拉杆活动自如。

(5)净身盆配件装完以后,应接通临时水试验,无渗漏后方可进行稳装。

2.净身盆稳装

(1)将排水预留管口周围清理干净,将临时管堵取下,检查有无杂物。将净身盆排水三通下口铜管装好。

(2)将净身盆排水管插入预留排水管口内,将净身盆稳平找正。净身盆尾部距墙尺寸一致。将净身盆固定螺栓孔及底座画好印记,移开净身盆。

(3)将固定螺栓孔印记画好十字线,剔成$\phi 20 \text{ mm} \times 60 \text{ mm}$孔眼,将螺栓插入洞内栽好。再将净身盆孔眼对准螺栓放好,与原印记吻合后再将净身盆下垫好白灰膏,排水铜管套上护口盘。净身盆稳牢、找平、找正。固定螺栓上加胶垫、眼圈,拧紧螺母。清除余灰,擦拭干净。将护口盘内加满油灰与地面按实。净身盆底座与地面有缝隙之处,嵌入白水泥浆补齐、抹光。

3.3.2.10　地漏的安装

地漏(见图3-49)是一种特殊的排水装置,一般设置在经常有水溅落的地面、有水需要排除的地面和经常需要清洗的地面,如淋浴间、盥洗室、厕所、卫生间等。布置洗浴器和洗衣机的部位应设置地漏,并要求布置洗衣机的部位宜采用防止溢流和干涸的专用地漏。地漏应设置在易溅水的卫生器具附近的最低处,其地漏箅子应低于地面5～10 mm,带有水封的地漏,其水封深度不得小于50 mm。直通式地漏下必须设置存水弯,严禁采用钟罩式地漏。

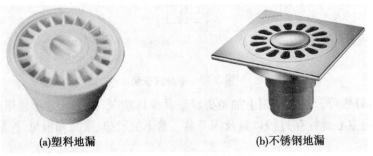

(a)塑料地漏　　　　　　　　　　　(b)不锈钢地漏

图3-49　地漏

多通道地漏有一通道、二通道、三通道等多种形式,而且通道位置可不同,使用方便。因多通道可连接多根排水管,所以主要用于卫生间内设有洗脸盆、洗手盆、浴盆和洗衣机时。这种地漏为防止不同卫生器具排水可能造成的地漏反冒,故设有塑料球可封住通向地面的通道。地漏安装见图3-50。

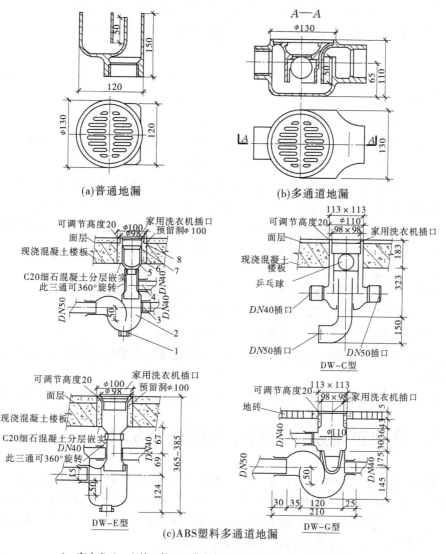

(a)普通地漏　　　　　　　　　(b)多通道地漏

(c)ABS塑料多通道地漏

1—存水盘;2—上接口件;3—带防水翼环的预埋件;4—高度调节件;
5—清扫口堵头;6—洗衣机插口盖板;7—滤网斗;8—下接口件

图 3-50　地漏安装

3.3.3　卫生器具安装注意事项

3.3.3.1　成品保护

（1）洁具在搬运和安装时要防止磕碰。稳装后洁具排水口应用防护用品堵存,镀铬零件用纸包好,以免堵塞或损坏。

（2）在釉面砖、水磨石墙面剔孔洞时,宜用手电钻或先用小錾子轻剔掉釉面,待剔至砖底灰层处方可用力,但不得过猛,以免将面层剔碎或震成空鼓现象。

（3）洁具稳装后,为防止配件丢失或损坏,如拉链、堵链等材料,配件应在竣工前统一安装。

（4）安装完的洁具应加以保护，防止洁具瓷面受损和整个洁具损坏。

（5）通水试验前应检查地漏是否畅通，分户阀门是否关好，然后按层段分房间逐一进行通水试验，以免漏水使装修工程受损。

（6）在冬季室内不通暖时，各种洁具必须将水放净。存水弯应无积水，以免将洁具和存水弯冻裂。

3.3.3.2　应注意的质量问题

（1）蹲便器不平，左右倾斜。原因：稳装时，正面和两侧垫砖不牢，焦渣填充后，没有检查，抹灰后不好修理，造成高水箱与便器不对中。

（2）高、低水箱拉、扳把不灵活。原因：高、低水箱内部配件安装时，3个主要部件在水箱内位置不合理。高水箱进水、拉把应放在水箱同侧，以免使用时互相干扰。

（3）零件镀铬表层被破坏。原因：安装时使用管钳。应采用平面扳手或自制扳手。

（4）坐便器与背水箱中心没对正，弯管歪扭。原因：画线不对中，便器稳装不正或先稳背箱，后稳便器。

（5）坐便器周围离开地面。原因：下水管口预留过高，稳装前没修理。

（6）立式小便器距墙缝隙太大。原因：甩口尺寸不准确。

（7）洁具溢水失灵。原因：下水口无溢水眼。

（8）通水之前，将器具内污物清理干净，不得借通水之便将污物冲入下水管内，以免管道堵塞。

（9）严禁使用未经过滤的白灰粉代替白灰膏稳装卫生设备，避免造成卫生设备胀裂。

3.4　建筑排水工程质量检验评定标准

建筑排水工程质量的检验评定，要严格遵守《建筑给水排水及采暖工程施工质量验收规范》（GB 50242—2002）的有关规定。在进行排水工程质量检验评定工作中，要坚持认真负责、实事求是的精神，根据工程内容，严格按标准进行检验评定，不得随意降低标准或减少检验评定内容，使评定结果有据可查，准确可靠。

3.4.1　总则

具体内容详见"1.6.1　总则"。

3.4.2　建筑排水管道安装工程质量评定

适用于建筑排水、雨水用铸铁管、碳素钢管、石棉水泥管、预应力钢筋混凝土管、钢筋混凝土管、混凝土管、陶土管、缸瓦管和硬聚氯乙烯塑料管的安装。

该分项工程参加质量检验评定的保证项目有5条，基本项目有6条，允许偏差项目有4条。其具体的质量检验评定表见表3-12。

表 3-12　建筑排水管道安装分项工程质量检验评定表

工程名称：　　　　　　　　　　　　　　　　　　　　　　　　　部位：

		项　目	质量情况
保证项目	1	灌水试验：隐蔽的排水和雨水管道的灌水试验结果，必须符合设计要求和施工规范规定	
	2	管道坡度：必须符合设计要求或施工规范规定	
	3	管道铺设：管道及管道支座(墩)，严禁铺设在冻土和未经处理的松土上	
	4	排水塑料管，必须按设计要求装设伸缩节，如设计无要求，伸缩节按间距不大于 4 m 设置	
	5	通水试验：排水系统竣工后的通水试验结果，必须符合设计要求和施工规范规定	

		项　目	质量情况										等级
			1	2	3	4	5	6	7	8	9	10	
基本项目	1	金属和非金属管道的承插和套箍接口											
	2	镀锌碳素钢管和非镀锌碳素钢管的螺纹连接											
	3	碳素钢管和非碳素钢管法兰连接											
	4	非镀锌碳素钢管焊接											
	5	管道支架及管座(墩)											
	6	管道、箱类和金属支架涂漆											

		项目		允许偏差(mm)	实测值(mm)									
					1	2	3	4	5	6	7	8	9	10
允许偏差项目	1	坐标		15										
	2	标高		±15										
	3	水平管道纵横方向弯曲	铸铁管 每1 m	1										
			铸铁管 全长(25 m以上)	不大于25										
			碳素钢管 每1 m 管径≤100 mm	0.5										
			碳素钢管 每1 m 管径>100 mm	1										
			碳素钢管 全长(25 m以上) 管径≤100 mm	不大于13										
			碳素钢管 全长(25 m以上) 管径>100 mm	不大于25										
			塑料管 每1 m	1.5										
			塑料管 全长(25 m以上)	不大于38										
			石棉水泥管、预应力钢筋混凝土管、钢筋混凝土管、陶土管、缸瓦管、混凝土管 每1 m	3										
			石棉水泥管、预应力钢筋混凝土管、钢筋混凝土管、陶土管、缸瓦管、混凝土管 全长(25 m以上)	不大于75										
	4	立管垂直度	铸铁管 每1 m	3										
			铸铁管 全长(5 m以上)	不大于15										
			碳素钢管 每1 m	2										
			碳素钢管 全长(5 m以上)	不大于10										
			塑料管 每1 m	3										
			塑料管 全长(5 m以上)	不大于15										
			石棉水泥管、缸瓦管、陶土管 每1 m	4										
			石棉水泥管、缸瓦管、陶土管 全长(10 m以上)	不大于40										

续表 3-12

检查结果	保证项目	
	基本项目	检查　项,其中优良　项,优良率　%
	允许偏差项目	检查　项,其中合格　项,合格率　%
评定等级		工程负责人: 工　　长: 班　组　长:

| | 核定意见 | 质量检查员:
　　　　年　月　日 |

1. 保证项目

1)灌水试验

(1)质量标准:隐蔽的排水和雨水管道的灌水试验结果,必须符合设计要求和施工规范规定。

(2)检验方法:检查区(段)灌水试验记录。

(3)检查数量:全数检查。

2)管道坡度

(1)质量标准:排水和雨水管道必须有一定的坡度,坡度必须符合设计要求或施工规范规定。

(2)检验方法:检查隐蔽工程记录或用水准仪(水平尺)、拉线和尺量检查。

(3)检查数量:按系统内直线管段长度每30 m抽查2段,不足30 m不少于1段。

3)管道铺设

(1)质量标准:管道及管道支座(墩),严禁铺设在冻土和未经处理的松土上。

(2)检验方法:观察检查或检查隐蔽工程记录。

(3)检查数量:全数检查。

4)排水塑料管

(1)质量标准:必须按设计要求装设伸缩节。如设计无要求,伸缩节按间距不大于4 m设置。

(2)检验方法:观察和尺量检查。

(3)检查数量:不少于5个伸缩节区间。

5)通水试验

(1)质量标准:排水系统竣工后的通水试验结果,必须符合设计要求和施工规范规定。

(2)检验方法:通水检查或检查通水试验记录。

(3)检查数量:全数检查。

2. 基本项目

1)承插和套箍接口(金属和非金属管道)

(1)质量标准。合格:接口结构和所用的填料符合设计要求和施工规范规定;捻口密实、饱满,填料凹入承口边缘不大于5 mm,且无抹口。

优良:在合格的基础上,环缝间隙均匀,灰口平整、光滑,养护良好。

(2)检验方法:尺量和用锤轻击检查。

(3)检查数量:不少于10个接口。

2)镀锌碳素钢管或非镀锌碳素钢管的螺纹连接

(1)质量标准。合格:管螺纹加工精度符合国标《管螺纹》规定;螺纹清洁、规整,断丝或缺丝不大于螺纹全扣数的10%;连接牢固;管螺纹根部有外露螺纹;镀锌碳素钢管无焊接口。

优良:在合格的基础上,螺纹无断丝,镀锌碳素钢管和管件的镀锌层无破损,螺纹露出部分防腐蚀良好,接口处无外露填料等缺陷。

(2)检验方法:观察或解体检查。

(3)检查数量:不少于10个接口。

3)碳素钢管法兰连接或非碳素钢管法兰连接

(1)质量标准。合格:对接平行、紧密,与管子中心线垂直;螺杆露出螺母;衬垫材料符合设计要求和施工规范规定,且无双层。

优良:在合格的基础上,螺母在同侧,螺杆露出螺母,长度一致,且不大于螺杆直径的1/2。

(2)检验方法:观察检查。

(3)检查数量:不少于5副。

4)非镀锌碳素钢管焊接

(1)质量标准。合格:焊口平直度、焊缝加强面符合施工规范规定,焊口表面无烧穿、裂纹和明显的结瘤、夹渣及气孔等缺陷。

优良:在合格的基础上,焊波均匀一致,焊缝表面无结瘤、夹渣和气孔。

(2)检验方法:观察或用焊接检测尺检查。

(3)检查数量:不少于10个焊口。

5)管道支架及管座(墩)

(1)质量标准。合格:结构正确,埋设平正牢固。

优良:在合格的基础上,排列整齐,支架与管子接触紧密。

(2)检验方法:观察或用手扳检查。

(3)检查数量:各抽查5%,但均不少于5件(个)。

6)管道、箱类、金属支架涂漆

(1)质量标准。合格:油漆种类和涂刷遍数符合设计要求,附着良好,无脱皮、起泡和漏涂。

优良:在合格的基础上,漆膜厚度均匀,色泽一致,无流淌及污染现象。

(2)检验方法:观察检查。

(3)检查数量:各抽查不少于5处。

3.允许偏差项目

1)允许偏差和检验方法

建筑排水管道安装的允许偏差和检验方法应符合表3-13的规定。

表 3-13 建筑排水管道安装的允许偏差和检验方法

项次	项目			允许偏差（mm）	检验方法
1	坐标			15	
2	标高			±15	
3	水平管道纵、横方向弯曲	铸铁管	每 1 m	1	用水准仪（水平尺）、直尺、拉线和尺量检查
			全长（25 m 以上）	不大于 25	
		碳素钢管	每 1 m 管径≤100 mm	0.5	
			每 1 m 管径＞100 mm	1	
			全长（25 m 以上）管径≤100 mm	不大于 13	
			全长（25 m 以上）管径＞100 mm	不大于 25	
		塑料管	每 1 m	3	
			全长（25 m 以上）	不大于 38	
		石棉水泥管、预应力钢筋混凝土管、钢筋混凝土管、混凝土管、陶土管、缸瓦管	每 1 m	3	
			全长（25 m 以上）	不大于 75	
4	立管垂直度	铸铁管	每 1 m	3	吊线和尺量检查
			全长（5 m 以上）	不大于 15	
		碳素钢管	每 1 m	2	
			全长（5 m 以上）	不大于 10	
		塑料管	每 1 m	3	
			全长（5 m 以上）	不大于 15	
		石棉水泥管、陶土管、缸瓦管	每 1 m	4	
			全长（10 m 以上）	不大于 40	

2）检查数量

（1）立管的坐标：检查管轴线距墙内表面中心距，抽查 10%，但不少于 5 段。

（2）横管的坐标和标高：检查管道的起点、终点、分支点和变向点间的直管段，抽查 10%，但不少于 5 段。

（3）水平管道纵、横方向弯曲：按系统内直线管段长度每 30 m 抽查 2 段，不足 30 m 不少于 1 段。

（4）立管垂直度：一根立管为一段，两层及其以上按楼层分段，抽查 5%，但不少于 10 段。

该分项工程质量检验评定程序及填写要求，可参照"1.6.2 建筑给水管道安装工程质量评定"。

3.4.3 卫生器具安装工程质量检验评定标准

适用于污水盆、洗涤盆、洗脸(手)盆、盥洗槽、浴盆、淋浴器、大便器、小便器、大便冲洗槽、妇女卫生盆、化验盆、排水栓、地漏、扫除口、加热器、煮沸消毒器和饮水器等卫生器具安装。

该分项工程规定参加质量检验评定的保证项目有2条,基本项目有2条,允许偏差项目有4条。其具体的质量检验评定表见表3-14。

表3-14 卫生器具安装分项工程质量检验评定表

工程名称: 　　　　　　　　　　　　　　　　　　　　　　　　部位:

保证项目		项　目	质量情况									
	1	卫生器具排水口连接:卫生器具排水的排出口与排水管承口的连接处必须严密不漏										
	2	器具排水管径和坡度:卫生器具的排水管径和最小坡度,必须符合设计要求和施工规范规定										

基本项目		项目	质量情况										等级
			1	2	3	4	5	6	7	8	9	10	
	1	排水栓、地漏											
	2	卫生器具											

允许偏差项目		项目		允许偏差(mm)	实测值(mm)									
					1	2	3	4	5	6	7	8	9	10
	1	坐标	单独器具	10										
			成排器具	5										
	2	标高	单独器具	±15										
			成排器具	±10										
	3	器具水平度		2										
	4	器具垂直度		3										

检查结果	保证项目		
	基本项目	检查　项,其中优良　项,优良率　%	
	允许偏差项目	实测　点,其中合格　点,合格率　%	

评定等级	工程负责人:	核定意见	质量检查员:
	工　　长:		
	班 组 长:		

年　月　日

3.4.3.1 保证项目

1.卫生器具排水口连接

(1)质量标准:卫生器具排水的排出口与排水管承口的连接处必须严密不漏。

(2)检验方法:通水检查。

(3)检查数量:各抽查10%,但不少于5个接口。

2.卫生器具排水管径和坡度

(1)质量标准:卫生器具的排水管径和最小坡度,必须符合设计要求和施工规范规定。

(2)检验方法:观察或尺量检查。

(3)检查数量:各抽查10%,但不少于5处。

3.4.3.2 基本项目

1.排水栓、地漏

(1)质量标准。合格:平整、牢固、低于排水表面,无渗漏。

优良:在合格的基础上,排水栓低于盆、槽底表面2 mm,低于地表面5 mm;地漏低于安装处排水表面5 mm。

(2)检验方法:观察和尺量检查。

(3)检查数量:各抽查10%,但均不少于5个。

2.卫生器具

(1)质量标准。合格:木砖和支架、托架防腐良好,埋设平整牢固,器具放置平稳。

优良:在合格的基础上,器具洁净,支架与器具接触紧密。

(2)检验方法:观察和手扳检查。

(3)检查数量:各抽查10%,但均不少于5组。

3.4.3.3 允许偏差项目

1.允许偏差和检验方法

卫生器具安装的允许偏差和检验方法应符合表3-15的规定。

表3-15 卫生洁具安装的允许偏差和检验方法

项 目		允许偏差(mm)	检验方法
坐标	单独器具	10	拉线、吊线和尺量检查
	成排器具	5	
标高	单独器具	±15	
	成排器具	±20	
器具水平度		2	水平尺和尺量检查
器具垂直度		3	吊线和尺量检查

2.检查数量

各抽查10%,但不少于5组。

该分项工程质量检验评定程序及填写要求,可参照"1.6.2 建筑给水管道安装工程质量评定"。

3.5 卫生器具安装实例

工程概况:某综合楼排水系统采用合流制,每层均设卫生间,卫生间设置洗脸盆、蹲式大便器、洗涤盆、小便器等卫生器具。现进行卫生间内卫生器具的施工安装,经熟悉图纸,编制施工方案,做好准备工作。

3.5.1 卫生间给水排水管道安装

(1)做好楼板预留洞。

(2)排水管道安装前对土建协商做出放线要求,找好卫生器具的甩口尺寸以及甩口高度,由干管、立管到支管依次安装,并在土建封堵楼板洞前再次核定坐标是否准确。

(3)所有管道均采用暗装方式敷设,立管设于管井内,支干管在吊顶内敷设。给水支管埋墙敷设,在卫生间墙体砌完后,按照各种洁具给水的安装尺寸在墙上开槽,管道沿槽安装,并按照墙体装饰面的厚度预留好尺寸,将管口用丝堵封好。

3.5.2 卫生器具的安装

3.5.2.1 安装的工艺流程

安装准备→卫生器具及配件检验→卫生器具的安装→卫生器具配件预装→卫生器具稳装→卫生器具与墙体地坪处理→卫生器具外观检查→通水试验。

3.5.2.2 施工要点

(1)所有与卫生器具连接的管道水压试验、闭水试验已完毕,并已办好隐预检手续后进行卫生器具的安装。卫生器具在稳装前应进行检查、清洗。配件与卫生器具应配套,部分卫生器具应进行预制后再安装。

(2)卫生器具的排水出口与排水管道的承口的连接必须严密不漏。

(3)安装中应满足如下要求:位置正确,安装稳定,外观端正,严密性、可拆性能好,安装后防堵塞。

(4)卫生器具的安装必须在允许偏差之内,卫生器具安装允许偏差见表3-16。

表3-16 卫生器具安装允许偏差

项目	允许偏差(mm)
坐标	单排10;成排5
标高	单排±15;成排±10
器具水平度	2
器具垂直度	3

3.5.2.3　洗涤盆安装

（1）洗涤盆产品应平整、无损裂。排水栓应有不小于 8 mm 直径的溢流孔。

（2）排水栓与洗涤盆连接时，排水栓溢流孔应尽量对准洗涤盆溢流孔，以保证溢流部位畅通，镶接后排水栓上端面应低于洗涤盆底。

（3）托架固定螺栓可采用不小于 6 mm 的镀锌开脚螺栓或镀锌金属膨胀螺栓（如墙体是多孔砖，则严禁使用膨胀螺栓）。

（4）洗涤盆与排水管连接后应牢固、密实，且便于拆卸，连接处不得敞口。洗涤盆与墙面接触部应用硅膏嵌缝。

（5）如洗涤盆排水存水弯和水龙头是镀铬产品，在安装时不得损坏镀层。

3.5.2.4　大便器安装

（1）大便器安装前，应根据房屋设计，画出安装十字线。设计上无规定时，蹲式大便器下水口中心距后墙面最小为：陶瓷水封 660 mm，铸铁水封 620 mm，左右居中。

（2）蹲式大便器安装四周在打混凝土地面前，应抹一圈厚度为 3.5 mm 的麻刀灰，两侧砖挤牢固。

（3）蹲式大便器水封上下口与大便器或管道连接处均应填塞油麻两圈，外部用油腻子或纸盘白灰填实密封。

（4）安装完毕，应做好保护。

3.5.2.5　小便器安装

（1）安装前先检查给水排水预留管口是否在一条垂线上，间距是否一致，符合要求后按照管口找出中心线，将下水管周围清理干净，取下临时管堵，抹好油灰，在立式小便器下铺垫水泥、白灰膏的混合灰（比例1∶5）。将立式小便器稳装，找平、找正；立式小便器与墙面、地面缝隙嵌入白水泥浆抹平、抹光。

（2）小便器上水管一般要求暗装，用角钢与小便器连接。

（3）角阀出水口中心应对准小便进出口中心。

（4）配管前应在墙上画出小便器安装中心线，根据设计高度确定位置，画出十字线，按小便器中心线打眼、打如木针或塑料膨胀螺栓。

（5）用木螺钉加尼龙垫圈轻轻将小便器拧靠在木砖上，不得偏斜、离斜。

（6）小便器排水接口为承插口时，应用油腻子封闭。

3.5.2.6　洗脸盆安装

（1）安装脸盆下水。先将下水口根母、眼圈、胶垫卸下，将上垫垫好油灰后插入脸盆排水口孔内，下水口内的溢水口要对准脸盆排水口中的溢水口眼，外面加上垫好油灰的垫圈，套上眼圈，带上根母。再用自制扳手卡住排水口十字筋，用平口扳手上根母至松紧适度。

（2）安装脸盆水嘴。先将水嘴根母、锁母卸下，在水嘴根部垫好油灰，插入脸盆给水孔眼，下面再套入胶垫眼圈，带上根母后左手按住水嘴，右手用自制的八字死扳手将锁母紧至松紧适度。

（3）进行脸盆安装。先进行支架安装，按照排水管口中心在墙上画出竖线，由地面向上量出规定的高度，画出水平线，根据盆宽在水平线上画出支架的位置，然后将脸盆支架用带有钢垫圈的木螺钉固定在预埋的木砖上以栽牢墙面上,再把脸盆置于支架上找平、找正,将架钩钩在盆下固定孔内,拧紧盆架的固定螺栓,找平、找正。

（4）安装洗脸盆的排水管。在脸盆排水丝口下端涂铅油,缠少许麻丝,将存水弯上接拧在排水口上(P 形直接把存水弯立节拧在排水口上),松紧适度,再将存水弯下节的下端缠油麻后插在排水管口内,将胶垫放在存水弯的连接处,把锁母用手拧紧后调直找正,再用扳手拧紧至松紧适度,用油灰将下水管口塞严、抹平。洗脸盆与排水栓连接处应用浸油石棉橡胶板密封。

（5）安装洗脸盆的给水管。首先量好尺寸,配好短管,装上角阀,再将短管另一端丝扣处涂油、缠麻,拧在预留给水管口(如果是暗装管道带护口盘,应先将护口盘套在短节上,管子上完后将护口盘内填满油灰,向墙面找平、按实,清理外溢油灰)至松紧适度。将铜管(或塑料管)按尺寸断好,将角阀与水嘴的锁母卸下,背靠背套在铜管(或塑料管)上,分别缠好油盘根绳或铅油麻线,上端插入水嘴根部,下端插入角阀中口,分别拧上、下锁母至松紧适度,找直、找正,并将外露麻丝清理干净。

3.5.3　卫生器具安装注意事项

（1）卫生器具应采用膨胀螺栓安装固定。

（2）卫生器具及其给水配件的安装高度,应符合设计或规范要求。

（3）卫生器具的支、托架必须防腐良好,安装平整、牢固,与器具接触紧密、平稳。

（4）连接卫生器具的排水管道接口应紧密不漏,其固定支架、管卡等支撑位置应正确、牢固,与管道的接触应平整。

（5）卫生器具交工前应做满水和通水试验。

学习项目 4　供暖通风与空调系统

【学习重点】

　　培养学生了解建筑供暖与通风空调设备,看懂建筑供暖与通风空调设备施工图。本学习项目介绍了建筑供暖与通风空调的流程、建筑供暖与通风空调系统中的供暖设备、管材管件和阀门、管道的连接和安装、建筑供暖与通风空调设备图表示方法和内容,重点通过实例的识读,培养学生看懂建筑供暖设备与通风空调图的方法和规律,并结合工程实践予以综合应用。

4.1　建筑供暖设备

4.1.1　建筑供暖设备简介

4.1.1.1　建筑供暖设备的基本组成

　　建筑供暖设备由热源、供热管道和散热器组成。热源有蒸汽锅炉产生的蒸汽和热水锅炉产生的热水。把蒸汽或热水通过供热管道输送至室内的散热器加热室内空气,使空气温度升高,达到所需的室温。蒸汽换热后变成凝结水,热水换热后变成温度较低的热水再回至锅炉房加热重新变成蒸汽或高温水,再次送入供热管道和散热器,如此往复循环,如图4-1 所示。

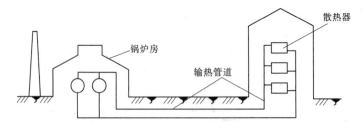

图 4-1　建筑供暖设备的组成

4.1.1.2　建筑供暖设备的分类与流程

　　按加热室内空气所采用的热媒分类如下。

　　1. 蒸汽供暖设备

　　蒸汽供暖设备由蒸汽锅炉、蒸汽管道、散热器、凝结水管道、凝结水池、凝结水泵等组成,如图4-2 所示。其流程是:蒸汽锅炉产生的蒸汽→室外蒸汽干管→室内蒸汽干管→蒸汽立管→散热器水平支管→散热器→凝结水支管→凝结水立管→凝结水干管→凝结水池→凝结水泵→蒸汽锅炉。看低压蒸汽供暖设备图,应沿上述流程方向细看。

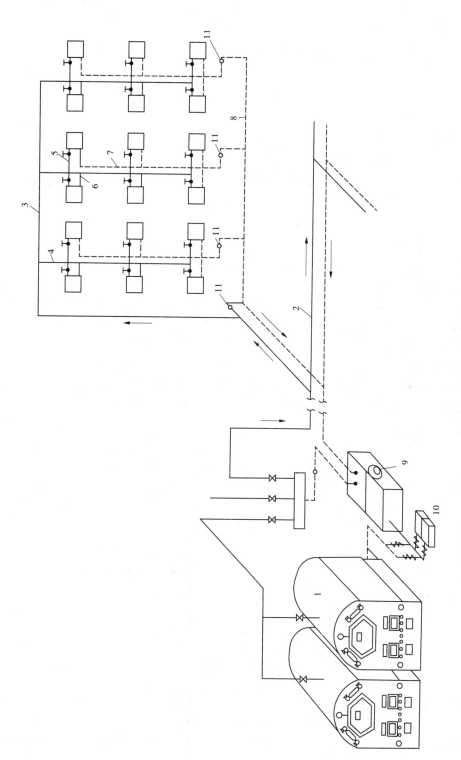

1—蒸汽锅炉;2—室外蒸汽干管;3—室内蒸汽干管;4—蒸汽立管;5—散热器水平支管;
6—凝结水支管;7—凝结水立管;8—凝结水干管;9—凝结水池;10—凝结水泵;11—疏水阀

图 4-2　低压蒸汽供暖设备图

对于高压蒸汽的汽源,为保护管道、散热器及阀门的运行安全,应采用减压阀降压成低压蒸汽,然后把低压蒸汽输送到供暖管道系统,如图4-3所示。

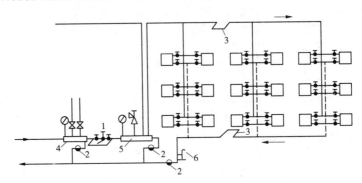

1—减压阀;2—疏水阀;3—补偿器;4—生产用分汽缸;5—供暖用分汽缸;6—放气管

图4-3　高压蒸汽供暖设备图

其流程是:高压蒸汽源→高压蒸汽生产用分汽缸→减压阀装置→供暖用分汽缸→蒸汽干管→蒸汽立管→散热器水平支管→散热器→凝结水支管→凝结水立管→凝结水干管→凝结水池→……看高压蒸汽供暖设备图,也沿上述流程方向细看。

2. 热水供暖设备

采用热水作热媒的供暖设备由热水锅炉供热水管道、散热器、膨胀水箱、集气罐、除污器、循环水泵和回水管道组成,如图4-4所示。

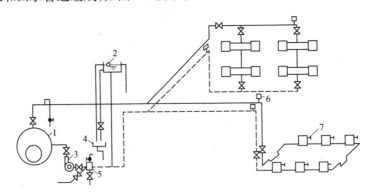

1—热水锅炉;2—膨胀水箱;3—循环水泵;4—排水池;
5—除污器;6—自动排气阀;7—手动排气阀

图4-4　机械循环热水供暖设备图

其流程是:热水锅炉产生热水热源→室外供热管道→室内供热干管→供热立管→散热器水平进水支管→散热器→散热器水平出水支管→回水立管→回水干管→除污器→循环水泵→锅炉。在水泵吸口处安装有高位膨胀水箱。看机械循环热水供暖设备图,应沿上述流程方向细看。

重力式循环热水供暖设备图与机械循环热水供暖设备图的主要区别是无循环水泵,如图 4-5 所示。

　　其流程是:热水锅炉热水→供热立管(膨胀水箱)→水平干管→立管→散热器→回水管→锅炉。看图时,沿上述流程方向细看。

　　3.热风供暖设备

　　采用暖风机的换热排管通蒸汽或高温水,然后风机启动使室内空气流动而将空气加热成热空气,分为热水热媒热风供暖设备和蒸汽热媒热风供暖设备。热水热风供暖设备如图 4-6 所示。

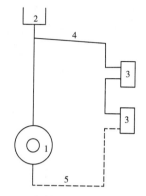

1—锅炉;2—膨胀水箱;
3—散热器;4—供热管;5—回水管

图 4-5　重力循环热水供暖设备图

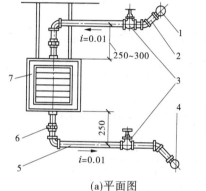

(a)平面图　　　　　　　(b)立面图

1—供水干管;2—供水支管;3—阀门;4—回水干管;5—回水支管;6—活接头;7—暖风机

图 4-6　热水热风供暖设备图

某热水热风供暖轴测图如图 4-7 所示。

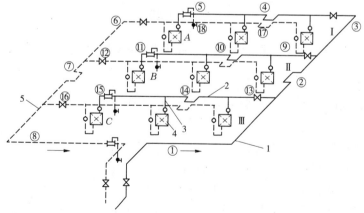

1—供热水干管;2—进风机排管横管;3—暖风机排管进口支管;4—暖风机;5—回水管

图 4-7　某热水热风供暖轴测图

　　其流程是:供热水干管→支管→暖风机→暖风机回水支管→回水干管。看图时,沿上述流程方向细看。

蒸汽热媒热风供暖设备如图4-8所示。

其流程是:蒸汽管→暖风机→暖风机出口管→疏水阀装置→凝结水管。看图时,沿上述流程方向看。注意疏水阀安装带旁通管。

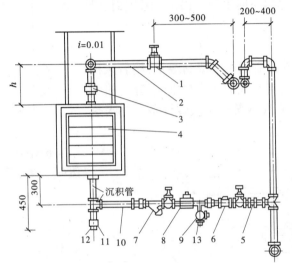

1—截止阀;2—供气管;3—活接头;4—暖风机;5—旁通管;6—止回阀;7—过滤器;
8—疏水阀;9—旋塞;10—凝结水管;11—管箍;12—丝堵;13—验水管

(a)立面图

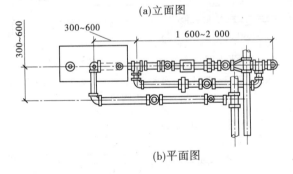

(b)平面图

图4-8　蒸汽热媒热风供暖设备图

4.1.1.3　供热管路

根据供热管道水平干管的位置分上供下回式、下供下回式、下供上回式、中分式、水平式等。

(1)上供下回式指供热管在上、回水管在下,如图4-9所示。

(2)下供下回式指供热管和回水管均在下,如图4-10所示。

(3)下供上回式指供热管在下、回水管在上,如图4-11所示。

(4)中分式指供热管回水管在中间,上下供水和回水,如图4-12所示。

(5)水平式分水平串联式和水平跨越式,如图4-13所示。

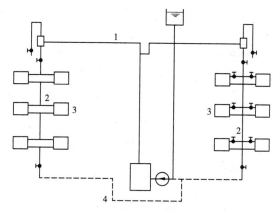

1—供热管;2—立管;3—散热器;4—回水管

图 4-9　上供下回式

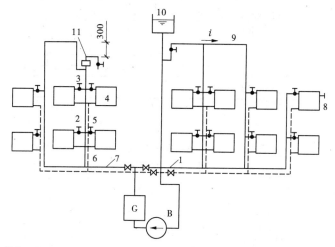

1—供热干管;2—供热立管;3—供热支管;4—散热器;5—回水支管;6—回水立管;

7—回水干管;8—手动放气阀;9—空气管;10—膨胀水箱;11—集气罐

图 4-10　下供下回式

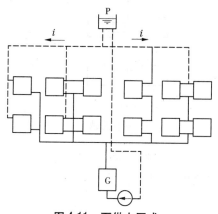

图 4-11　下供上回式

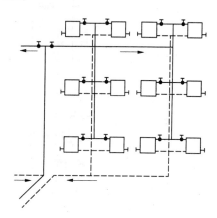

图 4-12　中分式

　　根据立管的根数分单立管式和双立管式。单立管式如图 4-14 所示,双立管式如图 4-15所示。

　　根据供暖系统中各环路的管线长度分同程式和异程式。同程式指各环路的路程相等,异程式指各环路的路程不等,分别如图 4-16 和图 4-17 所示。

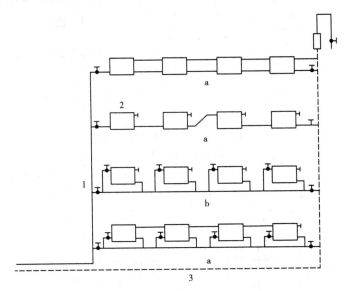

a—水平串联式;b—水平跨越式;1—供热管;2—散热器;3—回水管

图 4-13　水平式

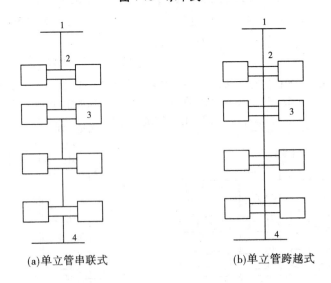

(a)单立管串联式　　　　　　　　　(b)单立管跨越式

1—供热干管;2—立管;3—散热器;4—回水水平干管

图 4-14　单立管式

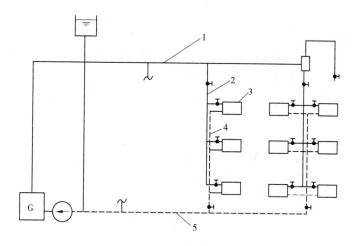

1—供热水平干管;2—供热立管;3—散热器;4—回水立管;5—回水水平干管

图 4-15 双立管式图

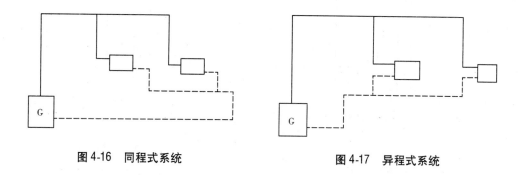

图 4-16 同程式系统   图 4-17 异程式系统

看图时,区分供热管路敷设图示,才能更好地看懂建筑供暖系统图。

4.1.1.4 建筑供暖设备与管材附件

1. 锅炉

锅炉提供热水或蒸汽热源,由汽锅和炉子两大部分组成,如图 4-18 所示。

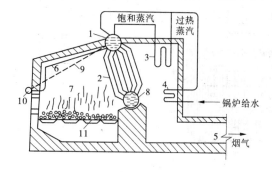

1—上锅筒;2—对流管束;3—过热器;4—省煤器;5—烟道;

6—水冷壁;7—炉膛;8—下锅筒;9—下降管;10—集箱;11—炉排

图 4-18 锅炉本体的组成

2. 散热器

常见的散热器种类有长翼型散热器、四柱 800 型散热器、二柱 132 型散热器、钢串片对流散热器,分别如图 4-19 ~ 图 4-22 所示。它们的单位是"片"。

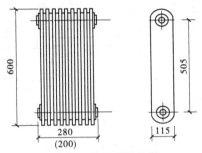

图 4-19　长翼型散热器

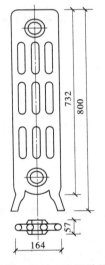

图 4-20　四柱 800 型散热器

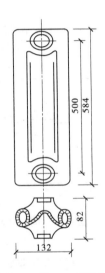

图 4-21　二柱 132 型散热器

3. 膨胀水箱

膨胀水箱由钢板制成,安装在系统的最高处,用于系统定压。有圆形和方形两种。接管有溢流管、检查管、泄水管、膨胀管、循环管,如图 4-23 所示。

图 4-22　钢串片对流散热器

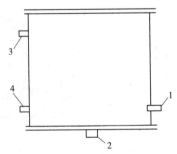

1—循环管;2—膨胀管;3—溢流管;4—检查管

图 4-23　膨胀水箱

带补水箱的膨胀水箱接管详图如图4-24所示。

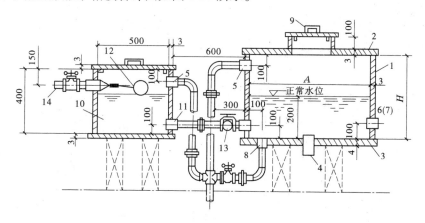

1—水箱壁;2—水箱盖;3—水箱底;4—膨胀管;5—溢流管;6—检查管;7—循环管;
8—排污管;9—人孔盖;10—补水水箱;11—补水管;12—浮球阀;13—止回阀;14—给水管

图4-24　带补水箱的膨胀水箱接管详图

4.手动集气罐

手动集气罐安装在管道系统的最高处,用于定期手动排除系统内空气,分立式和卧式两种,如图4-25所示。其中管径 D 在100~250 mm,长度或高度 H 在300~430 mm。

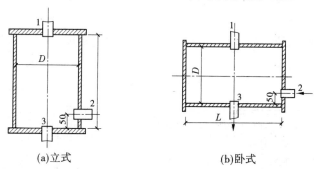

(a)立式　　　　　　　　(b)卧式

1—放风管;2—进水管;3—出水管

图4-25　手动集气罐

5.自动排气罐

依靠罐内的自动机构使管道系统内的空气自动排出去。常见的自动排气罐如图4-26所示。

6.散热器手动放气阀

用于排除散热器内的气体,如图4-27所示。

7.除污器

圆形钢制筒体,排除系统内的污垢,常见的立式直通除污器如图4-28所示。

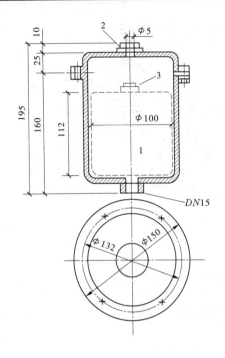

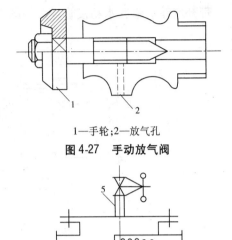

1—手轮;2—放气孔

图 4-27　手动放气阀

1—浮漂;2—排气口;3—耐热橡胶垫

图 4-26　自动排气罐

1—外壳;2—进水管;3—出水管;4—排污管;5—排气管

图 4-28　立式直通除污器

8.暖风机

它是热风供暖系统中的主要设备。常见的有轴流暖风机、离心暖风机。NA 型轴流暖风机如图 4-29 所示。

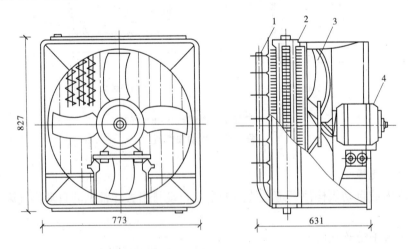

1—导向板;2—空气加热器;3—轴流风机;4—电动机

图 4-29　NA 型轴流暖风机外形

NBL 型离心暖风机如图 4-30 所示。

熟知以上设备在供暖系统中的作用和安装要求,有助于看懂建筑供暖设备图。

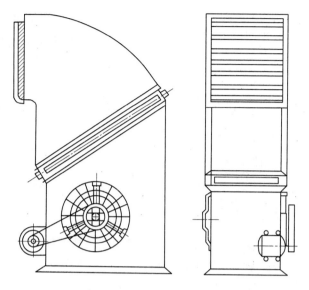

图 4-30　NBL 型离心暖风机

9. 管材与附件

建筑供暖用管材采用水煤气焊接钢管,常用焊接、法兰连接、螺纹连接。近年来地热供暖发展很快,常采用铝塑管管材和特制管件螺纹连接。在供暖水平干管与立管焊接时,立管上下阀门之间采用螺纹连接。立管与干管的连接方式如图 4-31 所示。

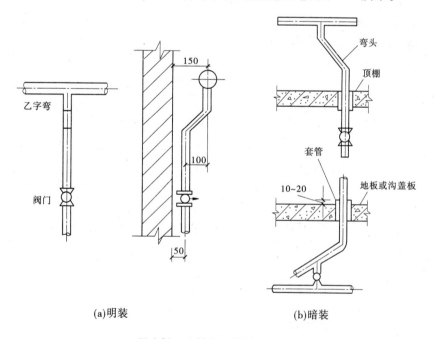

(a)明装　　　　　　　　　(b)暗装

图 4-31　立管与干管的连接方式

螺纹连接用管件与给水相同,有内接、弯头、三通、四通、管箍、活接、补心、丝堵和根母等。除此之外还用管箍、根母、长螺纹组合替代活接。

建筑供暖系统用阀门也同给水，如闸阀、截止阀、浮球阀、止回阀、安全阀、减压阀、手动放气阀、自动排气阀。但蒸汽供暖系统中为排除管道和设备内的冷凝水，需在系统的低处安装疏水阀。疏水阀如图 4-32 所示。

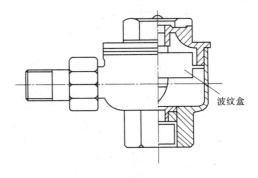

图 4-32　恒温式疏水阀

　　熟知供暖用管材、管件和阀门，有利于建筑供暖设备图的识读及材料计算。

4.1.2　建筑供暖设备识图

　　根据《暖通空调制图标准》(GB/T 50114—2010)和《供热工程制图标准》(CJJ/T 78—2010)看建筑供暖设备图时，应先掌握以下图样知识。

4.1.2.1　供暖设备图的组成

　　供暖设备图组成有：目录、设计说明、主要设备及材料表、平面图、轴测图和详图。目录是对图样的编号，并注有图样名称。设计说明标明有关设计参数、设计范围以及施工安装要求。详图表明设备的制造、管件的加工及某些局部安装有特殊的要求和做法。

　　平面图表示设备和管道的平面位置。轴测图表示设备和管道的空间位置，常用斜等测图画法表示。

4.1.2.2　管线的表示

　　常采用单线绘制管道。根据需要如剖面图、详图也常采用双线绘制管道。单、双线绘制见学习项目 1 中有关表述。管道转向单、双线绘制见表 4-1。

表 4-1　管道转向单、双线绘制

名称	单线绘制	双线绘制
弯头（通用）		
煨弯		
焊接弯头		
冲压弯头		

续表 4-1

名称	单线绘制	双线绘制
非 90°煨弯		
非 90°焊接弯头		
非 90°冲压弯头		

各种管道、管路附件和管线设施代号见表4-2～表4-4。

表 4-2　管道代号

管道名称	代号	管道名称	代号
供热管线(通用)	HP	生活给水管	DW
蒸汽管(通用)	S	锅炉给水管	BW
饱和蒸汽管	S	省煤器回水管	ER
过热蒸汽管	SS	连续排污管	CB
一次蒸汽管	FS	定期排污管	PB
高压蒸汽管	HS	冲灰水管	SL
中压蒸汽管	MS	采暖供水管(通用)	H
低压蒸汽管	LS	采暖回水管(通用)	HR
凝结水管(通用)	C	一级管网供水管	H1
有压凝结水管	CP	一级管网回水管	HR1
自流凝结水管	CG	二级管网供水管	H2
排汽管	EX	二级管网回水管	HR2
给水管(通用)自来水管	W	空调用供水管	AS
生产给水管	PW	空调用回水管	AR
生产热水供水管	P	除氧水管	DA
生产热水回水管(或循环管)	PR	除盐水管	DM
生活热水供水管	DS	盐液管	SA
生活热水循环管	DC	酸液管	AP
补水管	M	碱液管	CA
循环管	CI	亚硫酸钠溶液管	SO
膨胀管	E	磷酸三钠溶液管	TP
信号管	SI	燃油管(供油管)	O
溢流管	OF	回油管	RO
取样管	SP	污油管	WO
排水管	D	燃气管	G
放气管	V	压缩空气管	A
冷却水管	CW	氮气管	N
软化水管	SW		

表 4-3　管路其他图形符号

名称	图形符号	名称	图形符号
同心异径管		管堵	
偏心异径管		减压孔板	
活接头		可挠曲橡胶接头	
法兰盘		烟风管道挠性接头	
法兰盖		放气装置	
盲板		放水装置 启动疏水装置	
丝堵		经常疏水装置	

表 4-4　敷设方式、管线设施图形符号及其代号

名称	图形符号		代号
	平面图	纵剖面图	
架空敷设			
管沟敷设			
直埋敷设			
套管敷设			C
管沟人孔			SF
管沟安装孔		—	IH
管沟通风孔　进风口		—	IA
管沟通风孔　排风口		—	EA
检查室(通用)			W

4.1.2.3　阀门的表示

管道图中常用阀门的表示见表 4-5。

表 4-5　管道图中常用阀门的表示

名称	俯视	仰视	主视	侧视	轴测投影
截止阀	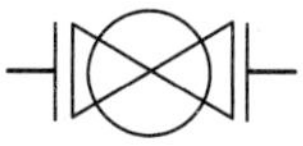		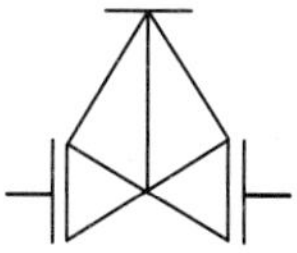	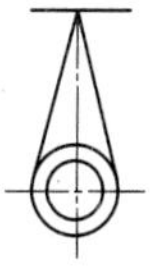	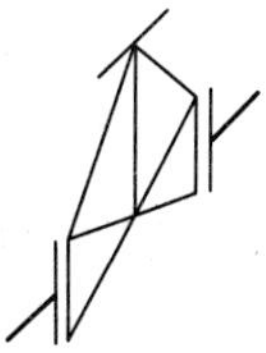
闸阀	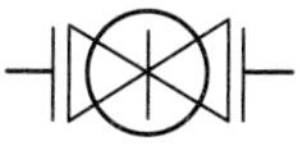	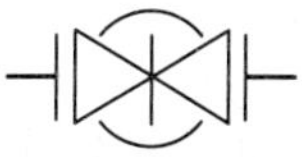	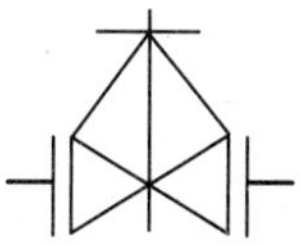	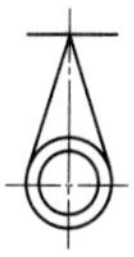	
蝶阀	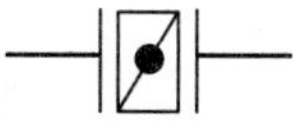		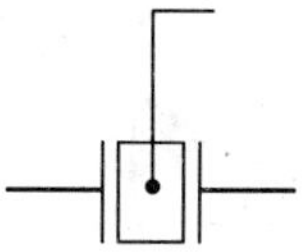	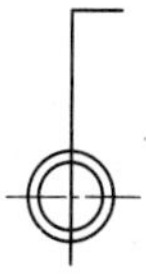	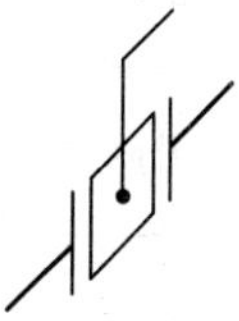
弹簧式 安全阀					

注:本表以闸门与管道法兰连接为例编制。

阀门、控制元件和执行机构的图形符号见表 4-6。

表 4-6　阀门、控制元件和执行机构的图形符号

名称	图形符号	名称	图形符号
阀门(通用)		调节阀(通用)	
截止阀		旋塞阀	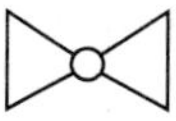
节流阀		隔膜阀	

续表 4-6

名称	图形符号	名称	图形符号
球阀		自力式温度调节阀	
减压阀		自力式压差调节阀	
安全阀（通用）		手动执行机构	
角阀		自动执行机构（通用）	
三通阀		电动执行机构	
四通阀		电磁执行机构	
止回阀（通用）		闸阀	
升降式止回阀		蝶阀	
旋启式止回阀		柱塞阀	
平衡阀		插板式煤闸门	
底阀		插管式蝶闸门	
浮球阀		呼吸阀	
快速排污阀		自力式压力调节阀	
疏水阀		气动执行机构	
烟风管道手动调节阀		液动执行机构	
烟风管道蝶阀		浮球元件	
		重锤元件	
烟风管道插板阀		弹簧元件	

阀门与管路连接方式的图形符号见表4-7。

表4-7　阀门与管路连接方式的图形符号

名　　称	图形符号
管路与阀门连接	
螺纹连接	
法兰连接	
焊接连接	

4.1.2.4　补偿器表示

补偿器图形符号及其代号见表4-8。

表4-8　补偿器图形符号及其代号

名称		图形符号		代号
		平面图	纵剖面图	
补偿器(通用)				E
方型补偿器	表示管线上补偿器节点			UE
	表示单根管道上的补偿器			
波纹管补偿器	表示管线上补偿器节点			BE
	表示单根管道上的补偿器			
套筒补偿器				SE
球型补偿器				BC
一次性补偿器	表示管线上补偿器节点			SC
	表示单根管道上的补偿器			

4.1.2.5　管道支座、支吊架、管架表示

管道支座、支吊架、管架图形符号及其代号见表4-9。

表4-9　管道支座、支吊架、管架图形符号及其代号

名称		图形符号		代号
		平面图	纵剖面图	
支座(通用)				S
支架、支墩				T
回定支座 (固定墩)	单管固定			FS (A)
	多管固定			
活动支座(通用)				MS
滑动支座				SS
滚动支座				RS
导向支座				GS
刚性吊架				RH
弹簧支 吊架	弹簧支架			SH
	弹簧吊架			
固定 管架	单管固定			FT
	多管同时固定			
活动管架(通用)				MT
滑动管架				ST
滚动管架				RT
导向管架				GT

4.1.2.6　设备和器具表示

设备和器具图形符号见表4-10。

表 4-10　设备和器具图形符号

名称	图形符号	名称	图形符号
电动水泵		沉淀罐	
蒸汽往复泵		取样冷却器	
调速水泵		离子交换器(通用)	
真空泵		板式换热器	
过滤器		螺旋板式换热器	
水射器 蒸汽喷射器		分汽缸 分(集)水器	
换热器(通用)		磁水器	
套管式换热器		热力除氧器 真空除氧器	
管壳式换热器		闭式水箱	
过滤器		开式水箱	
水封 单级水封		除污器(通用)	
安全水封		Y型过滤器	
离心式风机		斜板锁气器	
消声器		锥式锁气器	
阻火器		电动锁气器	

4.1.2.7　建筑供暖设备图识读

识读供暖设备图的基本方法是平面图与轴测图互相对照。从供热管入口开始,沿水流方向按供水干、立、支管的顺序到散热器,再由散热器开始,按回水支、立、干管的顺序到出口止,弄清其来龙去脉。通过平面图,弄清建筑层数、各房间的名称、门窗位置、热力入口位置、管道和散热器的位置、散热器的种类、片数和接管形式。通过轴测图,确定管道布置方式,弄清热力入口管道、立管、水平干管的走向,再逐根立管看立管方式、立管与横支管的连接方式、散热器片数。最后查出各管段管径、干管和立管上的阀门个数和阀门直径、散热器片数、立管和横支管上的乙字弯、横支管上的三通、管箍、补心、长螺纹管、全系统所用散热器对丝、散热器补心和丝堵、胶垫、托钩,还有横、立管上的吊架和管卡的个数及型号。除此之外,查明集气罐、除污器的位置、个数和型号。

例:某二层器材仓库平面图和轴测图如图 4-33 和图 4-34 所示。全部立管管径为 $DN20$,柱型散热器支管管径为 $DN15$,管道坡度 i 为 0.002。试对其进行识读。

看一层平面图,热力入口从右下角引入,供热立管进入二层平面图从右至左,再从左至右走一圈、一层平面图上回水管在右上角处从右至左,再从左至右走一圈回至入口处。从各层平面图可看到散热器的位置和片数。

根据斜等轴测图画法绘出的轴测图与平向图对应看,清楚地看出它是上供下回、双立管、同程式系统。按所标管径用比例尺量出各种管径的管长。

■ 4.2　建筑通风与空气调节设备

4.2.1　建筑通风设备

4.2.1.1　建筑通风的作用、分类和组成

1. 建筑通风的作用

建筑通风的作用就是把建筑内被污染的空气直接或经净化后排到建筑外,把新鲜空气补充进来,从而保持建筑内的空气环境符合卫生标准和满足生产工艺的需要。

2. 建筑通风的分类

建筑通风的分类方法有很多,按建筑内空气质量要求可分为以下几种:

(1)一般通风:只得采用如通过门窗孔口换气、穿堂风降温、利用电风扇提高空气的流速,而不对空气进行处理的通风。

(2)工业通风:采用风机、管道和空气净化设备向工业建筑内输送符合卫生标准和生产工艺需要的空气,同时排放被污染的空气并使之符合排放标准的通风。

(3)空气调节:采用风机、管道和空气净化设备在工农业生产、国防工程和科学研究等领域的一些场所及某些特殊功能的建筑和大型公共建筑中,根据它们的工艺特点和满足人体舒适的需要,如空气的温度、湿度、清洁度、流动速度而进行的通风工程。

按通风系统的工作动力可分为以下几种:

(1)自然通风:借助于自然压力——"风压"或"热压"促使空气流动的通风,自然通风中无风机。

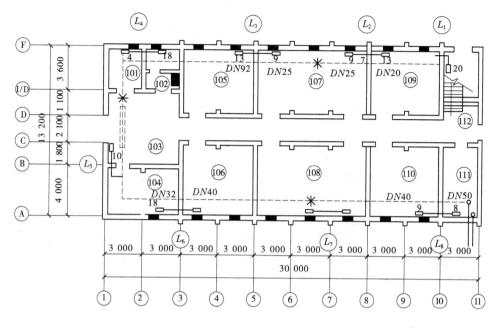

(a)一层平面图

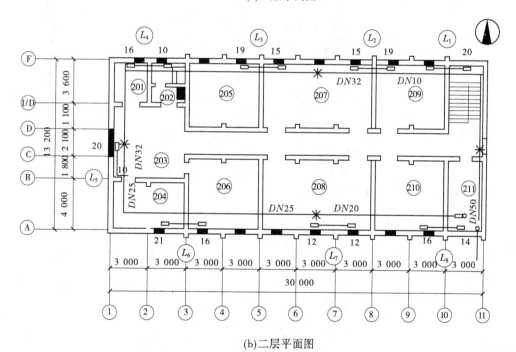

(b)二层平面图

图 4-33 供暖平面图

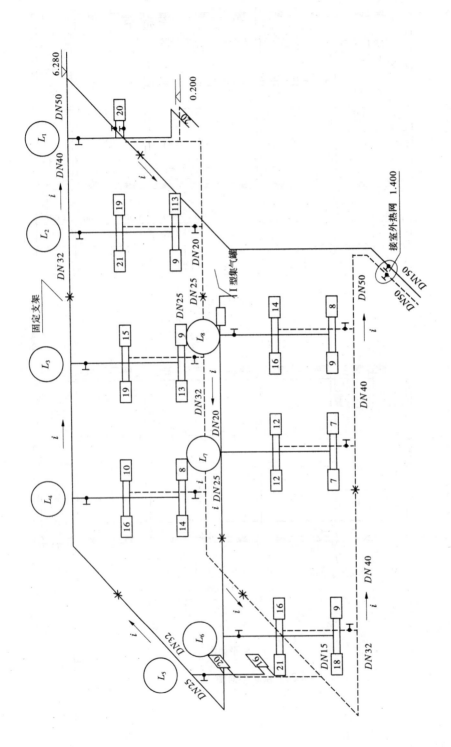

图 4-34 供暖系统图

（2）机械通风：依靠风机产生的压力强制空气流动的通风。

按通风系统的作用范围不同可分为以下几种：

（1）局部通风：作用范围仅限于个别地点或局部区域，又分局部排风和局部送风。局部排风的作用是将有害物在产生的地点就地排除，而局部送风的作用是将新鲜空气或经处理的空气送到个别地点或局部区域。

（2）全面通风：作用范围是对整个车间或房间进行换气，使作业地带的空气环境符合卫生标准要求。

3. 建筑通风系统的组成

一般通风是仅利用建筑的门窗或风扇通风。自然通风除利用建筑门窗，还可利用管道、风帽。机械通风包括风机、管道、空气处理设备及其他附件等。

4.2.1.2　建筑通风方式

1. 自然通风方式示意图

（1）风压作用如图 4-35 所示。在室外风压的作用下，室外空气通过建筑物迎风面上的门、窗孔口进入室内，室内空气则通过背风面及侧面上的门、窗孔口排出。看图时，应看懂风向、迎风面和背风面，即空气流动的方向。

（2）热压自然通风方式如图 4-36 所示。由于室内外空气的温度不同而形成空气重度差，如室内空气的温度高于室外空气，室外空气的重度较大，便从房屋下部的门、窗孔口进入室内，室内空气则从上部的窗口排出。看图时，应看懂热源及上下窗孔口的位置，即热空气和冷空气的流向。

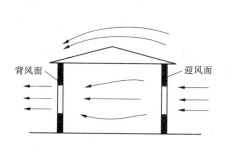

图 4-35　风压作用的自然通风

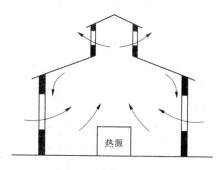

图 4-36　热压作用的自然通风

（3）利用风压和热压的自然通风方式如图 4-37 所示。既利用室外气流造成室内外空气交换的一种作用压力，又利用室内外空气的温度不同而形成的重度差造成室内外空气交换的一种作用压力的通风称利用风压和热压的自然通风。看图时，应知迎风面、背风面、热源、上下门窗孔口及挡风板。

（4）管道式自然通风方式如图 4-38 所示。管道式自然通风是依靠热压通过管道输送空

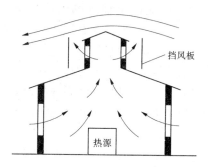

图 4-37　利用风压和热压的自然通风

气的另一种有组织的自然通风方式。看图时,应区别送、排风管道及送、排风管道上的热源,掌握送风、排风空气的流向,按空气流向看图。

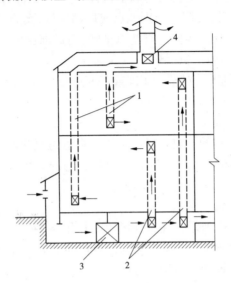

1—排风管道;2—送风管道;3—进风加热设备;4—排风加热设备

图 4-38　管道式自然通风

2.机械通风方式示意图

1)局部机械通风

局部机械通风分局部机械排风和局部机械送风,分别如图 4-39 和图 4-40 所示。

看局部机械通风图时,应看懂风机、处理装置、风管、送(排)风罩(柜)(帽)等,沿风向看图。

2)全面机械通风

全面机械通风分全面机械排风和全面机械送风,分别如图 4-41 和图 4-42 所示。

看轴流风机全面排风时,应看懂整个房间的气流流向及轴流风机的台数和位置。看离心风机管道全面排风时,应看懂整个房间的气流流向、排风管和排风管上的排风口位置、风机型号、风机数量、风机位置及排风帽的位置。

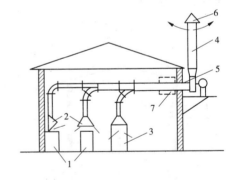

1—工艺设备;2—局部排风罩;3—排风柜;4—风管;
5—风机;6—排风帽;7—排风处理装置

图 4-39　局部机械排风

看全面机械送风时,应看懂整个房间的气流流向,沿进气口→处理装置→通风机→风管→送风口方向看进气口、处理装置、通风机、风管以及送风口的型式、型号、数量、尺寸等。

全面机械通风还有全面送、排风系统和混合通风系统。全面送、排风系统适用于门窗密闭、自行排风或进风有困难的房间。混合通风常由全面送风和局部排风系统组成,适用

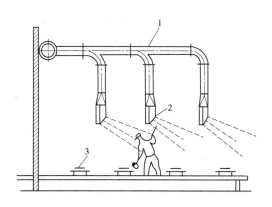

1—送风管;2—送风口;3—工艺设备

图 4-40　局部机械送风

(a)轴流风机全面排风　　　　　(b)离心风机管道全面排风

图 4-41　全面机械排风

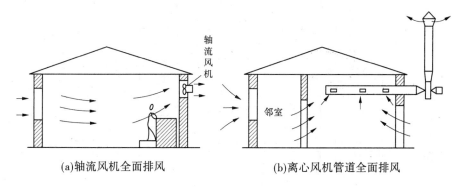

1—通风机;2—风管;3—送风口;4—进气口;5—处理装置

图 4-42　全面机械送风

于门窗密闭、局部排风量又要求很大的场合。全面送、排风系统如图 4-43 所示。

　　看全面送、排风时,先看全面送风系统,后看全面排风系统,弄懂各系统上的风机、管道、处理装置及送、排风口。

　　混合通风如图 4-44 所示。

　　看图时,沿进气口→空气处理室→静压箱→送风管→送风口看送风系统,再沿排风口→排风管→排风机→排风处理装置→排气口看排风系统。看清各系统上的风机、装置、

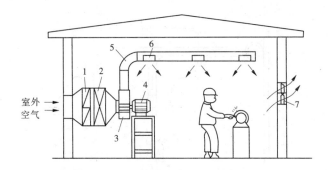

1—空气过滤器;2—空气加热器;3—风机;4—电动机;
5—风管;6—送风口;7—轴流风机

图 4-43 全面送排风系统

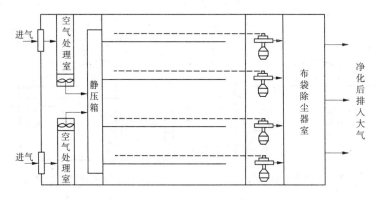

图 4-44 某车间混合通风

管道,以及送、排风口的型号、规格、数量、安装位置。

4.2.1.3 通风系统常用管道和设备

1. 管道

通风管道有圆形和矩形两种断面形式,分别以外径 D 和外边长 $A \times B$ 表示,单位是mm。最常用的管材是普通薄钢板和镀锌薄钢板。对有腐蚀性气体的场所,可采用不锈钢、聚氯乙烯、铝等板材。风管与风管或风管与配件、部件一般采用法兰连接。法兰常用扁钢、角钢、不锈钢板和扁铝加工制成。法兰垫片常采用橡胶板、闭孔海绵橡胶板、石棉橡胶板或石棉绳等。

2. 管件和阀门

1) 管件

管件包括弯头、三通、四通、变径管、来回弯等,分别有圆形和矩形断面多种规格。圆形弯头有 90°、60°、45°、30°四种;矩形弯头有内外弧形、内弧形和内斜线形三种,如图 4-45 所示。

三通一般有 30°、45°、60°、90°四种,夹角越小,三通高度越大,如图 4-46 所示。变径管和来回弯如图 4-47 所示。

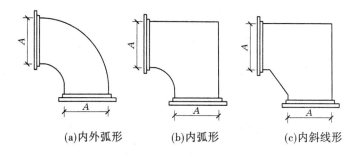

(a)内外弧形　　　(b)内弧形　　　(c)内斜线形

图 4-45　矩形弯头

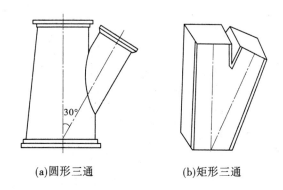

(a)圆形三通　　　　　　(b)矩形三通

图 4-46　三通

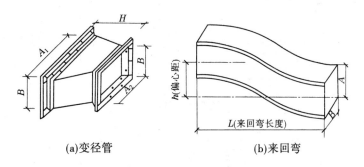

(a)变径管　　　　　　　　(b)来回弯

图 4-47　变径管和来回弯

2）阀门

阀门常分为调节阀、止回阀和防火阀。调节阀主要有插板阀、蝶阀、多叶调节阀、三通调节阀等。插板阀如图 4-48 所示。圆形蝶阀如图 4-49 所示。

3. 室内送、排风口

送、排风口有风管侧送风口、插板式送吸风口、百叶式风口。风管侧送风口、插板式送吸风口如图 4-50 所示。百叶式风口如图 4-51 所示。

4. 室外进、排风装置

室外进风装置有贴附于建筑物外墙

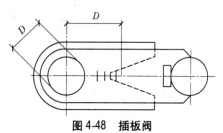

图 4-48　插板阀

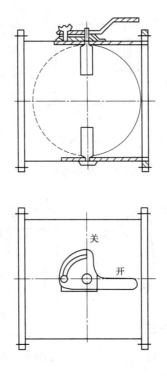

图 4-49　圆形蝶阀

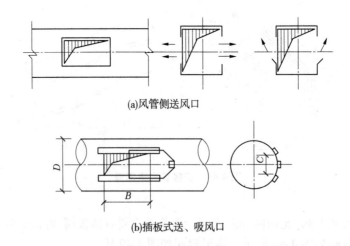

(a)风管侧送风口

(b)插板式送、吸风口

图 4-50　两种最简单的送风口

上和独立的构筑物,如图 4-52 所示。设在屋顶上的进、排风装置如图 4-53 所示。

5. 排气罩

排气罩有密闭罩、外部吸气罩和槽边吸气罩等,分别如图 4-54 ~ 图 4-56 所示。

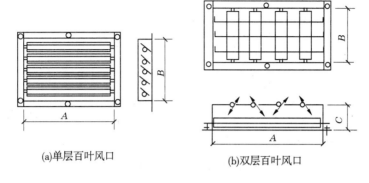

(a)单层百叶风口　　　　　　(b)双层百叶风口

图4-51　百叶式风口

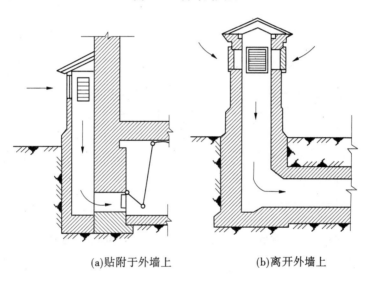

(a)贴附于外墙上　　　　　　(b)离开外墙上

图4-52　室外进风装置

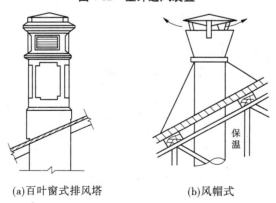

(a)百叶窗式排风塔　　　　　　(b)风帽式

图4-53　设在屋顶上的送、排风装置

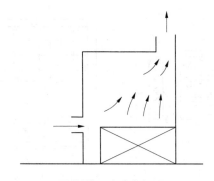

图 4-54　防尘密闭罩

图 4-55　外部吸气罩

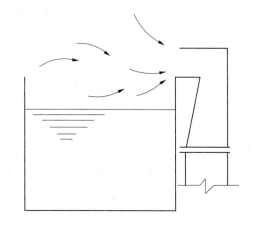

图 4-56　单侧槽边吸气罩

6. 通风机

通风机有离心式通风机和轴流式通风机两种。离心式通风机的全称包括名称、型号、机号、传动方式、旋转方向和出风口位置。例如某离心式通风机的全称为:C 离心式通风机 4－73－11№5.5C 右 90°,各部分意义表示如下:

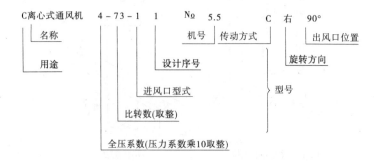

轴流式通风机的全称包括名称、型号、机号、传动方式、气流方向、风口位置 6 个部分。例如某轴流式通风机的全称为:K 轴流通风机 70B2－11№18D,各部分的意义如下:

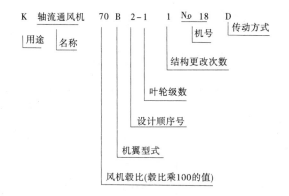

7. 除尘设备

除尘设备按照除尘原理可以分为重力、惯性力、离心力、洗涤、过滤、声波及电除尘等。重力沉降室如图 4-57 所示,离心力除尘器如图 4-58 所示,过滤式除尘器如图 4-59 所示。

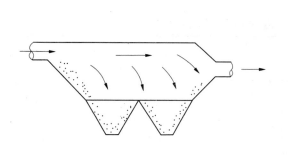

图 4-57　重力沉降室

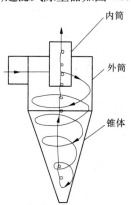

图 4-58　离心式除尘器

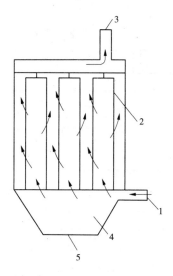

1—进风口;2—滤袋;3—出风口;4—集尘斗;5—排尘口

图 4-59　过滤式除尘器

4.2.1.4　建筑通风设备图的表示方法和内容

1.表示方法

风道代号见表 4-11,风道、阀门及附件图例见表 4-12。

表 4-11　风道代号

代号	风道名称
K	空调风管
S	送风管
X	新风管
H	回风管(一、二次回风可附加 1、2 区别)
P	排风管
PY	排烟管或排风、排烟共用管道

表 4-12　风道、阀门及附件图例

序号	名称	图例	图注
1	砌筑风、烟道		其余均为:
2	带导流片弯头		
3	消声器、消声弯管		也可表示为:
4	插板阀		
5	天圆地方		左接矩形风管、右接圆形风管
6	蝶阀		
7	对开多叶调节阀		左为手动,右为电动

续表 4-12

序号	名称	图例	图注
8	风管止回阀		
9	三通调节阀		
10	防火阀	70 ℃	表示 70 ℃ 动作的常开阀。若因图面小，可表示为： 70 ℃正常
11	排烟阀	280 ℃　　280 ℃	左为 280 ℃ 动作的常闭阀，右为常开阀。若因图面小，表示方法同上
12	软接头		也可表示为：
13	软管	或光滑曲线(中粗)	
14	风口(通用)	□ 或 ○	
15	气流方向		左为通用表示法，中表示送风，右表示回风
16	百叶窗		
17	散流器		左为矩形散流器，右为圆形散流器，散流器为可见时，虚线改为实线
18	检查孔 测量孔	检　测　检　测	

暖通空调设备图例见表4-13。

表4-13　暖通空调设备图例

序号	名称	图例	说明
1	散热器及手动放气阀	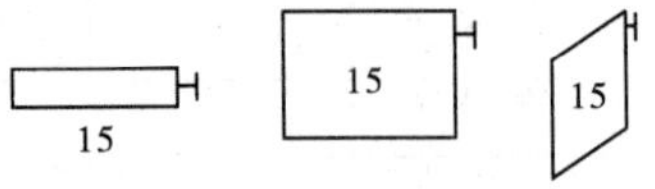	左为平面图画法,中为剖面图画法,右为系统图、Y轴测图画法
2	散热器及控制阀	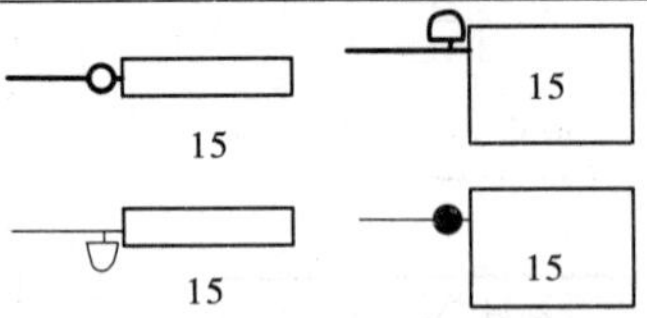	左为平面图画法,右为剖面图画法
3	轴流风机		
4	离心风机		左为左式风机,右为右式风机
5	水泵		左侧进水,右侧出水
6	空气加热器、冷却器		左图、中图分别为单加热、单冷却,右图为双功能换热装置
7	板式换热器	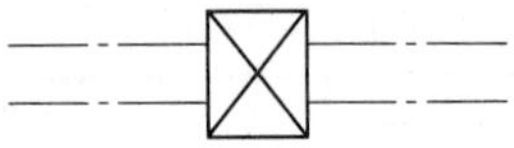	
8	空气过滤器		左图为粗效,中图为中效,右图为高效
9	电加热器		
10	加湿器	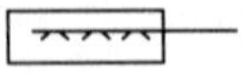	
11	挡水板		
12	窗式空调器	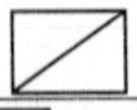	
13	分体空调器	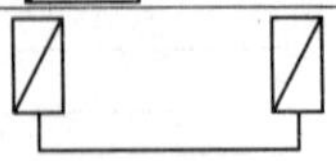	
14	风机盘管	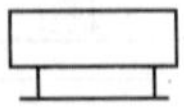	可标注型号
15	减振器		左为平面图画法,右为剖面图画法

2.其他要求

（1）一张图幅内有平、剖面等多种图样时,按平面图、剖面图、安装详图从上至下、从左至右的顺序排列;一张图幅内有多层平面图时,往往是按建筑层次由低至高、从下至上顺序排列。

（2）平面图、剖面图中的水、汽管道一般用单线绘制,而风管常用双线绘制。

（3）在管道系统图、原理图中,水、汽管道及通风、空调管道系统图均为单线绘制。一个工程设计中同时有供暖、通风、空调等两个及以上的不同系统时,常按表4-14的代号对系统编号。

表4-14　系统代号

序号	字母代号	系统名称	序号	字母代号	系统名称
1	N	（室内）供暖系统	9	X	新风系统
2	L	制冷系统	10	H	回风系统
3	R	热力系统	11	P	排风系统
4	K	空调系统	12	JS	加压送风系统
5	T	通风系统	13	PY	排烟系统
6	J	净化系统	14	P(Y)	排风兼排烟系统
7	C	除尘系统	15	RS	人防送风系统
8	S	送风系统	16	RP	人防排风系统

3.建筑通风设备图内容

在工程设计中,建筑通风设备图表示内容有图样目录、选用图集（样）目录、设计施工说明、图例、设备及主要材料表、总图、工艺图、系统图、平面图、剖面图和详图等,且依次表示。根据以上内容顺序识读且对应对比相互查阅,就能看懂全部图样。

4.2.1.5　建筑通风设备图识读

在全面掌握建筑通风的流程、方式、设备、管材、阀门以及设备图表示的方法和内容后,就会心中有数。图样目录、选用图集（样）目录、设计施工说明、图例、设备及主要材料表是看图的辅助材料,为看图打下基础。总图、工艺图是仅次于系统图、平面图、剖面图和详图的图样,看懂总图、工艺图能了解工程概貌,有助于看懂各平面图、剖面图、系统图。熟悉详图有助于设备管道的安装与施工。在工程设计与施工安装中,平面图和剖面图是最重要的图样,应多在平面图和剖面图的识读上下功夫。

识读建筑通风设备图的步骤应是:

第一步:看图样目录和选用图集（样）目录,清理全套图样的张数与相应的图样名称。

第二步:看设计施工说明、图例、设备及主要材料表,为看平面图、剖面图做准备。

第三步:看总图、工艺图和系统图,了解各种管道工程的关系和作用。

第四步:针对建筑通风工程,重点看该工程的平面图、剖面图,沿空气的流向看。送风工程沿进风口→空气处理装置→风机→干管→横支管→送风口方向看。排风工程沿排风口→横支管→干管→风机→空气处理装置→排风帽方向看。

第五步:在安装中,平面图、剖面图和其他图表达不清的细部和局部地方,看对应的详图。

建筑通风设备图识读举例:

例:某建筑排风平面图、剖面图、轴测图分别如图 4-60 ~ 图 4-62 所示。试对其进行识读。

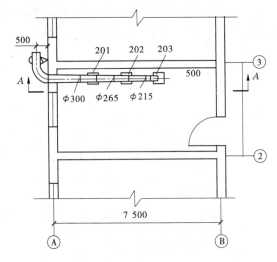

图 4-60　平面图

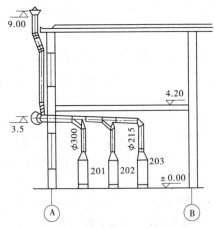

图 4-61　排风系统 *A—A* 剖面图

先看平面图和剖面图,该排风系统设在一层,排风机设在室外高 3.5 m 处,风帽安装标高为 9.00 m,进一步识读得知与 3 个排风设备连接的风管直径为 215 mm,干管分别为 265 mm、300 mm。风管安装的位置是:吸风干管 φ300 安装位置在一层 2 ~ 3 轴线和 A—B 轴线之间,管中心距③轴线墙面为 500 mm,安装在一层楼板下边,距地面标高为 3.5 m (管上皮),干管穿过墙洞伸出室外后,由直径为 300 mm 的风管向上,再由来回弯绕开屋檐,顶部安装伞形风帽,其标高为 9 m。另外,还可进一步看到,3 个直径为 215 mm 的吸风管上安装有 6 号钢制蝶阀 3 个,钢制蝶阀的加工图采用标准图 T302 – 7,伞形风帽为 6

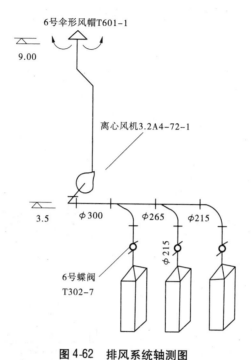

图 4-62　排风系统轴测图

号,采用标准图 T601－1,排风机选用型号为 3.2A4－72－11 离心风机 1 台。从轴测图可知直径 215 mm 弯头 1 个,$\phi265 \times \phi215 \times \phi215$ 三通 1 个,$\phi300 \times \phi215 \times \phi265$ 三通 1 个,$\phi300$ 弯头 1 个,$\phi300$ 来回弯 1 个。通过平面图、轴测图、剖面图中的标高、比例等可知不同管径的管长。

4.2.2　建筑空调设备

4.2.2.1　建筑空调系统的组成和分类

空气调节,简称空调,是指对室内空气的各种处理和控制过程,使之达到一定的温度、湿度、风速和清洁度,从而保证生产工艺的顺利进行或达到人体舒适度要求的一种技术。

对空气所进行的各种处理主要有空气的加热、加湿、冷却、去湿和过滤等,而对它们又有相应的空气处理设备来实现,用风管把这些设备连接起来,并用送回风口把处理好的空气送入空调房间以及把房间内的空气取回来,这样送回风口、风管、空气处理设备和提供空气流动动力的风机以及风阀等附件就形成一个空气的循环系统即空调系统中的第一个循环系统。对空气进行加热、冷却或冷却去湿的设备通常是指加热盘管或冷却盘管,给这些盘管提供处理空气的热量或冷量需要有冷热源设备。热源设备主要有锅炉等,冷源设备主要有各种冷水机组。以提供冷源的冷水机组的蒸发器、处理空气的冷却盘管和提供水流动动力的水泵以及它们之间的连接水管和附件组成了空调系统的另一个环路即冷冻水循环系统。冷水机组的主要部件除蒸发器外还有压缩机、冷凝器和膨胀阀,它们之间由专门的管路连接起来,其内部流动着制冷剂组成一个密闭的制冷系统。为排除冷凝器内冷凝放热,由冷凝器、冷却水泵、冷却塔和连接水管及附件组成冷却水系统。一个中央空调系统正是由空气系统、冷冻水系统、制冷系统和冷却水系统组成。看懂建筑空调设备图,要从以上四个系统分别识读。

1. 空调空气系统组成

(1)它由处理空气、输送空气、在室内分配空气和运行调节等四个主要部分组成。

空气处理部分包括净化、热湿处理,将新风(或包括部分回风)处理成送风状态。空气处理设备有表面式空气加热器、裸线式电加热器、喷水室、干式蒸汽加湿器、氯化钙吸湿装置、过滤器等。表面式空气加热器如图 4-63 所示。裸线式电加热器如图 4-64 所示。

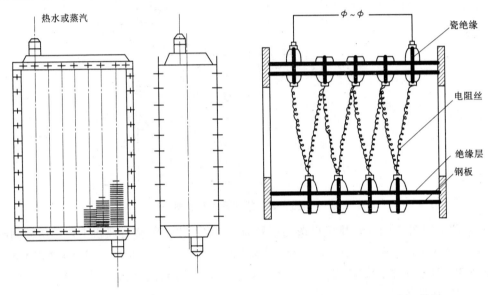

图 4-63　表面式空气加热器　　　　　　图 4-64　裸线式电加热器

单级卧式喷水室构造如图 4-65 所示。

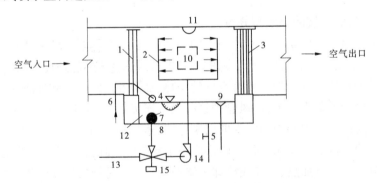

1—前挡水板;2—喷嘴与排管;3—后挡水板;4—补水浮球阀;5—泄水管;
6—补水管;7—滤水器;8—回水管;9—溢水器;10—检查门;11—防水灯;
12—底池;13—冷冻水管;14—喷水泵;15—三通混合阀

图 4-65　单级卧式喷水室的构造

干式蒸汽加湿器如图 4-66 所示。

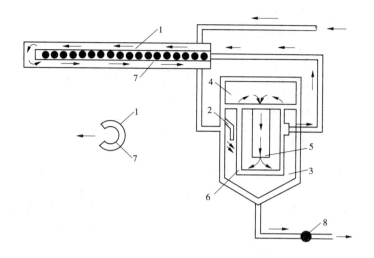

1—喷管外套;2—导流板;3—加湿器筒体;4—导流箱;
5—导流管;6—加湿器内筒体;7—加湿器喷管;8—疏水阀

图 4-66　干式蒸汽加湿器

(2)输送空气部分包括风机、风管、风量调节装置以及消声、防火设备。风机多采用离心式风机,风管有圆形和矩形两种断面形状。

(3)空气分配部分包括各种形式的送、回风口。侧向送风口如图 4-67 所示。

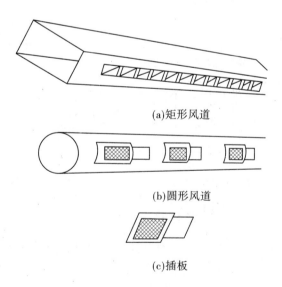

(a)矩形风道

(b)圆形风道

(c)插板

图 4-67　侧向送风口

回风口有金属网式、百叶窗式及设于地面的格栅式和散点式。地面格栅式和散点式回风口如图 4-68 所示。

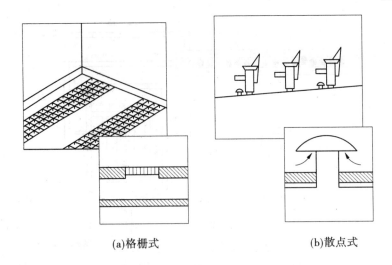

(a)格栅式　　　　　　　　　　　(b)散点式

图4-68　地面格栅式和散点式回风口

2.空调系统分类

1)按空气处理设备的设置情况分类

(1)集中式系统。如图4-69所示。识读集中式系统图时,沿进风门百叶窗→空气过滤器→喷水室→空气加热器→送风机→送风管道上消声器→送风管道→送风口看送风系统,沿回风口→回风管道上消声器→回风机→回风管的方向看回风系统。

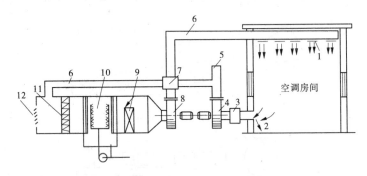

1—进风口;2—回风口;3、7—消声器;4—回风机;5—排风口;6—送风管道;
8—送风机;9—空气加热器;10—喷水室;11—空气过滤器;12—百叶窗

图4-69　集中式系统图

(2)全分散式空调系统。把空气处理设备、冷热源(制冷机组和电加热器)和输送设备(风机)集中设置在一个箱体中,组成空调机组,各机组分散设置在空调房间里。其安装位置一般有壁挂式、吊顶式、窗台式、窗户式和落地式等。全分散式空调系统如图4-70所示。

2)按负担空调负荷的介质分类

(1)全空气系统。全空气系统的房间的全部冷、热负荷均由集中处理后的空气负担。如定风量或变风量的单风道或双风道集中式系统和全空气诱导系统等。

(2)空气-水系统。空调房间的负荷由集中处理的空气负担一部分,其他负荷由水

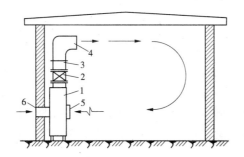

1—空调机组;2—电加热器;3—送风管;4—送风口;5—回风口;6—新风口

图4-70　全分散式空调系统

作为介质,在送入房间时对空气进行再处理(加热或冷却等)。如再热系统(另设有室温调节加热器的系统)、带盘管的诱导系统、集中送给新风的风机盘管系统等。

(3)全水系统。空调房间负荷全部由集中供应的冷、热水负担。如无集中送给新风的风机盘管系统、辐射板系统等。

(4)冷剂系统。空调房间内的冷、热负荷由制冷和空调机组组合在一起的小型设备负担,制冷系统蒸发器直接放在室内吸收余热余湿。

3)按送风管道的不同情况分类

集中式空调系统按送风管道的不同情况分类如下:

(1)单风道空调系统,如图4-71所示。

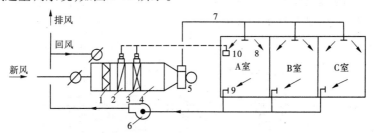

1—过滤器;2—冷却器;3—加热器;4—加湿器;5—送风机;
6—回风机(排风机);7—风道;8—送风口;9—回风口;10—温度自动调节器

图4-71　单风道空调系统

(2)双风道空调系统,如图4-72所示。

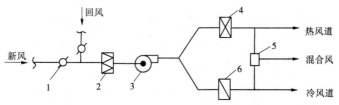

1—风阀;2—过滤器;3—送风机;4—加热器;5—混合箱;6—冷却器

图4-72　双风道空调系统

4.2.2.2　建筑空调设备图识读

1. 表示方法

建筑空调设备图所用线型、图例,均同建筑通风设备图,图样画法也同建筑通风设备图。

2. 内容

在工程设计中,建筑空调设备图内容同建筑通风设备图,依次有目录、选用图集(样)目录、设计施工说明、图例、设备及主要材料表、总图、工艺图、系统图、平面图、剖面图和详图等。

3. 识读方法

一般来讲,空调设备图分进风段、空气处理段和排(回)风段,按空气流动路线划段识读,另外还应结合建筑施工图一起看。

4. 识读步骤

先看目录、设计施工说明、主要设备和材料表、总图、工艺图,对设备图有一个初步的认识和了解,再看平面图、剖面图、系统图和详图。了解和掌握设备、管道的平面布置、管道的连接、部件的位置及管底标高等,并建立空调系统立体感,想象出它们的轮廓,最后将图样再详看细读,如管径的大小、变径、各种阀门的安装位置、管离离地面的高度、支架的类型等。

5. 识读举例

某建筑内空调设备图,其平面图、Ⅰ—Ⅰ剖面图、Ⅱ—Ⅱ剖面图、系统图分别如图 4-73 ~ 图 4-76 所示,试对其进行识读。

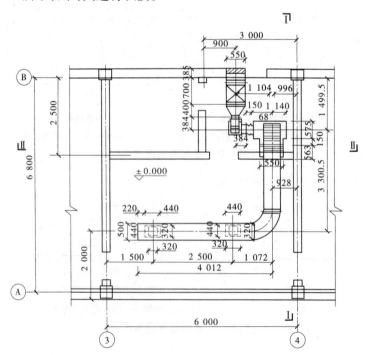

图 4-73　平面图

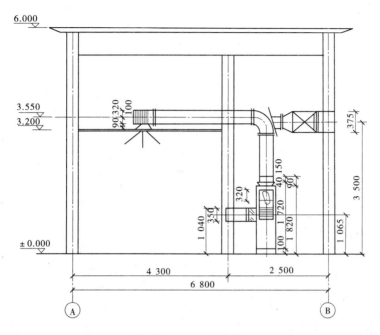

图 4-74 ¢æ—Ⅰ剖面图

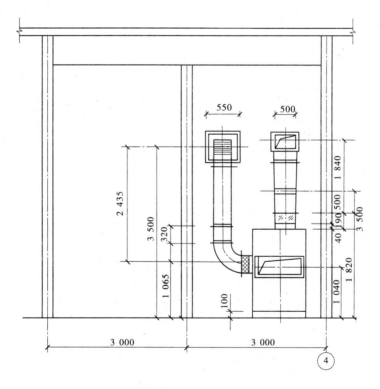

图 4-75 ¢—Ⅱ剖面图

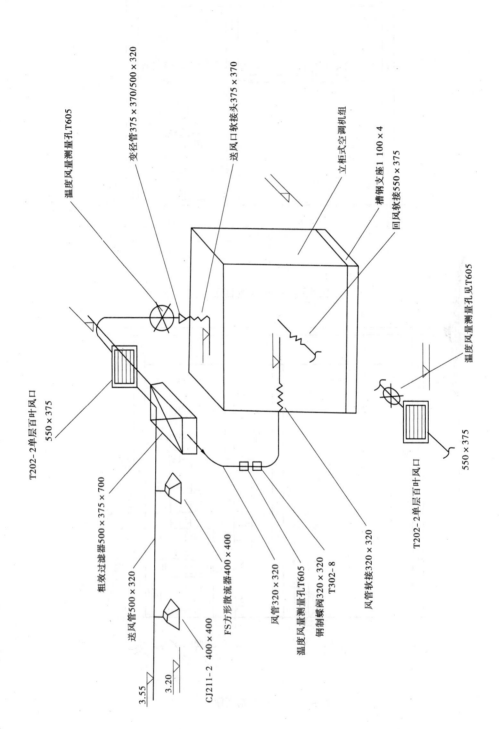

图 4-76　系统图

先看平面图上的空调器、进风管和送风管、回风管的位置。进风管从建筑平面图上边引入,通过粗效过滤器、变径管进空调入口。在进入管的进口处有回风进口。空调器出口返上至下边左拐,管上有两个散流器。再看Ⅰ—Ⅰ、Ⅱ—Ⅱ剖面图和系统图,进口格栅550 mm×375 mm,T202-2 单层百叶窗口。粗效过滤器尺寸为550 mm×375 mm×700 mm,风管320 mm×320 mm。进风量测量孔T605,钢制蝶阀320 mm×320 mm、T302-8。风管320 mm×320 mm软接空调器。回风软接550 mm×375 mm。空调器出口送风口软接375 mm×370 mm,变径至500 mm×320 mm。温度风量测量孔T-605。散流器为FS方形400 mm×400 mm。再看图可知其他各详细尺寸和标高。

学习项目 5　　建筑低压供配电系统

【学习目标】

(1)熟练识读建筑低压供配电系统施工图;

(2)熟悉建筑低压供配电系统的类型、基本组成及建筑低压供配电系统的控制与保护;

(3)掌握建筑低压供配电系统配管配线、低压设备安装的基本操作技能、安装工艺、质量验收标准。

5.1　　建筑低压供配电系统施工图的识读

5.1.1　　建筑低压供配电系统概述

工业与民用建筑,一般是从城市电力网取得高压 10 kV 或低压 380 V/220 V 作为电源供电,然后将电能分配到各用电负荷处配电。电源和负荷用各种设备(变压器、变配电装置和配电箱)和各种材料、元件(导线、电缆、开关等)连接起来,即组成了建筑物的供配电系统。

建筑供配电系统是建筑电气的最基本系统,它对电能起着接受、变换和分配的作用,向各种用电设备提供电能。

平常所说的市电(380 V/220 V,工频 50 Hz)就是低压,它由单位(地区)变电所中的三相变压器提供,其低压侧根据接线方式的不同可构成三相三线制、三相四线制等基本的低压供电(电源)系统。

5.1.1.1　　电源的引入方式

建筑用电属于动力系统的一部分,低压供配电系统的供电线路包括低压电源引入及主接线等,常以引入线(通常为高压断路器)和电力网分界。

根据建筑物内的用电量大小和用电设备的额定电压数值等因素,电源的引入方式可以分为以下 3 种:

(1)建筑物较小或用电设备负荷量较小,而且均为单相低压用电设备时,可由电力系统柱上变压器引入单相 220 V 的电源。

(2)建筑物较大或用电设备的容量较大,但全部为单相和三相低压用电设备时,可由电力系统的柱上变压器引入三相 380 V/220 V 的电源。

(3)建筑物很大或用电设备的容量很大,虽全部为单相和三相低压用电设备,从技术和经济因素考虑,应由变电站引入三相高压 6 kV 或 10 kV 的电源经降压后供用电设备使用。并且在建筑物内设置变压器,布置变电室。若建筑物内有高压用电设备,应引入高压电源供其使用。同时装置变压器,满足低压用电设备的电压要求。

5.1.1.2　电力负荷的分级及建筑供电系统方案的选择

1.电力负荷的分级

电力网上用电设备所消耗的功率,称为用户的用电负荷或电力负荷。用电负荷是进行供配电系统设计的主要依据和参数。

根据建筑物的类别和用电负荷的性质,供电中断将造成人身伤亡和设备安全的影响、政治影响和经济损失程度的不同,按《民用建筑电气设计规范》(JGJ 16—2008)的规定。用电负荷分为三个等级,并由此确定其对供电电源的要求。

(1)一级负荷:指中断供电将造成人身伤亡;中断供电将在经济上造成重大损失;中断供电将影响重要用电单位的正常工作的电力负荷,如特别重要的交通枢纽、国家级大型体育中心、政府的电台、电视台、新闻中心,实时计算机网络系统等。在一级负荷中,若中断供电将造成重大设备损坏或发生中毒、爆炸和火灾等情况的负荷,以及特别重要场所的不允许中断供电的负荷,应视为一级负荷中特别重要的负荷。

(2)二级负荷:中断供电后将造成比较大的经济损失,损坏生产设备,产品大量减产,生产较长时间才能恢复,以及影响交通枢纽、通信设施等正常工作。造成大小城市、重要公共场所(如大型体育馆、大型影剧院等)的秩序混乱的电能用户为二级负荷。

(3)三级负荷:凡不属于一级负荷和二级负荷的一般电力负荷均为三级负荷,三级负荷对供电没特殊要求,一般都为单回路供电,但在可能情况下也应尽力提高供电的可靠性。

民用建筑中,一般把重要的医院,大型的商场、体育场、影剧院,重要的宾馆和电信电视中心列为一级负荷,其他的大多数属三级负荷。

2.建筑供电系统方案的选择

1)三级负荷

可由单电源供电,如图 5-1(a)所示。

2)二级负荷

一般应由上一级变电站的两段母线上引双回路进行供电,保证变压器或线路发生常见故障而中断供电时,能迅速恢复供电,如图 5-1(b)所示。

3)一级负荷

为保证供电的可靠性,对于一级负荷应由两个独立电源供电,如图 5-1(c)所示。即指双路独立电源中任一个电源发生故障或停电检修时,都不至于影响另一个电源的供电。对于一级负荷中特别重要的负荷,除双路独立电源外,还应增设第三电源或自备电源(如发电机组、蓄电池),如图 5-1(d)所示。根据用电负荷对停电时间的要求,确定应急电源接入方式。蓄电池为不间断电源,也称 UPS。柴油发电机组为自备应急电源,适用于停电时间为毫秒级。当允许中断供电时间为 1.5 s 以上时,可采用自动投入装置或专门馈电线路接入。对于允许 15 s 以上中断供电时间时,可采用快速自动启动柴油发电机组。

5.1.1.3　建筑低压配电系统的配电方式

建筑低压配电系统的配电线路由配电装置(配电盘)及配电线路(干线及分支线)组

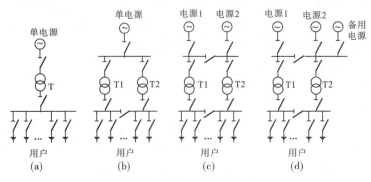

图 5-1　供电系统典型方案

成。常见的低压配电方式有放射式、树干式、链式及混合式 4 种,如图 5-2 所示。

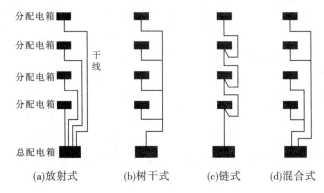

图 5-2　低压配电系统的配电方式

1. 放射式

由总配电箱直接供电给分配电箱或负载的配电方式称为放射式,如图 5-2(a)所示。放射式的优点是各个负荷独立受电,因而故障范围一般仅限于本回路。各分配箱与总配电柜(箱)之间为独立的干线连接,各干线互不干扰,当某线路发生故障需要检修时,只切断本回路而不影响其他回路,同时回路中电动机启动引起的电压的波动,对其他回路的影响也较小。缺点是所需开关和线路较多,造价高,系统灵活性较差。

放射式配电方式适用于设备容量大、要求集中控制的设备,要求供电可靠性高的重要设备配电回路,以及有腐蚀性介质和爆炸危险等场所的设备。

2. 树干式

树干式是从总配电柜(箱)引出一条干线,各分配电箱都从这条干线上直接接线,如图 5-2(b)所示。

树干式的优点是投资省,结构简单,施工方便,易于扩展。缺点是供电可靠性较差,一旦干线任一处发生故障,都有可能影响到整条干线,故障影响的范围较大。这种配电方式常用于明敷设回路,设备容量较小,对供电可靠性要求不高的设备。

3. 链式

链式也是在一条供电干线上连接多个用电设备或分配电箱,与树干式不同的是其线路的分支点在用电设备上或分配电箱内,即后面设备的电源引自前面设备的端子,如

图 5-2(c)所示。优点是线路上无分支点,适合穿管敷设或电缆线路,节省有色金属。缺点是线路或设备检修以及线路发生故障时,相连设备全部停电,供电的可靠性差。

这种配电方式适用于暗敷设线路,供电可靠性要求不高的小容量设备,一般串联的设备不宜超过 3~4 台,总容量不宜超过 10 kW。

4. 混合式

在实际工程中,照明配电系统不是单独采用某一种形式的低压配电方式,多数是综合形式,这种接线方式可根据负荷的重要程度、负荷的位置、容量等因素综合考虑。如在一般民用住宅所采用的配电形式多数为放射式与树干式或者链式的结合,如图 5-2(d)所示。

在实际工程中,总配电箱向每个楼梯间的配电方式一般采用放射式,不同楼层间的配电箱为树干式或者链式配电。

5.1.1.4　建筑低压配电系统

1. 照明配电系统

照明配电系统的特点是按建筑的布局选择若干配电点,一般情况下,在建筑物形成的每个沉降与伸缩区内设 1~2 个配电点,其位置应使照明支路线的长度不超过 40 m,如条件允许最好将配电点选在负荷中心。

建筑物为平房,一般按所选的配电点连接成树干式配电系统。

当建筑物为多层楼房时,可在底层设进线电源配电箱或总配电室,其内设置可切断整个建筑照明供电的总开关和电能表,作为紧急事故或维护干线时切断总电源和计量建筑用电用。建筑的每层均设置照明分配电箱,分配电箱时要做到三相负荷基本平衡。

分配电箱内设照明支路开关及便于切断各支路电源的总开关,考虑短路和过流保护均采用空气开关或熔断器。每个支路开关应注明负荷容量、计算电流、相别及照明负荷的所在区域。当支路开关不多于 3 个时,也可不设总开关,并要考虑设置漏电保护装置。

2. 动力配电系统

动力负荷的使用性质分为多种,如建筑设备(电梯、自动门等)、建筑设备机械(水泵、通风机等)、各种专业设备(炊事、医疗、试验设备等)。动力负荷的配电需按电价、使用性质归类,按容量及方位分路。对集中负荷采取放射式配电干线;对分散负荷采取树干式配电,依次连接各个动力负荷配电盘。

多层建筑物当各层均有动力负荷时,宜在每个伸缩沉降区的中心每层设置动力配电点,并设分总开关作为检修或紧急事故切断电源用。电梯设备的配电,一般采取直接由总配电装置引至屋顶机房。

5.1.2　建筑低压供配电系统施工图的识读

5.1.2.1　建筑电气工程施工图的概念

建筑电气工程施工图,是用规定的图形符号和文字符号表示系统的组成及连接方式、装置和线路的具体的安装位置与走向的图纸。

建筑电气工程图的特点:

(1)建筑电气工程图大多是采用统一的图形符号并加注文字符号绘制的。

（2）建筑电气工程所包括的设备、器具、元器件之间是通过导线连接起来，构成一个整体，导线可长可短，能比较方便地表达较远的空间距离。

（3）电气设备和线路在平面图中并不是按比例画出它们的形状及外形尺寸，通常用图形符号来表示，线路中的长度是用规定的线路的图形符号按比例绘制的。

（4）建筑电气工程图对于设备的安装方法、质量要求以及使用维修方面的技术要求等往往不能完全反映出来，所以在阅读图纸时有关安装方法、技术要求等问题，要参照相关图集和规范。

5.1.2.2　建筑电气工程图的类别

1. 系统图

系统图是用规定的符号表示系统的组成和连接关系，它用单线将整个工程的供电线路示意连接起来，主要表示整个工程或某一项目的供电方案和方式，也可以表示某一装置各部分的关系。系统图包括供配电系统图（强电系统图）、弱电系统图。

2. 平面图

平面图是用设备、器具的图形符号和敷设的导线（电缆）或穿线管路的线条画在建筑物或安装场所，用以表示设备、器具、管线实际安装位置的水平投影图，是表示装置、器具、线路具体平面位置的图纸。

强电平面包括电力平面图、照明平面图、防雷接地平面图、厂区电缆平面图等；弱电部分包括消防电气平面布置图、综合布线平面图、电话通信平面图等。

3. 控制原理图

控制原理图包括系统中各所用电气设备的电气控制原理，用以指导电气设备的安装和控制系统的调试运行工作。

4. 安装接线图

安装接线图包括电气设备的布置与接线，应与控制原理图对照阅读，进行系统的配线和调校。

5. 安装大样图（详图）

安装大样图是详细表示电气设备安装方法的图纸，对安装部件的各部位注有具体图形和详细尺寸，是进行安装施工和编制工程材料计划时的重要参考。

5.1.2.3　建筑电气工程施工图的组成

电气工程施工图纸的组成有首页、电气系统图、平面布置图、安装接线图、大样图和标准图等。

1. 首页

主要包括目录、设计说明、图例、主要设备材料表。

（1）设计说明包括的内容：设计依据、工程概况、负荷等级、保安方式、接地要求、负荷分配、线路敷设方式、设备安装高度、施工图未能表明的特殊要求、施工注意事项、测试参数及业主的要求和施工原则。

（2）图例：即图形符号，通常只列出本套图纸中涉及的图形符号，在图例中可以标注装置与器具的安装方式和安装高度。

（3）主要设备材料表：表明本套图纸中的主要电气设备、器具及材料明细，它是编制购置设备、材料计划的重要依据之一。

2.电气系统图

指导组织定购,安装调试。

3.平面布置图

指导施工与验收的依据。

4.安装接线图

指导电气安装,检查接线。

5.标准图集

指导施工及验收的依据。

5.1.2.4 电气施工图的阅读方法

(1)熟悉电气图例符号,弄清图例、符号所代表的内容。

电气符号主要包括文字符号、图形符号、项目代号和回路标号等。在绘制电气工程图时,所有电气设备和电气元件都应使用国际统一标准符号,当没有国际标准符号时,可采用国家标准或行业标准符号。要想看懂电气图,就应了解各种电气符号的含义、标准、原则和使用方法,充分掌握由图形符号和文字符号所提供的信息,才能正确地识图。

电气技术文字符号在电气图中一般标注在电气设备、装置和元器件图形符号上或者其近旁,以表明设备、装置和元器件的名称、功能、状态和特征。

常见电气图形符号如表 5-1 所示。

表 5-1 常见电气图形符号

⊗	普通灯	▤	三管荧光灯	▣▣	按钮盒
◉	防水防尘灯	⊡	安全出口指示灯	▼	带保护接点暗装插座
Ο	隔爆灯	▣	自带电源事故照明灯	▲	带接地插孔暗装三相插座
⌒	壁灯	▼	天棚灯	⊻	暗装单相插座
▦	嵌入式方格栅吸顶灯	●	球形灯	Y	单相插座
✕	墙上座灯	⌁	暗装单极开关	Ⅴ	带保护接点插座
⊡	单相疏散指示灯	⌁	暗装双极开关	⋈	插座箱
⊡	双相疏散指示灯	⌁	暗装三极开关	⊻	电信插座
⊢	单管荧光灯	⌁	双控开关	▼▼	双联二三极暗装插座
⊨	双管荧光灯	⊠	钥匙开关	Ⅴ	带有单极开关的插座
⬛	动力配电箱	⊠	电源自动切换箱	▬	照明配电箱

(2)针对一套电气施工图,一般应先按以下顺序阅读,然后对某部分内容进行重点识读。

①看标题栏及图纸目录。了解工程名称、项目内容、设计日期及图纸内容、数量等。

②看设计说明。了解工程概况、设计依据等,了解图纸中未能表达清楚的各有关事项。

③看设备材料表。了解工程中所使用的设备、材料的型号、规格和数量。

④看系统图。了解系统基本组成,主要电气设备、元件之间的连接关系以及它们的规格、型号、参数等,掌握该系统的组成概况。

⑤看平面布置图。如照明平面图、插座平面图、防雷接地平面图等。了解电气设备的规格、型号、数量及线路的起始点、敷设部位、敷设方式和导线根数等。平面图的阅读可按照以下顺序进行:电源进线—总配电箱干线—支线—分配电箱—电气设备。

⑥看控制原理图。了解系统中电气设备的电气自动控制原理,以指导设备安装调试工作。

⑦看安装接线图。了解电气设备的布置与接线。

⑧看安装大样图。了解电气设备的具体安装方法、安装部件的具体尺寸等。

(3)抓住电气施工图要点进行识读。

在识图时,应抓住电气施工图要点进行识读,如:

①在明确负荷等级的基础上,了解供电电源的来源、引入方式及路数;

②了解电源的进户方式是由室外低压架空引入还是电缆直埋引入;

③明确各配电回路的相序、路径、管线敷设部位、敷设方式以及导线的型号和根数;

④明确电气设备、器件的平面安装位置。

(4)结合土建施工图进行阅读。

电气施工与土建施工结合得非常紧密,施工中常常涉及各工种之间的配合问题。电气施工平面图只反映了电气设备的平面布置情况,结合土建施工图的阅读还可以了解电气设备的立体布设情况。

(5)熟悉施工顺序,便于阅读电气施工图。如识读配电系统图、照明与插座平面图时,就应首先了解室内配线的施工顺序。

①根据电气施工图确定设备安装位置、导线敷设方式、敷设路径及导线穿墙或楼板的位置;

②结合土建施工进行各种预埋件、线管、接线盒、保护管的预埋;

③装设绝缘支持物、线夹等,敷设导线;

④安装灯具、开关、插座及电气设备;

⑤进行导线绝缘测试、检查及通电试验;

⑥工程验收。

(6)识读时,施工图中各图纸应协调配合阅读。

对于具体工程来说,为说明配电关系时需要有配电系统图;为说明电气设备、器件的具体安装位置时需要有平面布置图;为说明设备工作原理时需要有控制原理图;为表示元件连接关系时需要有安装接线图;为说明设备、材料的特性、参数时需要有设备材料表等。这些图纸各自的用途不同,但相互之间是有联系并协调一致的。在识读时应根据需要,将各图纸结合起来识读,以达到对整个工程或分部项目全面了解的目的。

5.1.2.5　阅图注意事项

(1)接受图纸后必须按图纸目录清点数量是否齐全;

(2)图纸内容变更手续是否齐全;

（3）图纸审批手续是否齐全；

（4）设计引用规范是否有效；

（5）技术参数、标准、型号是否齐全正确；

（6）阅图发现错误、疑问时,应通过技术联系单同甲方或设计单位确认。

上述注意事项可以在扩初设计或施工交底的会议上一并解决。

5.1.2.6 常用电气文字标注

1. 照明灯具的标注

灯具的标注是在灯具旁按灯具标注规定标注灯具数量、型号、灯具中的光源数量和容量、悬挂高度及安装方式。照明灯具的标注一般用于平面图中。文字标注方式一般为

$$a - b\frac{c \times d \times l}{e}f$$

其中　a——灯具的数量；

　　　b——灯具的型号或编号；

　　　c——每盏照明灯具的灯泡（管）数；

　　　d——灯泡容量,W；

　　　l——光源的种类；

　　　e——灯具安装高度,m；

　　　f——灯具安装方式。

常用光源的种类有白炽灯（IN）、荧光灯（FL）、汞灯（Hg）、钠灯（Na）、碘类（I）、氙灯（Xe）、氖灯（Ne）等,但光源种类一般很少标注。

灯具安装方式的文字代号见表5-2。

表5-2　灯具安装方式标注

序号	名称	标注文字符号		序号	名称	标注文字符号	
		新标准	旧标准			新标准	旧标准
1	线吊式	SW	WP	7	顶棚内安装	CR	无
2	链吊式	CS	C	8	墙壁内安装	WR	无
3	管吊式	DS	P	9	支架上安装	S	无
4	壁装式	W	W	10	柱上安装	CL	无
5	吸顶式	C	—	11	座装	HM	无
6	嵌入式	R	R	12	台上安装	T	无

如图5-3（a）所示,表示2盏Y40直管型荧光灯,每盏灯具中装设3只功率为40 W的灯管,灯具的安装高度为2.5 m,灯具采用链吊式（CS）安装方式。

如果灯具为吸顶安装,那么安装高度可用"—"号表示,如图5-3（b）所示表示1盏天棚灯,每盏灯具中装设1只功率为60 W的灯泡,灯具采用吸顶式安装。在同一房间内的多盏相同型号、相同安装方式和相同安装高度的灯具,可以只标注一处。

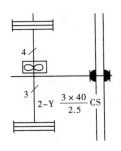　　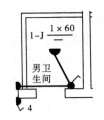

(a)荧光灯链吊式安装　　　　(b)天棚灯吸顶式安装

图5-3　灯具标注方式

2. 配电线路的标注

电气施工图一般都绘制在简化了的土建平面图上,为了突出重点,土建部分用细实线表示,电气管线用粗实线表示。

配电线路的标注用以表示线路的敷设方式及敷设部位,采用英文字母表示。配电线路的标注格式为

$$a - b(c \times d)e - f$$

其中　　a——线路的编号;

　　　　b——导线的型号;

　　　　c——导线的根数;

　　　　d——导线的截面面积,mm^2;

　　　　e——敷设方式,保护管管径,mm;

　　　　f——线路的敷设部位。

线路敷设方式的文字符号见表5-3。

表5-3　线路敷设方式文字符号

序号	名称	标注文字符号		序号	名称	标注文字符号	
		新标准	旧标准			新标准	旧标准
1	穿焊接钢管敷设	SC	S 或 G	8	用钢索敷设	M	M
2	穿电线管敷设	MT	T	9	直接埋设	DB	无
3	穿硬塑料管敷设	PC	P	10	穿金属软管敷设	CP	F
4	穿阻燃半硬聚氯乙烯管敷设	FPC	无	11	穿塑料波纹电线管敷设	KPC	无
5	电缆桥架敷设	CT	CT	12	电缆沟架敷设	TC	无
6	金属线槽敷设	MR	MR	13	混凝土排管敷设	CE	无
7	塑料线槽敷设	PR	PR	14	用瓷瓶或瓷柱敷设	K	K

线路敷设部位的文字符号见表5-4。

表 5-4 线路敷设部位文字符号

序号	名称	标注文字符号		序号	名称	标注文字符号	
		新标准	旧标准			新标准	旧标准
1	沿或跨梁(屋架)敷设	AB	B	6	暗敷设在墙内	WC	WC
2	暗敷设在梁内	BC	B	7	沿天棚或顶板面敷设	CE	CE
3	沿或跨柱敷设	AC	C	8	暗敷设在屋面或顶板内	CC	无
4	暗敷设在柱内	CLC	C	9	吊顶内敷设	SCE	SC
5	沿墙面敷设	WS	WS	10	地板或地面下敷设	F	FC

例如:WP_1 – BV(3×50 + 1×35) – CT – CE 表示:1 号动力线路(WP_1),导线型号为铜芯塑料绝缘线(BV),3 根 50 mm²(3×50)、1 根 35 mm²(1×35),用电缆桥架敷设(CT),沿顶棚面敷设(CE)。

又如 WL_2 – BV – 3×2.5 – SC15 – WC 表示:2 号照明线路、3 根 2.5 mm² 铜芯塑料绝缘导线穿钢管沿墙暗敷。

5.1.2.7 读图的方法和步骤

1. 读图的原则

就建筑电气施工图而言,一般应遵循"六先六后"的原则,即先强电后弱电、先系统后平面、先动力后照明、先下层后上层、先室内后室外、先简单后复杂。

2. 读图的方法及顺序

首页:目录、设计说明、图例、设备器材表。

(1)看标题栏:了解工程项目名称内容、设计单位、设计日期、绘图比例。

(2)看目录:了解单位工程图纸的数量及各种图纸的编号。

(3)看设计说明:了解工程概况、供电方式以及安装技术要求。特别应注意的是有些分项局部问题是在各分项工程图纸上说明的,看分项工程图纸时也要先看设计说明。

(4)看图例:充分了解各图例符号所表示的设备器具名称及标注说明。

(5)看系统图:各分项工程都有系统图,如变配电工程的供电系统图、电气工程的电力系统图、电气照明工程的照明系统图,了解主要设备、元件连接关系及它们的规格、型号、参数等。作用:指导组织订购和安装调试。

(6)看平面图:了解建筑物的平面布置、轴线、尺寸、比例,各种变配电设备、用电设备的编号、名称和它们在平面上的位置,各种变配电设备起点、终点、敷设方式及在建筑物中的走向。作用:指导施工与验收依据。

(7)看电路图、接线图:了解系统中用电设备控制原理,用来指导设备安装及调试工作,在进行控制系统调试及校线工作中,应依据功能关系从上至下或从左至右逐个回路地阅读,电路图与接线图端子图配合阅读。

(8)看标准图:标准图详细表达设备、装置、器材的安装方式方法。作用:指导施工与验收的依据。

(9)看设备材料表:设备材料表提供了该工程所使用的设备、材料的型号、规格、数量,是编制施工方案、编制预算、材料采购的重要依据。

5.1.2.8 建筑电气施工图实例

某设备用房的电气施工图如图 5-4 ~ 图 5-14 所示。

设计说明:

一、设计依据

　1.民用建筑电气设计规范(JGJ/T 16—92)

二、供配电系统

　1.供配电系统采用 3N ~ 50 Hz,380 V/220 V 引自厂区变电所(亭),采用 TN – C – S 接地方式。

　2.进户线采用 VV22 铜芯电缆,其他均采用 BV – 500 铜芯塑料线,共 70 m。

　3.进户线动力线采用镀锌钢管暗敷,其他均采用阻燃塑料管暗敷。

　4.图中未标注截面及根数者为 2.5 m², 2 根,未标管径者 2 ~ 4 根线为 FPC15,5 ~ 6 根线为 FPC15(内径)。

图 例 符 号

序号	符号	名称	型号及规格	备注
1	 ▭▭	双管荧光灯	2 × 40 W	链吊,距地2.8 m
2	⊗	防水防尘灯	100 W	吸顶式,车库
3	⊠	墙座灯头	40 W	距地2.2 m
4	◠	吸顶灯	60 W	吸顶式
5	●	防水圆球吸顶灯	60 W	吸顶式
6	 ⬦	开关		距地1.3 m
7	⬦	单相二、三孔安全插座		距地0.3 m
8	▬▬	配电箱		底边距地1.5 m 嵌入式
9				
10				
11				

注:灯具型号及厂家由用户自行选择确定

工程名称	设备用房		
图名	图例		
比例	1:100	图号	电施 D – 02

图 5-4　设计说明

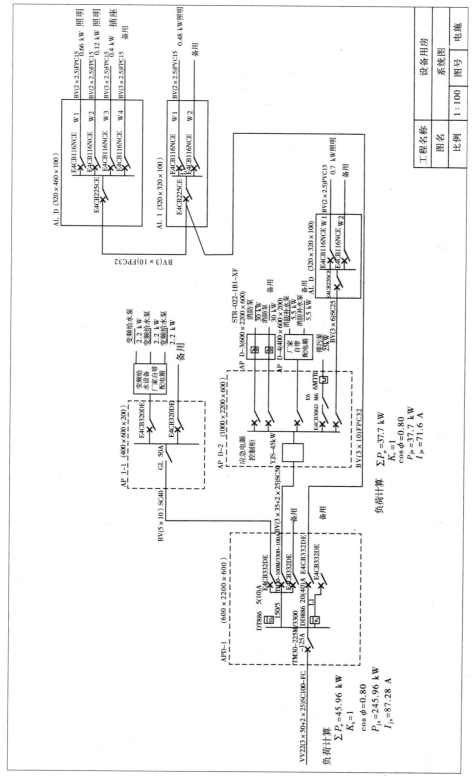

图 5-5 总系统图

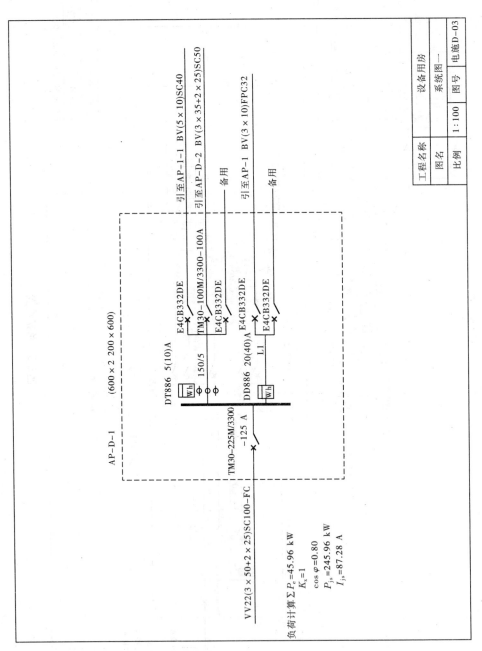

图 5-6　系统图一

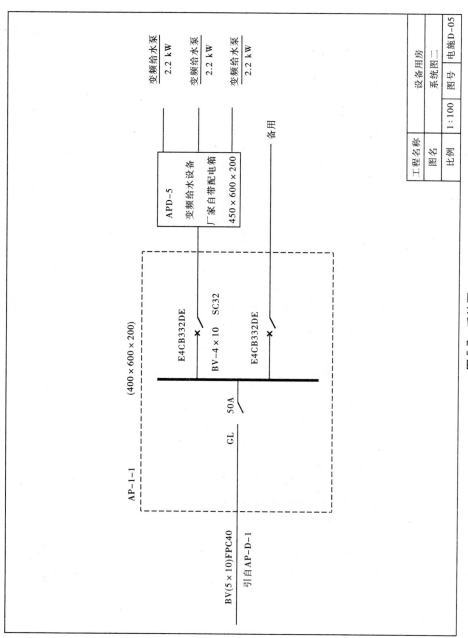

图 5-7　系统图二

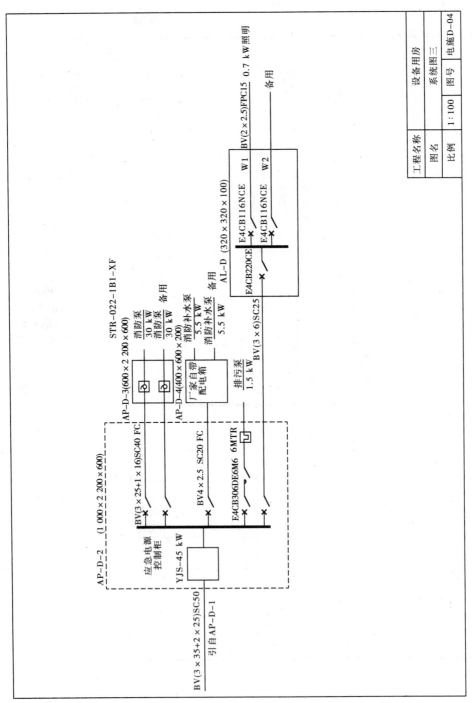

图 5-8　系统图三

工程名称		设备用房
图名		系统图三
比例	1:100	图号 电施D-04

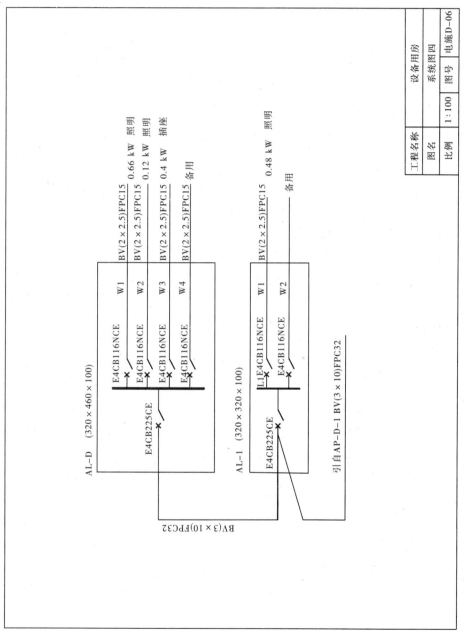

图 5-9　系统图四

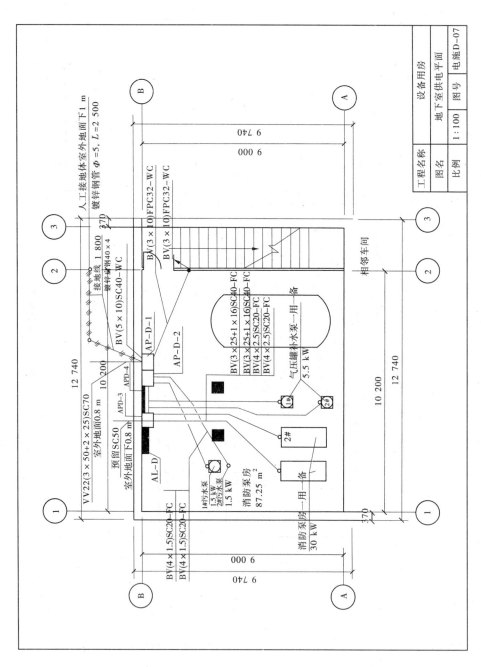

图 5-10　地下室供电平面图

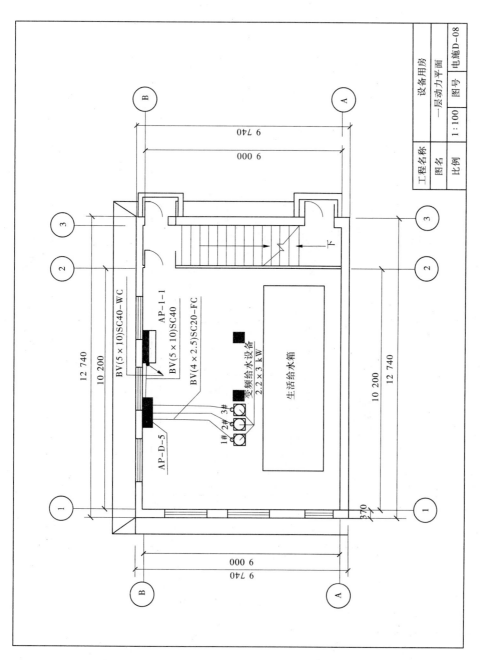

图 5-11　一层动力平面图

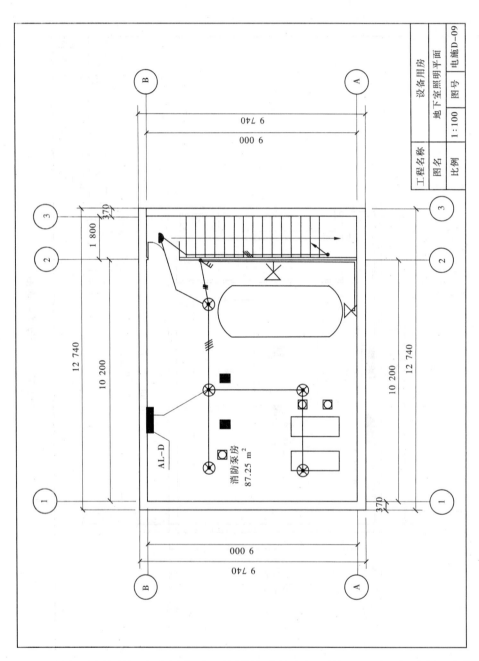

图 5-12 地下室照明平面图

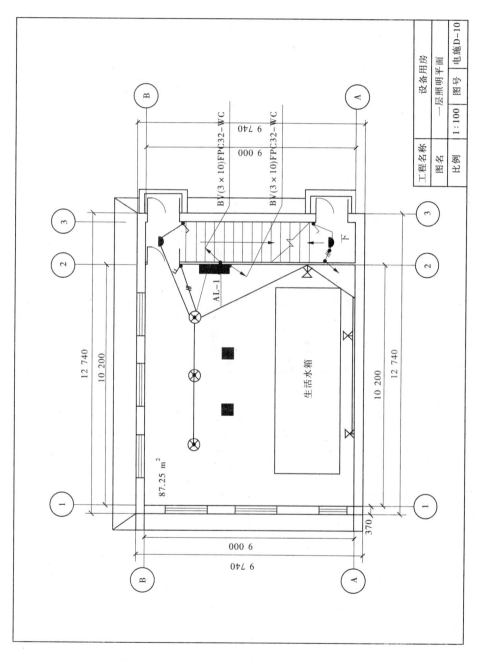

图5-13　一层照明平面图

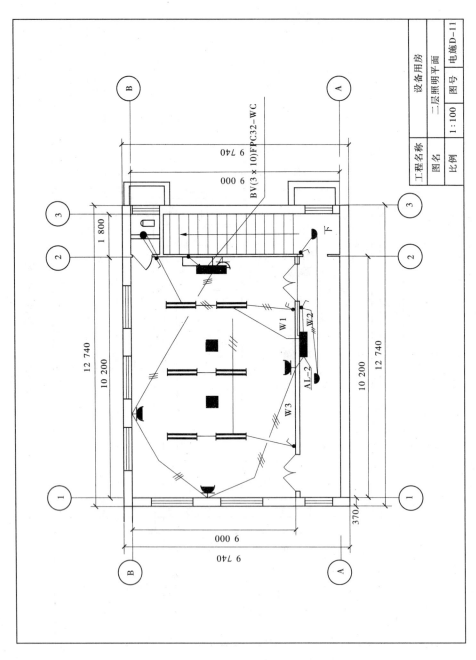

图 5-14　二层照明平面图

5.2　建筑低压供配电系统线路敷设

5.2.1　建筑低压供配电系统线路

5.2.1.1　架空线路

当市电为架空线路时,建筑物的电源宜采用架空线路引入方式。

架空线路主要由导线、电杆、横担、绝缘子和线路金具等组成。其优点是设备材料简单,成本低;容易发现故障,维护方便。缺点是易受外界环境的影响,供电可靠性较差;影响环境的整洁美观等。

5.2.1.2　电缆线路

当市电为地下电缆线路时,电源引入采取地下电缆引入方式。

电缆线路的优点是不受外界环境影响,供电可靠性高,不占用土地,有利于环境美观;缺点是材料和安装成本高。在低压配电线路中广泛采用电缆线路。

电缆敷设有直埋、电缆沟、排管、架空等方式,直埋电缆必须采用有铠装保护的电缆。埋设深度不小于 0.70 m;电缆敷设应选择路径最短、转弯最少、少受外界因素影响的路线。地面上在电缆拐弯处或进建筑物处要埋设标示桩,以备日后施工维护时参考。

5.2.2　配电箱(盘)安装

5.2.2.1　配电箱(盘)

在整个建筑内部的公共场所和房间内大量设置有配电箱(盘),其内装有所管范围内的全部用电设备的控制和保护设备,其作用是接受和分配电能。如图 5-15 所示。

图 5-15　配电箱

1.配电箱(盘)的布置

从技术性方面考虑,应保证每个分配电箱的各相供电负荷均衡,其不均匀程度小于 30%,在总盘的供电范围内,各相负荷的不均匀程度小于 10%。

从可靠性考虑,供电总干线中的电流一般为 60～100 A。每个配电箱(盘)的单相分支线,不应超过 6～9 路;每路分支线上设一个空气开关或熔断器;每支路所接设备(如灯具和插座等)总数不宜超过 20 个(最多不超过 25 个),花灯、彩灯、大面积照明灯等回路除外。

从经济性考虑,配电箱(盘)设置应位于用电负荷的中心,以缩短配电线路,减少电压损失。一般规定,单相配电箱(盘)供电半径 30 m,三相配电箱(盘)供电半径 60～80 m。各层配电箱(盘)的位置应在多层建筑中在相同的平面处,以利于配线和维护,且设置在操作维护方便、干燥通风、采光良好处,并注意不要影响建筑美观和结构合理的配合。

2.盘面布置及尺寸

根据盘内设备的类型、型号和尺寸,结合供电工艺情况对设备作合理布置,按照设计手册的相应规定,确定各设备之间的距离,则可确定盘面的布置和尺寸。为方便设计和施工,应尽量采用设计手册中所推荐的典型盘面布置方案。

5.2.2.2　配电柜

配电柜又称开关柜,是用于安装高、低压配电设备和电动机控制保护设备的定型柜。安装高压设备的称高压开关柜,安装低压设备的称低压配电柜。

1.高压开关柜

高压开关柜按结构形式分有固定式、活动式和手车式三种。固定式是柜内设备均固定安装,需到柜内进行安装维护,典型产品如 GG-1A 型开关柜,各开关柜均有厂家推荐的标准接线方案和固定的外形尺寸,如图 5-16 所示。

2.低压配电柜

低压配电柜按结构形式分为离墙式、靠墙式和抽屉式三种类型。离墙式为双面维护,有利于检修,但占地面积大;靠墙式不利于检修,但适用于场地较小或扩建改建工程;抽屉式优点很多,可用备用抽屉迅速替换发生故障的单元回路而立即恢复供电,而且回路多、占地少。但因结构复杂、加工困难、价格较高等,目前国内抽屉式配电柜的应用尚不普遍。各低压柜均有标准接线方案和固定的外形尺寸,如图 5-17 所示。

图 5-16　GG-1A 型高压开关柜　　　　图 5-17　抽屉式低压配电柜

5.2.2.3　配电箱安装工艺

1.施工准备

1)材料要求

铁制配电箱:箱体应有一定的机械强度,周边平整无损伤,油漆无脱落,二层底板厚度不小于 1.5 mm,不得采用阻燃型塑料板做二层底板,箱内各种器具应安装牢固,导线排列整齐,压接牢固,应为两部定点厂产品,并有产品合格证。

镀锌材料:有角钢、扁铁、铁皮、机螺丝、螺栓、垫圈、圆钉等。

绝缘导线:导线的型号规格必须符合设计要求,并有产品合格证。

其他材料:电器仪表、熔丝(或熔片)、端子板、绝缘嘴、铝套管、卡片框、软塑料管、木砖射钉、塑料带、黑胶布、防锈漆、灰油漆、焊锡、焊剂、电焊条(或电石、氧气)、水泥、砂子。

2)主要机具

铅笔、卷尺、方尺、水平尺、钢板尺、线坠、桶、刷子、灰铲等;手锤、錾子、钢锯、锯条、木锉、扁锉、圆锉、剥线钳、尖嘴钳、压接钳、活扳子、套筒扳子、锡锅、锡勺等;台钻、手电钻、钻头、台钳、案子、射钉枪、电炉、电(气)焊工具、绝缘手套、铁剪子、点冲子、兆欧表、工具袋、工具箱、高凳等。

3)作业条件

随土建结构预留好暗装配电箱的安装位置;预埋铁架或螺栓时,墙体结构应弹出施工水平线;安装配电箱盘面时,抹灰、喷浆及油漆应全部完成。

2. 配电箱安装要求

(1)配电箱应安装在安全、干燥、易操作的场所。配电箱安装时,其底口距地一般为1.5 m;明装时底口距地1.2 m;明装电度表板底口距地不得小于1.8 m。在同一建筑物内,同类盘的高度应一致,允许偏差为10 mm。

(2)弹线定位。根据设计要求找出配电箱位置,并按照箱(盘)的外形尺寸进行弹线定位。

(3)明装配电箱。铁架固定配电箱:将角钢调直,量好尺寸,画好锯口线,锯断煨弯,钻孔位,焊接。煨弯时用方尺找下,再用电(气)焊将对口缝焊牢,并将埋注端做成燕尾,然后除锈,刷防锈漆。再按照标高用水泥砂浆将铁架燕尾端埋注牢固,埋入时要注意铁架的平直程度和孔间距离,应用线坠和水平尺测量准确后再稳注铁架。待水泥砂浆凝固后方可进行配电箱的安装。

金属膨胀螺栓固定配电箱:采用金属膨胀螺栓可在混凝土墙或砖墙上固定配电箱。其方法是找出准确的固定点位置,用电钻或冲击钻在固定点位置钻孔,其孔径应刚好将金属膨胀螺栓的胀管部分埋入墙内,且孔洞应平直,不得歪斜。

3. 电盘配线

根据电具、仪表的规格、容量和位置,选好导线的截面和长度,加以剪断进行组配。盘后导线应排列整齐,绑扎成束。压头时,将导线留出适当余量,削出线芯,逐个压牢。但是多股线需用压线端子。如立式盘,开孔后应首先固定盘面板,然后进行配线。

4. 配电箱的固定

在混凝土墙或砖墙上固定明装配电箱时,采用暗配管及暗分线盒和明配管两种方式。如有分线盒,先将盒内杂物清理干净,然后将导线理顺,分清支路和相序,按支路绑扎成束。待箱(盘)找准位置后,将导线端头引至箱内或盘上,逐个剥削导线端头,再逐个压接在器具上,同时将 PE 保护地线压在明显的地方,并将箱(盘)调整平直后进行固定。在电具、仪表较多的盘面板安装完毕后,应先用仪表校对有无差错,调整无误后试送电,将卡片框内的卡片填写好部位、编上号。

在木结构或轻钢龙骨护板墙上进行固定配电箱时,应采用加固措施。如配管在护板墙内暗敷设,并有暗接线盒时,要求盒口应与墙面平齐,在木制护板墙处应做防火处理,可涂防火漆或加防火材料衬里进行防护。除以上要求外,有关固定方法同上所述。

暗装配电箱的固定:根据预留孔洞尺寸先将箱体找好标高及水平尺寸,并将箱体固定好,然后用水泥砂浆填实周边并抹平齐,待水泥砂浆凝固后再安装盘面和贴脸。如箱底与外墙平齐,应在外墙固定金属网后再做墙面抹灰。不得在箱底板上抹灰。安装盘面要求平整,周边间隙均匀对称,贴脸(门)平正、不歪斜,螺丝垂直受力均匀。

5. 绝缘摇测

配电箱全部电器安装完毕后,用 500 V 兆欧表对线路进行绝缘摇测。摇测项目包括相线与相线之间、相线与中性线之间、相线与保护地线之间,中性线与保护地线之间。两人进行摇测,同时做好记录,作为技术资料存档。

6. 质量标准

主要项目:低压配电器具的接地保护措施和其他安全要求必须符合施工验收规范规定;一般项目:配电箱安装应符合以下规定,位置正确,部件齐全,箱体开孔合适,切口整齐。暗式配电箱箱盖紧贴墙面;中性线经汇流排(N 线端子)连接,无绞接现象;油漆完整,盘内外清洁,箱盖开关灵活,回路编号齐全,结线整齐,PE 保护地线不串接,安装明显牢固,导线截面、线色符合规范规定。

7. 允许偏差

配电箱体高 50 mm 以下,允许偏差 1.5 mm;配电箱体高 50 mm 以上,允许偏差 3 mm。检验方法:吊线、尺量检查。

8. 成品保护

配电箱安装后,应采取成品保护措施,避免碰坏和弄脏电具、仪表;安装箱(盘)面板时(或贴脸),应注意保护墙面整洁。

9. 质量记录

配电箱,绝缘导线产品出厂合格证;配电箱安装工程预检、自检、互检记录;设计变更洽商记录,竣工图;电气绝缘电阻测试记录;电气照明器具及其配电箱安装分项工程质量检验评定记录。

5.2.3　进户线敷设

建筑物的供电电源无论是采用高压电源还是低压电源,其电源进户线装置都可分为架空进线和电缆埋地进线两种进线方式。一般而言,架空进线的特点是造价低和施工维修方便等,为了不使其影响建筑物主立面的效果,通常将架空进线装置设置在建筑物的侧面或背面,如图 5-18 所示。当建筑物的外装饰要求较高时,应采用电缆埋地的方式引入电源,其特点是安全可靠,且不影响建筑物的外观效果。

图 5-19 为常见的电缆埋地引入电源的做法,带防腐层的铠装电缆直埋于室外地坪以下 0.7~1.0 m,电缆引入室内时,穿墙或钢筋混凝土基础处应预埋钢管加以保护,保护管在室外部分的长度应大于建筑物散水的宽度。作为进户线的电缆尽量采用整条电缆,避免电缆接头。必需的电缆接头应设置在人孔井或手孔井处,并做好标志,以便于检修。

5.2.4　导线、电缆导管和线槽敷设

5.2.4.1　导线与电缆

1. 导线

导线又称电线,常用导线可分为绝缘导线和裸导线。导线的线芯要求导电性能好、机械强度大、质地均匀、表面光滑、无裂纹、耐蚀性好。导线的绝缘层要求绝缘性能好、质地柔韧且具有相当的机械强度,能耐酸、碱、油等的侵蚀。

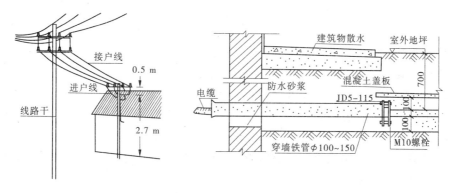

图 5-18　架空进线示意图　　　　　图 5-19　电缆埋地进线示意图

　　裸导线(无绝缘层的导线称为裸导线)一般用于架空线路。常用的裸导线有铝绞线、钢芯铝绞线、铜绞线、钢绞线等。

　　铝绞线机械强度小,常用于输送电压 10 kV 以下的线路上,其档距不超过 25 ~ 50 m。钢芯铝绞线机械强度较高,在高压架空线路上应用广泛。铜绞线具有很高的导电性能和足够的机械强度,但由于铜绞线价格较贵,在高压线路中较少使用。钢绞线的特点是机械强度高、电阻率大、易生锈,通常用在输送电压 35 kV 及以上高压架空线路中作为避雷线。为防止生锈应采用镀锌钢绞线。

　　建筑物内的动力和电气照明线路一般采用绝缘导线。具有绝缘包层(单层或数层)的导线称为绝缘导线。按绝缘材料的不同绝缘导线分为橡皮绝缘导线和塑料绝缘导线;按芯线材料的不同绝缘导线分为铜芯导线和铝芯导线;按芯线构造不同绝缘导线分单芯、双芯、多芯导线等;按线芯股数绝缘导线分单股和多股导线。

　　橡皮绝缘导线供交流 500 V 及其以下或直流电压 1 000 V 及其以下的电路中配电和连接仪表用。塑料绝缘导线常用聚氯乙烯绝缘,用作交流电压 500 V 及其以下或直流电压 1 000 V 及其以下的电路中配电和连接仪表。常用绝缘导线型号、名称及主要应用范围见表 5-5。

表 5-5　常用绝缘导线型号、名称及主要应用范围

型号	名称	主要应用范围
BX 、BLX	铜、铝芯橡皮线	室内明敷或穿管暗敷
BV 、BLV	铜、铝芯塑料线	
BBX 、BBLX	铜、铝芯玻璃丝橡皮线	室内外明敷或穿管暗敷
BVV 、BLVV	铜、铝芯塑料护套线	室内明敷或穿管暗敷
BVR	铜芯塑料软绞线	适用于室内,作仪表、开关连接及要求柔软导线场合
BXF 、BLXF	铜、铝芯氯丁橡皮线	适用于穿管及户外敷设

　　导线的规格有 1 mm²、1.5 mm²、2.5 mm²、4 mm²、6 mm²、10 mm²、16 mm²、25 mm²、35

mm^2、50 mm^2、70 mm^2、95 mm^2、120 mm^2、150 mm^2、185 mm^2、240 mm^2 等。

2.电缆

电缆是既有绝缘层又有保护层的导体,一般都由线芯、绝缘层和保护层三个主要部分组成。电缆按其用途可分为电力电缆、控制电缆、通信电缆、其他电缆;按电压可分为低压电缆、高压电缆;按绝缘材料不同可分为油浸纸电缆、橡皮绝缘电缆和塑料绝缘电缆;按芯数可分为单芯、双芯、三芯、四芯及多芯电缆。

1)电缆构造及型号

电缆的型号中包含用途类别、绝缘材料、导体材料、铠装保护层等,电缆型号及适用范围见表5-6。

表5-6　电缆型号及适用范围

型号	名称		主要适用范围
YHQ	橡套电缆	软型橡套电缆	交流 250 V 以下移动式用电装置,能受较小机械力
YZH		中型橡套电缆	交流 500 V 以下移动式用电装置,能受相当的机械力
YHC		重型橡套电缆	交流 250 V 以下移动式用电装置,能受较大机械力
铜芯 VV29	电力电缆	聚氯乙烯绝缘	敷设于地下,能承受机械外力作用,但不能承受大的拉力
铝芯 VLV29		聚氯乙烯护套铠装电缆	
铜芯 KVV	控制电缆	聚氯乙烯绝缘	敷设于室内、沟内或支架上
铝芯 KLV		聚氯乙烯护套铠装电缆	

2)常用电力电缆

(1)电力电缆。电力电缆是用来输送和分配大功率电能的导线。无铠装的电力电缆适用于室内、电缆沟内、电缆桥架内和穿管敷设,不可承受压力和拉力。钢带铠装电力电缆适用于直埋敷设,能承受一定的压力,但不能承受拉力。电力电缆的构造如图 5-20 所示。

(2)交联聚乙烯绝缘电力电缆。简称 XLPE 电缆,即把热塑性的聚乙烯转变成热固性的交联聚乙烯塑料,从而大幅度地提高了电缆的耐热性和使用寿命,并具有良好的电气性能。

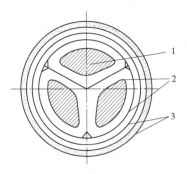

1—缆芯;2—绝缘;3—防护层

图 5-20　三芯电力电缆剖面图

(3)聚氯乙烯绝缘聚氯乙烯护套电力电缆。该电缆长期工作温度不超过 70 ℃,电缆导体的最高温度不超过 160 ℃,短路最长持续时间不超过 5 s。

（4）预制分支电缆。预制分支电缆是电力电缆的新品种。预制分支电缆不用在现场加工制作电缆分支接头和电缆绝缘穿刺线夹分支，而是由电缆生产厂家根据设计要求在制造电缆时直接从主干电缆上加工制做出分支电缆。预制分支电缆型号是由 YFD 加其他电缆型号组成的。

例如，预制分支电缆型号表示为 YFD – ZR – W – $4 \times 185 + 1 \times 95/4 \times 35 + 1 \times 16$。表示主干电缆为 4 芯 185 mm² 和 1 芯 95 mm² 的铜芯阻燃聚氯乙烯绝缘聚氯乙烯护套电力电缆，分支电缆为 4 芯 35 mm² 和 1 芯 16 mm² 的铜芯阻燃聚氯乙烯绝缘聚氯乙烯护套电力电缆。

5.2.4.2　导线和电缆的选择

室内低压配电线路中，导线（电缆）截面的选择应从导线的允许载流量、允许电压损失和导线的机械强度等方面加以考虑，根据要求进行计算和校核。对于较长的线路（一般指长度大于 200 m 的线路），通常先按照电压损失选择导线的截面，再按照允许载流量和机械强度要求进行校核；对于较短的线路（长度小于或等于 200 m），则通常先按照允许载流量选择导线截面，再按允许电压损失和机械强度要求进行校核。

1. 根据机械强度选择

由于导线本身的重量，以及风、雨、冰、雪等原因，导线承受一定的应力，如果导线过细，就容易折断，将引起停电等事故。因此，在选择导线时要根据机械强度来选择，以满足不同用途时导线的最小截面要求，按机械强度确定的导线线芯最小截面见表 5-7。

表 5-7　按机械强度确定的导线线芯最小截面

用途		线芯的最小截面（mm²）		
		铜芯软线	铜线	铝线
照明用灯头引下线	民用建筑室内	0.4	0.5	1.5
	工业建筑室内	0.5	0.8	2.5
	室外	1.0	1.0	2.5
移动式用电设备	生活用	0.2		
	生产用	1.0		
架设在绝缘支持件上的绝缘导线，其支持点间距为	1 m 以下，室内		1.0	1.5
	室外		1.5	2.5
	2 m 及以下，室内		1.0	2.5
	室外		1.5	2.5
	6 m 及以下		2.5	4.0
	12 m 及以下		2.5	6.0
	12 ~ 25 m		4.0	10.0
	穿管敷设的绝缘导线	1.0	1.0	2.5

2. 按发热条件选择

每一种导线截面按其允许的发热条件都对应着一个允许的载流量。因此，在选择导线截面时,必须使其允许的载流量大于或等于线路的计算电流值。

【例 5-1】 有一条采用 BLX – 500 型的铝芯橡皮线明敷的 380 V/220 V 线路,最大负荷电流为 30 A,敷设地点的环境温度为 30 ℃。试按发热条件选择此橡皮线的芯线截面。

解:查有关资料知,气温为 30 ℃时芯线截面为 10 mm^2 的 BLX 型橡皮线穿钢管敷设时的允许载流量为 37 A,大于最大负荷电流。

因此,按发热条件,相线截面可初步选为 10 mm^2,而零线截面可初步选为 10 mm^2。

3.按允许电压损失来选择

为了保证用电设备的正常运行,必须使设备接线端子处的电压在允许值范围之内,但由于线路上有电压损失,因此在选择电线或电缆时,要按电压损失来选择电线或电缆的截面。

根据以上原则,可确定供配电线路中相线的截面。系统中零线(中性线)的截面应按下列原则确定:

(1)单相线路和两相带零线的线路中,零线截面面积应与相线截面面积相等。

(2)三相四线制线路中,当用电负荷大部分为单相用电设备或当气体放电灯为主要负荷时,零线截面面积应与相线截面面积相等。

(3)三相四线制以及三相五线制线路中,当相线截面面积小于或等于 16 mm^2 时,零线及保护线截面应与相线截面相等;当相线截面面积大于 16 mm^2、小于或等于 35 mm^2 时,零线及保护线截面面积不应小于 16 mm^2;当相线截面面积大于 35 mm^2 时,零线以及保护线截面面积应不小于相线截面面积的一半。

5.2.4.3　室内配电线路的敷设

导线、电缆的敷设应根据建筑物的性质、要求、用电设备的分布及环境特征等因素确定,应避免因外部热源、灰尘聚集及腐蚀或污染物存在对布线系统带来的影响,并应防止在敷设及使用过程中因受冲击、振动和建筑物伸缩、沉降等各种外界应力作用而带来的损害。

1.导线的敷设

线路敷设方式分明敷设和暗敷设两种。明敷设是导线由支持件或者在管子、线槽等保护体内,敷设于墙壁、顶棚的表面及桁架、支架等处;暗敷设是导线在管子、线槽等保护体内,敷设于墙壁、顶棚、地坪及楼板等内部,或者在混凝土板孔内敷线等。

明配线通常有瓷(塑)夹板配线、瓷瓶配线、钢(塑料)槽板配线、钢(塑料)管配线、铅皮卡(钢筋扎头)配线、塑料钢钉电线卡配线及钢索配线等配线方式,如图 5-21 所示。

暗配线是将导线穿管埋设于墙壁、顶棚、地坪及楼板等处的内部,或在混凝土板孔内敷线。暗配线可以保持建筑内表面整齐美观、方便施工、节约线材。

暗敷的管子可采用金属管或硬塑料管。穿管暗敷时应沿最近的路径敷设,并应尽量减少弯曲,其弯曲半径应不小于管外径的 10 倍。导线穿管敷设时,导线总截面面积(包括外护套)不应超过管子内截面面积的 40%;管内导线不能有接头;同一回路的导线必须穿在同一根管内;不同性质回路、不同电压等级的导线不能穿在同一根管内;同类照明的多个分支回路可穿同一根管,但总数不应超过 8 根;导线连接和分支处不应承受机械力。穿线管径选择有表可查。

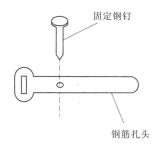

（a）铅皮卡（钢筋扎头）配线

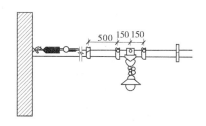

（b）钢索配线

（c）塑料钢钉电线卡配线

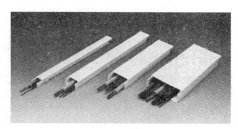

（d）塑料槽板配线

图 5-21　绝缘导线的明配线方式

2. 电缆的敷设

电缆的敷设方法很多，有直接埋地敷设、电缆地沟（或地下隧道）内敷设、电缆桥架敷设、管道中敷设以及沿建筑明敷设等。

采用何种敷设方式，应从节省投资、方便施工、运行安全、易于维修和散热等方面考虑。

1）直接埋地敷设

其优点是施工简单、投资省、散热条件好，故应优先考虑采用。

埋深一般不小于 0.7 m，上下各铺 100 mm 厚的软土或砂层，上盖保护板。应敷于冻土层下。不得在其他管道上面或下面平行敷设。在含有腐蚀性物质的土壤中或有地电流的地方，电缆不宜直接埋地。如必须埋地，宜选用塑料护套电缆或防腐电缆。

2）电缆沟敷设

电缆沟敷设如图 5-22、图 5-23 所示，沟内可敷设多根电缆，占地少，且便于维修。电缆在沟内应波状放置，顶留 1.5% 的长度，以免冷缩受拉。电缆应与其他管道设施保持规定的距离。

内电缆沟的盖板应与室内地面齐平。在易积水积灰处宜用水泥砂浆或沥青将盖板缝隙密封。经常开启的电缆沟盖板宜采用钢盖板。

室外电缆沟的盖板宜高出地面 100 mm，以减少地面水流入沟内。当有碍交通和排水时，采用有覆盖层的电缆沟，盖板顶低于地面 300 mm。电缆沟盖板一般采用预制钢筋混凝土盖板，每块重量以两人能提起为宜，一般不超过 50 kg。

沟内应考虑分段排水，每 50 m 设一集水井，沟底向集水井应有不小于 0.5% 的坡度。电缆沟进户处应设有防火隔墙。

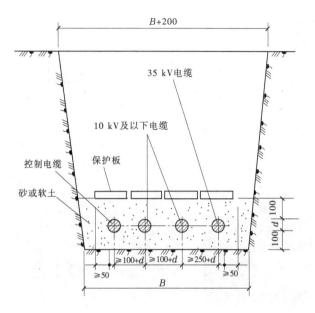

图 5-22　直接埋地敷设示意图

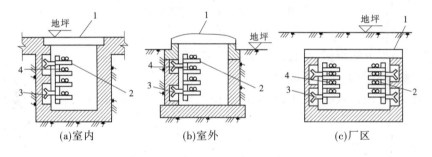

1—盖板;2—电缆支架;3—预埋铁件;4—电缆

图 5-23　电缆沟敷设示意图

3）电缆桥架敷设

电缆桥架由支架、托臂、线槽及盖板组成。电缆桥架在户内和户外均可使用,采用电缆桥架敷设的线路,整齐美观、便于维护,槽内可以使用价廉的无铠装全塑电缆。电缆桥架亦称电缆托盘,有全封闭与半封闭等形式,图 5-24 所示为电缆桥架的几种形式。

4）电缆穿管敷设

电缆穿管敷设管内径不能小于电缆外径的 1.5 倍。管的弯曲半径为管外径的 10 倍,且不应小于所穿电缆的最小弯曲半径。电缆在室内埋地、穿墙或穿楼板时,应穿管保护。水平明敷时距地应不小于 2.5 m。垂直明敷时,高度 1.8 m 以下部分应有防止机械损伤的措施。

5.2.4.4　室内配电线路的敷设施工工艺

1. 预留、预埋及配管

1）预留、预埋

整个工程管线较多,电气配管和给水排水、消防管道、通风管道交叉敷设,因电气管线

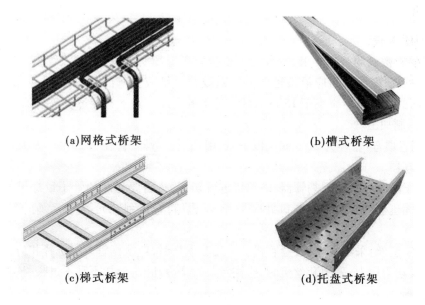

(a)网格式桥架　　　　　　　　　　　(b)槽式桥架

(c)梯式桥架　　　　　　　　　　　(d)托盘式桥架

图 5-24　电缆桥架的形式

较小常可避让,而且要求桥架与它们的间距应满足规范要求。桥架施工中尤其应注意协调空间位置。电气预埋件和预留孔洞的位置应准确且无遗漏,质量可靠是非常重要的。首先在开工前根据现场情况核对施工图纸,专业技术人员要认真核对施工图纸中的安装高度、相对点标高、管线走向等;其次在施工中根据土建、装饰的进度,了解依附体的结构,做好配合,发现问题可向业主或设计代表反映,并及时取得解决方案。

(1)预留预埋的内容。

①桥架过墙沿、楼板;

②线槽过墙、楼板洞;

③基础型钢固定的预埋件;

④防雷接地,尤其是变电所内与接地端子相联的中性点、接地及保护接地;

⑤暗配管预埋及过楼板、过墙套管预埋,注意考虑设备连接端口的位置,既要靠近设备,又要便于维修。

⑥嵌入式安装的配电箱及灯器具等。

(2)施工要点。

①埋入墙或混凝土内的管子,离表面的净距离不应小于 15 mm;钢管在现浇混凝土板中暗配时,在钢管下方适当加放 15 mm 厚的混凝土垫块作为支撑。

②钢管穿屋顶板及外墙时,需做防水处理。

③暗埋高度及深度的确定,设备安装高度应是离最终地面的高度。

2)配管施工程序

(1)暗管敷设的施工程序为:施工准备 → 预制加工管煨弯 → 测定盒、箱位置 → 固定盒、箱 → 管路连接 → 变形缝处理 → 地线跨接。

(2)明管敷设的施工程序为:施工准备 → 预制加工管煨弯、支架、吊架 → 确定盒、箱及固定点位置→支架、吊架固定→盒、箱固定 →管线敷设与连接 → 变形缝处理 → 地线跨接。

2. 暗管敷设

(1)暗管敷设的基本要求为:敷设于多尘和潮湿场所的电线管路、管口、管子连接处应作密封处理;电线管路应沿最近的路线敷设并尽量减少弯曲,埋入墙或混凝土内的管子,离表面的净距离不应小于 15 mm;埋入地下的电线管路不宜穿过设备基础。

(2)预制加工。

① 钢管煨弯:管径为 20 mm 及以下时,用手扳煨弯器;管径为 25 mm 及其以上时,使用液压煨弯器。

②管子切断:用钢锯、割管器、砂轮机进行切管,将需要切断的管子量好尺寸,放在钳口内卡牢固进行切割。切割断口处应平齐、不歪斜,管口刮锉光滑、无毛刺,管内铁屑除净。

③管子套丝:采用套丝板、套管机。采用套丝板时,应根据管外径选择相应板牙,套丝过程中,要均匀用力;采用套丝机时,应注意及时浇冷却液,丝扣不乱不过长,消除渣屑,丝扣干净清晰。

(3)测定盒、箱位置:根据设计要求确定盒、箱轴线位置,以土建弹出的水平线为基准,挂线找正,标出盒、箱实际尺寸位置。

(4)固定盒、箱:先稳住盒、箱,然后灌浆,要求砂浆饱满、平整牢固、位置正确。现浇混凝土板墙固定盒、箱加支铁固定;现浇混凝土楼板,将盒子堵好,随底板钢筋固定牢,管路配好后,随土建浇灌混凝土施工同时完成。盒、箱安装要求如表 5-8 所示。

表 5-8　盒、箱安装要求一览

实测项目	要求	允许偏差(mm)
盒、箱水平、垂直位置	正确	10(砖墙),30(大模板)
盒箱 1 m 内相邻标高	一致	2
盒子固定	垂直	2
箱子固定	垂直	3
盒、箱口与墙面	平齐	最大凹进深度 10 mm

(5)管路连接。

①镀锌钢管,必须用管箍丝扣连接,连接面涂复合导电脂。套丝不得有乱扣现象,管口锉平光滑平整,管箍必须使用通丝管箍,接头应牢固紧密,外露丝应不多于 2 扣;管径 25 mm 及其以上钢管,可采用管箍连接或套管焊接,套管长度应为连接管径的 1.5 ~ 3 倍,连接管口的对口处应在套管的中心,焊口应焊接牢固严密。

②管路超过下列长度,应加装接线盒,其位置应便于穿线:无弯时 45 m,有 1 个弯时 30 m,有 2 个弯时 20 m,有 3 个弯时 12 m。

③管进盒、箱连接:盒、箱开孔应整齐并与管径吻合,盒、箱上的开孔用开孔器进行,保证开孔无毛刺,要求一管一孔,不得开长孔。铁制盒、箱严禁用电焊、气焊开孔,并应刷防

锈漆。管口进入盒、箱,管口应用螺母锁紧,露出锁紧螺母的丝扣为 2~4 扣。两根以上管进入盒、箱要长短一致、间距均匀、排列整齐。

(6)管暗敷设方式。

①随墙(砌体)配管:配合土建工程砌墙立管时,使用机械开槽,管应放在墙中心,管口向上者应封好,以防水泥砂浆或其他杂物堵塞管子。往上引管有吊顶时,管上端应煨成 90°弯进入吊顶内,由顶板向下引管不宜过长,以达到开关盒上口为准,等砌好隔墙,先稳盒后接短管。

②现浇混凝土楼板配管:先找准确位,根据房间四周墙的厚度,弹出十字线,将堵好的盒子固定牢固,然后敷管。有两个以上盒子时,要拉直线。管进入盒子的长度要适宜,管路每隔 1 m 左右用铅丝绑扎牢。如果灯具超过 3 kg,应加装专用吊杆。

(7)暗管敷设完毕后,在自检合格的基础上,应及时通知发包方及监理代表检查验收,并认真如实填写隐蔽工程验收记录。

3.明管敷设

明管敷设工艺与暗管敷设工艺相同处参见暗管敷设的施工方法。

(1)管弯、支架、吊架预制加工。明配管或埋砖墙内配管弯曲半径不小于管外径的 6 倍。埋入混凝土的配管弯曲半径不小于管外径的 10 倍。虽设计图中对支吊架的规格无明确规定,但不得小于以下规格:扁铁支架 30 mm × 30 mm,角钢支架 25 mm × 25 mm × 3 mm。

(2)测定盒、箱及固定点位置。根据施工图纸首先测出盒、箱与出线口的准确位置,然后按测出的位置,按管路的垂直、水平走向拉出直线,按照安装标准规定的固定点间距尺寸要求,确定支架、吊架的具体位置。固定点的距离应均匀,管卡与终端、转弯中点、电气器具或接线盒边缘的距离为 150~500 mm;中间的管卡最大距离如表 5-9 所示。对于高空明配管建议采用弹簧钢片管卡固定安装。

表 5-9 钢管中间管卡最大距离 (单位:mm)

钢管名称	钢管直径			
	15~20	25~30	40~50	65~100
厚钢管	1 500	2 000	2 500	3 500
薄钢管	1 000	1 500	2 000	—

(3)支架、吊架的固定方法。根据本工程的结构特点,支架、吊架的固定主要采用胀管法(在混凝土顶板打孔,用膨胀螺栓固定)和抱箍法(在遇到钢结构梁柱时,用抱箍将支吊架固定)。

(4)变形缝处理。穿越变形缝的钢管采用柔性连接。如图 5-25 所示为吊顶内管线过建筑物伸缩缝的做法。

(5)接地焊接。管路应作整体接地连接,穿过建筑物变形缝时,应有接地补偿装置。焊接钢管采用 Φ 6 圆钢作接地跨接,跨接地线两端焊接面长度不得小于圆钢直径的 6 倍,焊缝要均匀牢固,焊接处要清除药皮并刷防腐漆;镀锌钢管采用 6 mm² 的双色铜芯绝缘

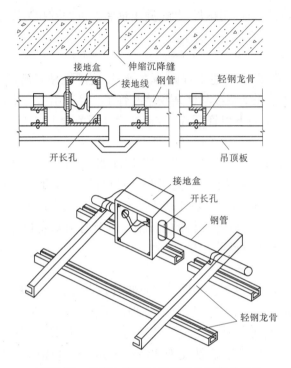

图 5-25　吊顶内管线过建筑物伸缩缝的做法

线作跨接线。

4. 可挠金属软管的安装

（1）钢管与电气设备、器具间的电线保护管宜采用金属软管或可挠金属电线保护管；金属软管的长度在动力工程中不大于 0.8 m，在照明工程中不大于 1.2 m。吊顶内分线盒至器具间的连接采用金属软管，应急照明器具采用有防火要求的普利卡软管。

（2）金属软管敷设在不易受机械损伤的场所。当在潮湿场所使用金属软管时，采用带有非金属护套且附配套连接器件的防液型金属软管，其护套须经过阻燃处理。

（3）金属软管无退绞、松散；中间无接头；与设备、器具连接时，采用专用接头；连接处密封可靠；防液型金属软管的连接处封闭良好。

5. 施工要点

（1）配管采用焊接钢管和镀锌电线管，其中镀锌电线管严禁熔焊连接。

（2）管路连接紧密，管口光滑无毛刺，护口齐全，明配管及其支架、吊架平直牢固、排列整齐，管子弯曲处无明显褶皱，油漆防腐完整，暗配管保护层大于 15 mm。

（3）盒、箱设置正确，固定可靠，管子进入盒、箱处顺直，在盒、箱内露出的长度小于 5 mm；用锁紧螺母固定的管口，管子露出锁紧螺母的螺纹为 2~4 扣。线路进入电气设备和器具的管口位置正确。

（4）穿过变形缝处有补偿装置，补偿装置能活动自如；配电线路穿过建筑物和设备基础处加保护套管。补偿装置平整、管口光滑、护口牢固、与管子连接可靠；加保护套管处在隐蔽工程中标示正确。

（5）电线保护管及支架接地（接零），电气设备器具和非带电金属部件的接地（接零）、支线敷设应符合以下规定：连接紧密牢固，接地（接零）线截面选用正确，需防腐的部分涂漆均匀无遗漏，线路走向合理，色标准确，涂刷后不污染设备和建筑物。

（6）允许偏差：电线管弯曲半径，明敷管安装允许偏差和检查方法应符合表5-10的规定。

表5-10　保护管弯曲半径、明配管安装允许偏差

项次	项目			弯曲半径或允许偏差	检查方法
1	管子最小弯曲半径	暗配管		≥6D	尺量检查及检查安装记录
		明配管	管子只有1个弯	≥4D	
			管子有2个弯及以上	≥6D	
2	管子弯曲处的弯扁度			≤0.1D	尺量检查
3	明配管固定点间距	管子直径（mm）	15～20	30 mm	尺量检查
			25～30	40 mm	
			40～50	50 mm	
			65～100	60 mm	
4	明配管水平、垂直敷设任意2 m段内		平直度	3 mm	拉线尺量检查
			垂直度	3 mm	吊线尺量检查

6.电缆桥架的安装

在大型民用工程中的桥架安装具有数量大、安装净空间小、施工作业面高的特点。施工注意事项：当桥架与风管交叉时，桥架宜从风管的下方通过，距离符合设计要求；工程中电缆桥架、电话线槽、弱电线槽及电脑线槽多处并列敷设，施工中应严格按设计要求的顺序及间距排列；施工中可统一安装支吊架。穿越伸缩缝处作伸缩处理。

1）支架制作安装

依据施工图设计标高及桥架规格，现场测量尺寸，然后依照测量尺寸制作支架，支架进行工厂化生产。在无吊顶处沿梁底吊装或靠墙支架安装，在有吊顶处在吊顶内吊装或靠墙支架安装。在无吊顶的公共场所结合结构构件并考虑建筑美观及检修方便，采用靠墙、柱支架安装或在桥架下弦构件安装。吊架拟采用在预埋铁上焊接，靠墙安装支架采用膨胀螺栓固定，支架间距为1.25～1.5 m，线槽垂直安装时，间距不大于2 m。在直线段和非直线段连接处、过建筑物变形缝处和弯曲半径大于300 mm的非直线段中部应增设支吊架，支吊架安装应保证桥架水平度或垂直度符合要求。

2）桥架安装

（1）电缆线槽须在工地上切割，切割后电缆线槽的尖锐边缘加以平整，以防电缆磨损，切割面涂上防腐蚀漆。桥架材质、型号、厚度以及附件满足设计要求。

（2）桥架安装前，必须与各专业协调，避免与大口径消防管、喷淋管、冷热水管、排水管及空调、排风设备发生矛盾。电缆桥架与各种管道的最小净距见表5-11。

建筑设备安装

表 5-11　电缆桥架与各种管道的最小净距　　　　　　　　　（单位：m）

管道类别		平行净距	交叉净距
一般工艺管道		0.4	0.3
易燃易爆气体管道		0.5	0.5
热力管道	有保温层	0.5	0.3
	无保温层	1.0	0.5

（3）桥架与支架间采用螺栓固定，在转弯处需仔细校核尺寸，桥架宜与建筑物坡度一致，在圆弧形建筑物墙壁的桥架，其圆弧宜与建筑物一致。桥架与桥架之间用连接板连接，连接螺栓采用半圆头螺栓，半圆头在桥架内侧。桥架之间缝隙须达到设计要求，确保一个系统的桥架连成一体。

（4）跨越建筑物变形缝的桥架应按《钢制电缆桥架安装工艺》做好伸缩缝处理，钢制桥架直线段超过 30 m 时，应设热胀冷缩补偿装置。具体方案报工程师批准。

（5）桥架安装横平竖直、整齐美观、距离一致、连接牢固，同一水平面内水平度偏差不超过 5 mm/m，直线度偏差不超过 5 mm/m。

（6）金属桥架安装时的接地。金属电缆桥架及其支架和引入或引出的金属电缆导管必须接地或接零可靠，具体规定如下：

①金属电缆桥架及其支架全长不少于 2 处与接地或接零干线相连接。

②非镀锌电缆桥架间连接板的两端跨接接地线，接地线最小允许截面面积不小于 4 mm²。

③镀锌电缆桥架间连接板的两端不跨接接地线，但连接板两端不少于 2 个有防松螺母或防松垫圈的连接固定螺栓。

（7）桥架内的电缆电线敷设完毕后，及时在穿过防火墙及防火楼板时按设计要求采取防火隔离措施。施工方法有：

①施工前将要封堵部位清理干净。

②钢丝网刷防火涂料。

③防火枕按顺序依次摆放整齐，防火枕与电缆之间空隙不大于 1 cm。

④防火枕摆放厚度不小于 24 cm。

⑤在封堵电缆孔洞时，封堵应严密可靠，无明显的裂缝和可见的孔隙，孔洞较大时加耐火衬板后再进行封堵。

3）多列桥架安装

分层桥架安装，先安装上层，后安装下层，上、下层之间距离要留有余量，有利于后期电缆敷设和检修。水平安装的桥架宜从里到外，水平相邻桥架净距不宜小于 50 mm，层间距离不小于 30 mm，与弱电电缆桥架不小于 0.5 m。

7. 管内穿线

自照明箱至灯具和插座的支线均穿焊接钢管或塑料管暗敷于现浇层、墙内。应急照明线路穿钢管明敷时，金属管涂防火涂料保护。

管内穿线施工程序:施工准备 → 选择导线 → 穿带线 →清扫管路 →放线及断线→导线与带线的绑扎 → 带护口 → 导线连接 → 导线焊接 → 导线包扎→线路检查绝缘摇测。

1)穿线

(1)选择导线。各回路的导线应严格按照设计图纸选择型号规格,相线、零线及保护地线应加以区分,用黄、绿、红导线分别作 L1、L2、L3 相线,黄绿双色线作接地线,黑线作零线。

(2)穿带线。穿带线的目的是检查管路是否畅通,管路的走向及盒、箱质量是否符合设计及施工图要求。带线采用Φ2 mm 的钢丝,先将钢丝的一端弯成不封口的圆圈,再利用穿线器将带线穿入管路内,在管路的两端应留有 10~15 cm 的余量(在管路较长或转弯多时,可以在敷设管路的同时将带线一并穿好)。当穿带线受阻时,可用两根钢丝分别穿入管路的两端,同时搅动,使两根钢丝的端头互相钩绞在一起,然后将带线拉出。

(3)清扫管路。配管完毕后,在穿线之前,必须对所有的管路进行清扫。清扫管路的目的是清除管路中的灰尘、泥水等杂物。具体方法为:将布条的两端牢固地绑扎在带线上,两人来回拉动带线,将管内杂物清净。

(4)放线及断线。

①放线。放线前应根据设计图对导线的规格、型号进行核对,放线时导线应置于放线架或放线车上,不能将导线在地上随意拖拉,更不能野蛮使力,以防损坏绝缘层或拉断线芯。

②断线。剪断导线时,导线的预留长度按以下情况予以考虑:接线盒、开关盒、插销盒及灯头盒内导线的预留长度为 15 cm;配电箱内导线的预留长度为配电箱箱体周长的1/2;出户导线的预留长度为 1.5 m,干线在分支处,可不剪断导线而直接作分支接头。

(5)导线与带线的绑扎。当导线根数较少时,可将导线前端的绝缘层削去,然后将线芯直接插入带线的盘圈内并折回压实,绑扎牢固;当导线根数较多或导线截面较大时,可将导线前端的绝缘层削去,然后将线芯斜错排列在带线上,用绑线缠绕绑扎牢固。

(6)管内穿线。在穿线前,应检查钢管(电线管)各个管口的护口是否齐全,如有遗漏和破损,均应补齐和更换。穿线时应注意以下事项:

①同一交流回路的导线必须穿在同一管内。

②不同回路、不同电压和交流与直流的导线,不得穿入同一管内。

③导线在变形缝处,补偿装置应活动自如,导线应留有一定的余量。

(7)导线连接。导线连接应满足以下要求:导线接头不能增加电阻值;受力导线不能降低原机械强度;不能降低原绝缘强度。为了满足上述要求,在导线做电气连接时,必须先削掉绝缘再进行连接,而后加焊,包缠绝缘。当导线通过接线端子与设备或器具连接时,采用压线钳压接接线端子。手压钳压接 0.2~0.6 mm² 导线,10 mm² 及以上导线可使用油压钳压接。

(8)导线焊接。根据导线的线径及敷设场所不同,焊接的方法有以下两种:

①电烙铁加焊,适用于线径较小的导线的连接及用其他工具焊接较困难的场所(如吊顶内)。导线连接处加焊剂,用电烙铁进行锡焊。

②喷灯加热法(或用电炉加热)。将焊锡放在锡勺内,然后用喷灯加热,焊锡熔化后即可进行焊接。加热时必须要掌握好温度,以防出现温度过高涮锡不饱满或温度过低涮锡不均匀的现象。

焊接完毕后,必须用布将焊接处的焊剂及其他污物擦净。

(9)导线包扎。首先用橡胶绝缘带从导线接头处始端的完好绝缘层开始,缠绕 1~2 个绝缘带宽度,再以半幅宽度重叠进行缠绕。在包扎过程中应尽可能地收紧绝缘带(一般将橡胶绝缘带拉长 2 倍后再进行缠绕)。而后在绝缘层上缠绕 1~2 圈后进行回缠,最后用黑胶布包扎,包扎时要衔接好,以半幅宽度边压边进行缠绕。

(10)芯线与电器设备的连接。

①截面面积在 1.0 mm² 及以下的单股铜芯线直接与设备器具的端子连接。

②截面面积在 2.5 mm² 及以下多股铜芯线拧紧搪锡或接续端子后与设备、器具的端子连接。

③截面面积大于 2.5 mm² 的多股铜芯线,除设备自带插接式端子后与设备、器具的端子连接;多股铜芯线与插接式端子连接前,端部必须拧紧搪锡。

④每个设备和器具的端子接线不多于 2 根电线。

(11)线路检查及绝缘摇测。

①线路检查。接、焊、包全部完成后,应进行自检和互检;检查导线接、焊、包是否符合设计要求及有关施工验收规范及质量验收标准的规定,不符合规定的应立即纠正,检查无误后方可进行绝缘摇测。

②绝缘摇测。导线线路的绝缘摇测一般选用 500 V、量程为 0~500 MΩ 的兆欧表。测试时,一人摇表,一人应及时读数并如实填写"绝缘电阻测试记录"。摇动速度应保持在 120 r/min 左右,读数应采用 1 min 后的读数为宜。

2)质量标准

(1)导线的规格、型号必须符合设计要求和国家标准规定。

(2)照明线路的绝缘电阻值不小于 0.5 MΩ,动力线路的绝缘电阻值不小于 1 MΩ。

(3)盒、箱内清洁无杂物,护口、护线套管齐全无脱落,导线排列整齐,并留有适当余量。导线在管子内无接头,不进入盒、箱的垂直管子上口穿线后密封处理良好,导线连接牢固,包扎严密,绝缘良好,不伤线芯。

8. 电缆敷设

1)施工准备

(1)施工前应对电缆进行详细检查,规格、型号、截面、电压等级均须符合要求,外观无扭曲、损坏等现象。

(2)电缆敷设前进行绝缘摇测或耐压试验。用 1 kV 摇表摇测线间及对地的绝缘电阻不低于 10 MΩ。摇测完毕,应将芯线对地放电。10 kV 电缆用 2 500 V 摇表检查绝缘及做耐压泄露试验。

(3)电缆测试完毕,电缆端部应用橡皮包布密封后再用黑胶布包好。

(4)放电缆机具的安装。采用机械放电缆时,应将机械安装在适当位置,并将钢丝绳和滑轮安装好。人力放电缆时将滚轮提前安装好。

（5）临时联络指挥系统的设置。

①线路较短或室外的电缆敷设，可用无线电对讲机联络，手持扩音喇叭指挥。

②高层建筑内电缆敷设，可用无线电对讲机作为定向联络，简易电话作为全线联络，手持扩音喇叭指挥（或采用多功能扩大机，它是指挥放电缆的专用设备）。

（6）在桥架上多根电缆敷设时，应根据现场实际情况，事先将电缆的排列用表或图的方式画出来，以防电缆交叉和混乱。

（7）电缆的搬运及支架架设。

①电缆短距离搬运，一般采用滚动电缆轴的方法。滚动时应按电缆轴上箭头指示方向滚动。如无箭头，可按电缆缠绕方向滚动，切不可反缠绕方向滚动，以免电缆松弛。

②电缆支架的架设地点的选择，以敷设方便为原则，一般以电缆起止点附近为宜。架设时，应注意电缆轴的转动方向，电缆引出端应在电缆轴的上方，如图5-26所示。

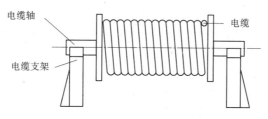

图5-26 电缆支架示意图

2）电缆敷设

（1）水平敷设。

①敷设方法可用人力或机械牵引，如图5-27所示。

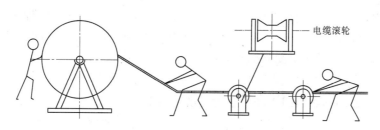

图5-27 人力敷设电缆

②电缆沿桥架或线槽敷设时，应单层敷设，排列整齐，不得有交叉。拐弯处应以最大截面电缆允许弯曲半径为准。电缆严禁绞拧、护层断裂和表面严重划伤。

③不同等级电压的电缆应分层敷设，截面面积大的电缆放在下层，电缆跨越建筑物变形缝处，应留有伸缩余量。

④电缆转弯和分支不紊乱，走向整齐清楚。

（2）垂直敷设。

①垂直敷设，有条件时最好自上而下敷设。土建拆吊车前，将电缆吊至楼层顶部。敷设时，同截面电缆应先敷设底层，后敷设高层，应特别注意，在电缆轴附近和部分楼层应采取防滑措施。

②自下而上敷设时，低层、小截面电缆可用滑轮大绳人力牵引敷设。高层、大截面电

缆宜用机械牵引敷设。

③沿桥架或线槽敷设时,每层至少加装两道卡固支架。敷设时,应放一根立即卡固一根。

④电缆穿过楼板时,应装套管,敷设完后应将套管与楼板之间缝隙用防火材料堵死。

3)挂标志牌

(1)标志牌规格应一致,并有防腐功能,挂装应牢固。

(2)标志牌上应注明回路编号、电缆编号、规格、型号及电压等级。沿桥架敷设电缆在其两端、拐弯处、交叉处应挂标志牌,直线段应适当增设标志牌,每2 m挂一个标志牌,施工完毕做好成品保护。

5.2.5 交接验收及安全管理

5.2.5.1 交接验收

管内配线工程交接验收时,应对下列项目进行检查:

(1)各种规定的距离。

(2)明配线路的允许偏差值。

(3)导线的连接和绝缘电阻。

(4)非带电金属部分的接地或接零。

工程交接验收时,应提交技术资料和各种文件及试验记录等。

5.2.5.2 安全管理

电线、电缆导管和线槽敷线危险点是高空作业、人身伤害。防范类型是高处坠落、代线扎伤。

预控措施是高处作业时,用梯子时,踢脚应有防滑橡皮垫,使用人字梯时,中间要有保险拉链;拽拉引带线时,要一送一拉防止接头突然断裂,坠落伤人;引带线临出管口时,用力要适当;掐断引带线时,要捏紧掐断处钢丝,防止回弹伤人。

■ 5.3 建筑低压供配电系统设备

建筑工程中常用的电气设备有动力设备、照明设备、低压控制设备、保护设备、导线和电缆、变压器设备等。本节主要讲述电气工程常用的主要低压控制设备、保护设备及其选择。

5.3.1 控制设备及其选择

5.3.1.1 刀开关

常用的刀开关有开启式负荷开关(胶盖闸)和封闭式负荷开关(铁壳闸)。其功能是不频繁地接通电路,作为一般照明和动力线路的电源控制,并利用开关中的熔断器作短时保护。

    1. 开启式负荷开关

开启式负荷开关又称胶盖闸,其结构如图5-28所示。由瓷底座和上下胶木盖构成,内设刀座、刀片熔断器。

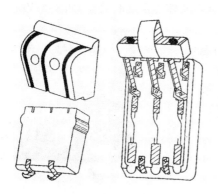 

图 5-28　胶盖闸

常见型号有 HK1 型和 HK2 型。其额定电流有 5 A、10 A、15 A、30 A、60 A。按极数分为二极开关和三极开关。胶盖闸内没有灭弧装置,拉闸时产生的电弧容易损伤刀开关,所以不能频繁操作。

胶盖闸的额定电流应不小于电路中的工作电流,额定电压应大于线路中的工作电压。

2. 封闭式负荷开关

封闭式负荷开关又称铁壳闸,其结构如图 5-29 所示,其外壳为钢质铁壳,内设刀片和刀座、灭弧罩、熔断器、操作联锁机构。

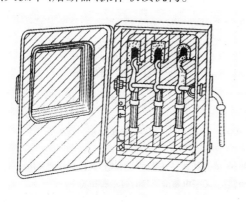 

图 5-29　铁壳闸

铁壳闸一般作为电动机的电源开关,不宜频繁操作。其铁壳盖与操作手柄有机械联锁,只有操作手柄处于停电状态时,才能打开铁壳盖,比较安全。

铁壳闸的型号有 HH3 型、HH4 型、HH10 型、HH11 型等系列。HH10 型的额定电流有 10 A、15 A、20 A、30 A、60 A、100 A,HH11 型的额定电流有 100 A、200 A、300 A、400 A。铁壳闸极数一般为三级。

铁壳闸的额定电流一般按电动机额定电流的 3 倍选择,其额定电压大于线路的工作电压。

5.3.1.2　低压断路器

低压断路器是一种应用最广泛的低压控制设备,低压断路器又称为自动空气开关。

它不但可以接通和分断电路的正常工作电流,还具有过载保护和短路保护。当线路发生过载和短路故障时,能自动跳闸切断故障电流,所以又称为自动断路器,如图 5-30 所示。

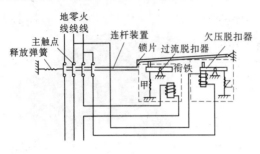

图 5-30　低压断路器

低压断路器有 DZ(装置式)系列、DW(万能式)系列等,还有由国外引进的 C 系列小型空气断路器、ME 系列框架式空气断路器等多种系列产品。

低压断路器的主触头接通和分断线路的工作电流有灭弧装置,辅助触头主要用于控制电路。

低压断路器中的脱扣机构主要用于线路的各种保护,按其保护功能可分为热脱扣器、电磁脱扣器、失压脱扣器等几种。

低压断路器型号的意义如下:

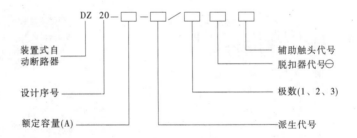

Θ 脱扣器代号:1—热脱扣器;2—电磁脱扣器;3—复式脱扣器;4—分励辅助脱扣器;5—分励失压;
6—二组辅助触头;7—失压辅助触头;90—电磁液压延时自动脱扣器

例如 DZ4763 – C16,其中 63 代表壳架电流 63 A,16 代表额定电流 16 A,在每个壳架电流范围下,又有好几个规格,例如 DZ4763 系列有 6、10、16、20、25、32、40、50、63 等,即为这个空气开关的额定电流。空开有 A、B、C、D 四种型号,其中 C 型(5 ~ 10 ln)表示瞬时脱扣电流为额定电流的 5 ~ 10 倍,一般是普通照明用;D 型(10 ~ 16 ln)表示瞬时脱扣电流为额定电流的 10 ~ 16 倍,一般为动力设备用。

低压断路器一般作为照明线路和动力线路的电源开关,不宜频繁操作,并作为线路过载、短路、失压等多种保护电器使用。

低压断路器(自动空气开关)的选择:

(1)额定电压的选择。低压断路器的额定电压 U_N 应大于线路的工作电压 U_{NL},即 $U_N > U_{NL}$。

（2）额定电流 I_N 的选择。低压断路器的额定电流 I_N 应大于或等于线路中的计算电流 I_{js}，即 $I_N \geqslant I_{js}$。

（3）开关的断流能力 I_{OC}。低压断路器的断流能力是指能切断短路电流的能力，因此其断流能力 I_{OC} 应大于或等于线路中的短路电流 I_K，即 $I_{OC} \geqslant I_K$。

（4）脱扣器的动作整定电流 I_{OP}。对于采用热脱扣器和复式脱扣器的自动空气开关，其脱扣器的动作整定电流可按以下情况选择：

热脱扣器的动作整定电流 I_{OP}：$I_{OP} \geqslant 1.1 I_{js}$；

电磁脱扣器的动作整定电流 I_{OP}：$I_{OP} \geqslant 1.35 I_{PK}$。

其中，I_{PK} 是线路中出现的尖峰电流，对于电动机来说，尖峰电流就是电动机的启动电流。

5.3.2 保护设备及其选择

低压保护设备主要有低压熔断器、低压断路器中的保护元件、热继电器等。

5.3.2.1 低压熔断器

低压熔断器可实现对线路的短路保护和严重过载保护。当线路出现短路故障或严重过载故障时，其熔体熔断切断电路。

熔断器的种类主要有瓷插式、螺旋式、封闭式、有填料封闭、自复式等类型。

1. 瓷插式熔断器

瓷插式熔断器结构如图 5-31 所示。其结构简单，瓷座的动触头两端接熔丝，其熔丝的额定电流规格有 0.5 A、1 A、2 A、3 A、5 A、7 A、10 A、15 A、20 A 等，熔断器的额定电流的规格有 5 A、10 A、15 A、20 A、30 A、60 A 等。

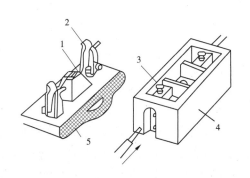

1—动触头；2—熔丝；3—静触头；4—瓷盒；5—瓷座

图 5-31 瓷插式熔断器

2. 螺旋式熔断器

螺旋式熔断器结构如图 5-32 所示。其熔丝装在熔管内，熔丝熔断时其电弧不与外部空气接触，熔断器的额定电流规格有 15 A、60 A、100 A 3 种。

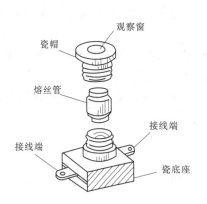

图 5-32　螺旋式熔断器

3．封闭式熔断器

封闭式熔断器结构如图 5-33 所示。它有耐高温的密封保护管（纤维管），内装熔片。当熔片熔化时,密封管内气压很高,能起灭弧作用,还能避免相间短路。这种熔断器常作为大容量负载的短路保护。

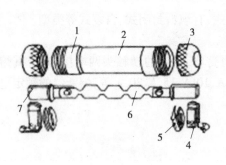

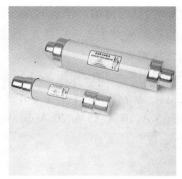

1—铜圈;2—熔断管;3—管帽;4—插座;5—特殊垫圈;6—熔体;7—熔片

图 5-33　封闭式熔断器

4．有填料封闭式熔断器

有填料封闭式熔断器结构如图 5-34 所示,它具有限流作用及较大的极限分断能力。瓷管内填充硅砂,起灭弧作用。其熔体用两个冲压成栅状铜片和低熔点锡桥连接而成,具有限流作用,并采用分段灭弧方式,具有较大的断流能力。该熔断器有熔丝指示器,当其色片不见了表示熔体已熔断,需及时更换。

5．自复式熔断器

采用金属钠作熔体,在常温下具有高电导率。当电路发生短路故障时,短路电流产生高温使钠迅速气化,气态钠呈现高阻态,从而限制了短路电流。当短路电流消失后,温度下降,金属钠恢复原来的良好导电性能。它只能限制短路电流,不能真正分断电路。其优点是不必更换熔体,能重复使用,如图 5-35 所示。

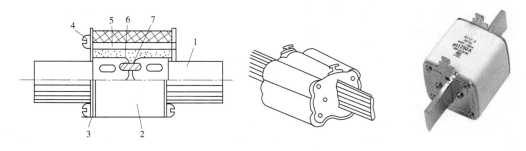

1—闸刀;2—瓷管;3—盖板;4—指示器;5—熔丝指示器;6—硅砂;7—熔体

图 5-34　有填料封闭式熔断器

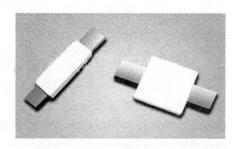

图 5-35　自复式熔断器

5.3.2.2　漏电保护器

　　漏电保护器简称漏电开关,又叫漏电断路器,如图 5-36 所示。按其保护功能和用途,一般可分为漏电保护继电器、漏电保护开关和漏电保护插座三种类型。是电路中漏电电流超过预定值时能自动动作的开关,主要是用来在设备发生漏电故障时防止人身发生触电事故,进行人身触电保护,具有过载和短路保护功能。

　　漏电保护器分为电压型(已趋淘汰)和电流型两类。电流型又分为电磁型和电子型两种。目前市场供应的漏电断路器绝大多数是电子型。

图 5-36　漏电保护器

　　电磁式的最大特点是:抗干扰能力强,可靠性高,动作功能不受电源电压影响,但结构复杂,价格高,通俗地说,不需电源也能正常工作。电子式的特点是:容易实现高灵敏度,结构简单,调整方便,价廉,但抗干扰能力差,动作功能受电源电压影响。电压低了或缺了一相或两相电时,内部线路板就不工作了,产品也就失去了保护功能。西方发达国家通常用电磁式漏电断路器。

　　漏电保护器开关下侧有一个按钮(测试按钮),可进行漏电测试。按这个按钮后开关会跳闸。一般环境选择动作电流不超过 30 mA,动作时间不超过 0.1 s。在浴室、游泳池等场所漏电保护器的额定动作电流不宜超过 10 mA。

5.3.2.3　熔断器熔丝的选择

　　对于照明负载,熔断器的熔丝额定电流应稍大于或等于负荷计算电流 I_{js};对于电动机负载,熔断器熔丝额定电流 I_{RN} 应按电动机的额定电流 I_N 的 $1.5 \sim 2.5$ 倍选择;对于多台电动机负载,其供电干线总保险的熔断器的熔丝额定电流 I_{RN} 可按下式选择:

$$I_{RN} = (1.5 \sim 2.5)I_M + \sum I_{N(n-1)}$$

式中　I_M——额定电流最大的电动机的电流;

　　　$\sum I_{N(n-1)}$——除电流最大的电动机的额定电流以外的其余电动机额定电流之和。

常见的熔断器和熔体额定电流可在有关规范中查得。

5.4　建筑照明系统

5.4.1　建筑照明系统概述

照明是建筑电气技术的基本内容,是保证建筑物功能的必要条件,合理的照明设计对提高工作效率、保证安全生产和保护视力都具有重要的意义,良好的室内光环境也是室内设计中的重要审美要求。照明又能对建筑进行装饰,发挥和表现建筑环境的美感,因此照明已经成为现代建筑的重要组成部分。

照明在建筑物中的作用可归结为功能作用和装饰作用。功能性照明主要为室内外空间提供符合要求的光照环境,以满足人们生活和生产的基本需求;而装饰性照明则着重于营造环境的艺术气氛,以加强和突出建筑装饰的效果。

照明系统由照明装置及其电气部分组成。照明装置主要指灯具及其附件,照明系统的电气部分指照明配电盘、照明线路及照明开关等。

5.4.1.1　光的概念

1. 光

光是电磁波,在空间以电磁波的形式传播。可见光是人眼所能感觉到的那部分电磁传播,它只是电磁波中很小的一部分,波长范围在 $380 \sim 780$ nm。波长小于 380 nm 的叫紫外线,大于 780 nm 的叫红外线。这两部分虽不能引起视觉,但与可见光有相似特性。

在可见光区域内,不同波长亦呈现不同的颜色,波长从 780 nm 向 380 nm 变化时,光的颜色会出现红、橙、黄、绿、青、蓝、紫 7 种不同的颜色。

当然,各种颜色的波长范围不是截然分开的,而是由一个颜色逐渐减少、另一个颜色逐渐增多渐变而成的。

2. 光通量

光源在单位时间内,向周围空间辐射出使人眼产生光感觉的能量称为光通量,以字母 Φ 表示,单位是流明(lm)。光通量是电光源的一个重要指标,反映光源发光能力的强弱。表 5-12 为常见光源的光通量。

3. 发光强度

光源在给定方向上、单位立体角内辐射的光通量,称为在该方向上的发光强度,以字母 I 表示,单位是坎德拉(kd)。发光强度是表示光源(物体)发光强弱程度的物理量,反映了光源发出的光通量在空间的分布密度。一般来说,电光源发出的光通量在空间的分布是不均匀的,通过在电光源上加灯罩,可以人为地改变和控制整个灯具的光强分布,从而改变和控制室内外的光照环境。

表 5-12　常见光源的光通量

光源种类	光通量（lm）	光源种类	光通量（lm）	光源种类	光通量（lm）	光源种类	光通量（lm）
太阳	3.9×10^{28}	卤钨灯 500 W	9 750	荧光灯 20 W	930	汞灯 400 W	9 200
月亮	8×10^{16}	钠灯 100 W	9 000	荧光灯 40 W	2 200	汞灯 750 W	22 500
蜡烛	11.3	白炽灯 100 W	1 038	汞灯 250 W	4 900	荧光汞灯 1 kW	52 500

4. 照度

被照物体表面单位面积上接收到的光通量称为照度。以字母 E 表示，单位是勒克斯（lx）。照度只表示被照物体上光的强弱，并不表示被照物体的明暗程度。

为了对照度有一些感性认识，现举例如下：晴天阳光直射时照度约为 100 000 lx，室内照度为 100 ~ 500 lx；晴空满月月光下照度约为 0.2 lx；在 40 W 白炽灯下 1 m 远处的照度为 30 lx。1 lx 照度是比较小的，在这样的照度下人们仅能勉强地辨识周围的物体，要区分细小的物体是很困难的。

5. 亮度

一个单元表面在某一方向上的光强密度称为亮度。亮度表示测量到的光的明亮程度，它是一个有方向的量。当一个物体表面被光源（比如一根蜡烛）照亮时，我们在物体表面上所能看到的就是光的亮度。

5.4.1.2　电光源和灯具

我们把将电能转换为光能的设备称为电光源，有时简称为电灯。

1. 电光源及其分类

电光源的种类很多，各种形式的电光源的外观形状以及光电性能指标都有很大的差异，但从发光原理来看，电光源可分为两大类：热辐射光源和气体放电光源。

1）热辐射光源

热辐射光源是利用电流将灯丝加热到白炽程度而产生热辐射发光的一种光源。热辐射光源的发光原理是：金属在高温下会辐射出可见光，温度越高，在其总辐射量中，可见光所占的比例越大。例如，白炽灯和卤钨灯，都是以钨丝作为辐射体，通电后使之达到白炽程度而产生可见光。

（1）白炽灯。

作为第一代电光源的白炽灯是由钨丝、支架、引线、玻璃泡和灯头等部分组成的，白炽灯具有紧凑小巧、结构简单、使用方便、价格低廉、显色性能好、可以调光、能瞬间点燃、无频闪等特点，但白炽灯的钨丝所辐射出的光谱中，绝大部分是不能引起人眼视觉的红外光，而可见光只占总辐射能量的 2% ~ 3%，因而白炽灯的热效应显著，而发光效率却很低，光色较差、抗震性能不佳，平均寿命一般只有 1 000 h。

为了提高能效，保护环境，积极应对全球气候变化，依据《中华人民共和国节约能源法》，国家发展和改革委、商务部、海关总署、工商总局、质检总局联合发文决定从 2012 年

10月1日起逐步禁止进口(含从海关特殊监管区域和保税监管场所进口)和销售普通照明白炽灯。

(2)卤钨灯。

通过光谱分析发现,提高钨丝温度可以提高白炽灯的发光效率,但是过高的温度会使钨丝很快升华、变细以致烧断,同时钨蒸气的凝华会使灯泡玻壳发黑,从而降低白炽灯发出的光通量。为改善热辐射光源的光电性能,1959年制成了卤钨灯。其发光原理与白炽灯相同,只是结构、外形等与白炽灯有很大差别。卤钨灯的灯泡壳由石英玻璃制成,灯泡内充入卤素元素(如碘、溴等),钨丝通过支架悬于管内,当卤钨灯工作时,在高温下从钨丝上蒸发出的钨元素通过卤族元素的再生循环作用,又能回到钨丝附近,甚至返回到钨丝上。这样一方面提高了钨丝温度,改善了发光效率,另一方面又减慢了钨丝的挥发速度,防止灯管发黑,使得灯管发出的光通量不致因钨丝挥发而减少,从而延长了使用寿命。

目前使用的卤钨灯型号很多,其中型管式卤钨灯被广泛应用于体育场、舞台、广场、摄影等场合的照明,近年来一些小功率的卤钨灯已用于商场橱窗、会议室和家庭的台灯、壁灯等室内照明电光源。

卤钨灯与白炽灯比较,光效提高30%,寿命增长50%,一般达1 500 h。卤钨灯具有体积小、功率大、能够瞬时点燃、可调光、无频闪效应、显色性好和光通维持性好等特点。

为维持正常的卤钨循环,管形卤钨灯工作时需水平安装,倾角不得大于±4°,以免缩短灯的寿命。

2)气体放电光源

气体放电光源是利用气体处于电离放电状态而产生可见光的一种光源,常用的气体放电光源有荧光灯、钠灯、荧光高压汞灯和金属卤化物灯等。其共同的特点是发光效率高、寿命长、耐震性好等。气体放电光源一般应与相应的附件配套才能接入电源使用。

(1)荧光灯。

荧光灯作为第二代电光源的典型代表,是一种低压汞蒸气放电灯。

直管式荧光灯管的主要部件是灯头、热阴极和内壁涂有荧光粉的玻璃管。热阴极为涂有热发射电子物质的钨丝,玻璃管在抽真空后充入气压很低的汞蒸气和惰性气体氩。在管内壁涂上不同的荧光粉,则可制成月光色、白色、暖白色以及三基色荧光灯。

荧光灯具有表面亮度低、表面温度低、光效高、寿命长、显色性较好、光通分布均匀等优点,它被广泛用于进行精细工作、照度要求高或进行长时间紧张视力工作的场所,也是室内功能性照明使用最为广泛的一种电光源。

荧光灯的主要缺点是具有频闪,且需配备镇流器。目前配置电子镇流器的各种荧光灯已在工程中得到应用,使得荧光灯的工作条件和节能效果得到了进一步改善。开关频繁会缩短灯管寿命,电压偏移对荧光灯的寿命和光效影响较大,环境温度和湿度对荧光灯的工作影响大。

(2)紧凑型荧光灯(节能灯)。

紧凑型荧光灯现已成为家喻户晓的节能产品,特别是配有电子镇流器和选用E27螺口灯头的一体化型产品,这类产品简称为节能灯,而且公认它为目前取代白炽灯的主要适宜光源,如图5-37所示。

（3）荧光高压汞灯。

荧光高压汞灯也称为高压水银灯，主要由灯头、石英密封电弧管和玻璃泡壳组成。

图 5-37　紧凑型荧光灯

高压汞灯具有光效高、抗震性能好、耐热、平均寿命长、节省电能等优点，其有效寿命可达 5 000 h。但是存在尺寸较大、显色性差、不能瞬间点燃、受电压波动影响大等缺点。

常用于室内高度较大（一般在 5 m 以上）的建筑物内以及街道、广场、车站、施工工地等不需要分辨颜色的作为大面积照明的电光源。高压汞灯的光色呈蓝绿色，缺少红色成分，因而显色性差，照到树叶很鲜明，但照到其他物体上就变成灰暗色，失真很大，故室内照明一般不采用。

高压汞灯不宜使用在开关频繁和要求迅速点亮的场所。因为高压汞灯的再启时间较长，熄灭后，不能立刻再启动，一般须等待冷却 5 ~ 10 min 后才能再次启动。

（4）高压钠灯。

钠灯通过高压钠蒸气放电发光，按钠蒸气的工作压力分为高压钠灯和低压钠灯。

高压钠灯具有发光效率高、寿命长、体积小、亮度高、紫外线辐射小、透雾性能好、抗震性能好等优点，平均寿命可达 5 000 h。但高压钠灯存在着显色性能较差、启动时间长等缺点。

高压钠灯适用于需要高亮度、高效率的大场所照明，如高大厂房、车站、广场、体育馆等对显色性没有特别要求的场所，特别是城市主要交通道路、飞机场跑道、沿海及内河港口城市的路灯照明。由于其不能瞬间点燃、启动时间长，故不宜作事故照明灯用。

（5）金属卤化物灯。

金属卤化物灯是通过金属卤化物在高温下分解产生金属蒸气和汞蒸气，激发放电辐射出可见光，适当选择金属卤化物并控制它们的比例，可制成不同光色的金属卤化物灯，如钠、铊、铟灯和日光色镝灯等。

金属卤化物灯具有光效高、光色好、功率大等特点，适用于对高照度、高显色性要求较高的场所，如用于需要进行电视转播的体育场馆的照明。

（6）LED 点光源。

LED（Light Emitting Diode），即发光二极管，是一种能够将电能转化为可见光的固态的半导体器件，它可以直接把电转化为光。

LED 点光源的特点是体积小、环保性能好、安全稳定、抗震、抗冲击性能好、指向性强、响应时间快、光效高、光色丰富、无闪烁、无紫外线、亮度可调、节能等。

LED 灯广泛应用于建筑物室内外照明、景观照明、标识与指示性照明、室内空间展示照明、视频屏幕、车辆指示灯照明、交通信号灯等，如图 5-38 所示。

2. 电光源的主要光电特性指标

了解各种电光源的光电特性参数的含义，将有助于正确地选择电光源，使室内外的照明环境达到预期的效果。

1）发光效率

电光源消耗每单位的电功率所发出的光通量称为发光效率，简称为光效，其单位

图 5-38　LED 电光源的应用

为 lm/W。发光效率越高,表明电光源的节能性越好。

2) 色温

电光源的颜色常用色温这一概念来描述。表 5-13 为常见光源色温或相关色温。

表 5-13　常见光源色温或相关色温

光源	色温或相关色温(K)	光源	色温或相关色温(K)
蓝天光	11 000 ~ 20 000	荧光灯(暖光色)	3 500
月亮光	4 125	白炽灯(10 W)	2 400
蜡烛光	1 925	白炽灯(100 W)	2 740
荧光灯(日光色)	6 500	高压钠灯	2 100

一般而言,色温较高(大于 5 000 K)的电光源所发出的光在视觉上呈冷色,色温较低(小于 3 300 K)的电光源所发出的光在视觉上呈暖色,色温介于两者之间的则呈中间色。因而电光源的色温(或相关色温)反映出它的外观颜色效果。

在不同色温和不同照度的电光源下,会产生不同的视觉舒适感,在较低色温（暖色调）的灯光下,较低的照度就可达到视觉上的舒适感,而在较高色温的灯光下,则需要较高的照度才能适应。

3) 显色性

同一物体在不同光源照射下,人眼会感到物体呈现出不同的颜色,如一块白布在红光照射下呈红色,而在黄光照射下则呈黄色,因此在电光源下观察物体会出现“颜色失真”现象。

电光源的显色性是指物体在电光源和标准光源的照射下,在视觉上颜色的失真程度,用显色指数来表示。失真程度小,则电光源的显色指数大;反之,则显色指数小。标准光源的显色指数规定为 100,大多数电光源的显色指数低于 100。

4) 频闪

气体放电光源工作时,发出的光通量将随着交流电压和电流作周期性变化,这一现象称为频闪,它使得电光源出现闪烁感。一般来说,作为功能性照明的气体放电光源产生的频闪现象是有害的,长时间在这样的光源下工作和学习,容易引起视觉的疲劳。

电光源除上述特性参数外,选择电光源时,还应考虑其平均寿命、表面亮度和启动时间等因素,表 5-14 为常用电光源的主要特性参数的比较。

表 5-14 常用电光源的主要特性参数

特性	热辐射光源		气体放电光源			
	白炽灯	卤钨灯	荧光灯	荧光 高压汞灯	高压钠灯	金属 卤化物灯
光效(lm/W)	6.5~19	20~21	40~80	40~50	90~120	70~100
色温(K)	2 400~2 900	2 900~3 200	3 500~6 500	6 000	2 100	6 000
显色指数	95~99	95~99	70~95	35~40	20~25	85~95
平均寿命(h)	1 000	1 500~5 000	3 000~8 000	2 500~5 000	大于 3 000	2 000
频闪现象	无	无	明显	明显	明显	明显
表面亮度	大	大	小	较大	较大	大
启动与再 启动时间	瞬间	瞬间	较短	长	长	长
受电压波 动的影响	大	大	较大	较大	较大	较大
受环境温 度的影响	小	小	大	较小	较小	较小
耐震性	较差	差	较好	好	较好	好
所需附件	无	无	镇流器	镇流器	镇流器	镇流器

5.4.1.3 灯具及其分类

灯具也称为照明器,它是电光源、附件和灯罩的总称。

1. 灯具的配光曲线

灯具的配光曲线表示灯具的发光强度在空间的分布情况,所以也称为发光强度分布曲线。对于轴对称形状的灯具,其配光曲线也是轴对称的,非轴对称形状的灯具,则应采用不同方向上的配光曲线来表示其发光强度的空间分布。

2. 灯具的保护角与效率

灯具的保护角是指灯具的下边沿到电光源下端的连线与水平方向的夹角,如图 5-39 所示,其大小决定了电光源能直射到达的空间范围。为减小光源直射产生的眩光作用,一般要求灯具的保护角大于或等于 27°,保护角过小,不利于抑制眩光和保护视力。

灯具的效率定义为灯具发出的光通量与电光源发出的光通量的比值,它是衡量灯具经济性的一个指标。由于电光源发出的光通量中有一部分会被灯罩吸收,所以灯具的效率总是小于 1 的,一般为 0.5~0.9。

3. 灯具分类

灯具的品种繁多,形状各异,各具特色,可以按不同的方式加以分类。

1)按配光曲线分类

根据国际照明委员会(CIE)的建议,灯具按光通量在上下空间分布的比例(配光曲

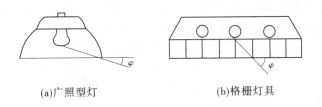

(a)广照型灯　　　　　　　　　　(b)格栅灯具

图 5-39　灯具的保护角

线)分为五类:直接型、半直接型、漫射型(包括水平方向光线很少的直接－间接型)、半间接型和间接型,如图 5-40 所示。

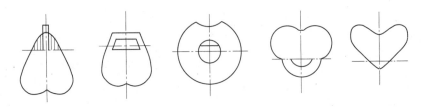

图 5-40　灯具光通量在上下空间分布的比例示意图

(1)直接型灯具。绝大部分光通量(90%～100%)直接投照下方,所以灯具的光通量的利用率最高。直接型灯具适用于层高较高的厂房建筑内或广场道路的照明。

(2)半直接型灯具。灯具大部分光通量(60%～90%)射向下半球空间,少部分射向上方,射向上方的分量将减少照明环境所产生的阴影的硬度并改善其各表面的亮度比。

(3)漫射型或直接－间接型灯具。灯具向上向下的光通量几乎相同(各占 40%～60%)。最常见的是乳白玻璃球形灯罩,其他各种形状漫射透光的封闭灯罩也有类似的配光。这种灯具将光线均匀地投向四面八方,因此光通量利用率较低。

(4)半间接型灯具。灯具向下光通量占 10%～40%,它的向下分量往往只用来产生与天棚相称的亮度,此分量过多或分配不适当也会产生直接或间接眩光等一些缺陷。上面敞口的半透明灯罩属于这一类。它们主要作为建筑装饰照明,由于大部分光线投向顶棚和上部墙面,增加了室内的间接光,光线更为柔和宜人。但应注意灯具上部清洁,否则会影响灯具的效率。

(5)间接型灯具。灯具的小部分光通(10%以下)向下。设计得好时,全部天棚成为一个照明光源,达到柔和无阴影的照明效果,由于灯具向下光通量很少,只要布置合理,直接眩光与反射眩光都很小。此类灯具的光通量利用率比前面四种都低。

2)按照安装方式和使用场合分类

按照灯具的安装方式可将灯具分为壁灯、吊灯、吸顶灯、落地灯、台灯、柱灯和投光灯具、水下照明灯、舞台灯、应急灯等。

3)按灯具的结构特点分类

灯具按结构特点分,主要有下列几种:

(1)开启型。其光源与外界环境直接相通,如图 5-41(a)所示。

(2)闭合型。透明灯具是闭合型,透光罩把光源包合起来,但是罩内外空气仍能自由流通,如乳白玻璃球形灯等,如图5-41(b)所示。常作为天棚灯和庭院灯等。

(3)密闭型。透明灯具固定处有严密封口,内外隔绝可靠,如防水、防尘灯等,如图5-41(c)所示。可作为需要防潮、防水和防尘场所照明灯具。

(4)防爆型。符合《爆炸和火灾危险环境电力装置设计规范》(GB 50058—2014)的要求,能安全地在有爆炸危险的场所中使用,如图5-41(d)所示。

(5)安全型。安全型灯具透光罩将灯具内外隔绝,在任何条件下,都不会因灯具引起爆炸的危险,如图5-41(e)所示。这种灯具使周围环境中的爆炸气体不能进入灯具内部,可避免灯具正常工作中产生的火花而引起爆炸。它适用于在不正常情况下有可能发生爆炸危险的场所,如加油站、加气站等。

(6)隔爆型。隔爆型灯具结构特别坚实,并且有一定的隔爆间隙,即使发生爆炸也不易破裂,如图5-41(f)所示。它适用于在正常情况下有可能发生爆炸的场所。

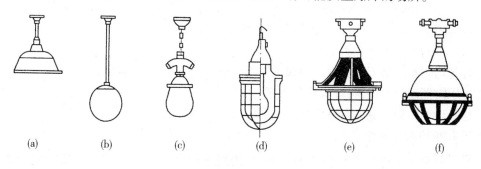

(a)　　　　(b)　　　　(c)　　　　(d)　　　　(e)　　　　(f)

图5-41　灯具按结构特点分类

5.4.1.4　照明灯具的布置

照明灯具的合理布置是电气照明设计的重要内容,是保证照明质量的重要技术措施。照明灯具布置分为高度布置和平面布置。灯具布置的原则应满足工作面上照度均匀,光线入射方向合理,不产生眩光和阴影。并做到整齐美观,与建筑环境协调一致,满足建筑美学的要求。

1. 灯具的高度布置

灯具的悬挂高度(安装高度)H = 房间高度 H_a − 灯具的垂度(灯具的悬挂长度),如图5-42所示。灯具的垂度一般为0.3 ~ 1.5 m,一般取0.7 ~ 1 m。灯具垂度过大易使灯具摆动,影响照明质量。常用灯具的悬挂高度为:一般灯具的悬挂高度为2.4 ~ 4.0 m;配照型灯具的悬挂高度为3.0 ~ 6.0 m;搪瓷探照型灯具悬挂高度为5.0 ~ 10 m。灯具的悬挂高度不能小于有关规范规定的最低悬挂高度。确定灯具最低悬挂高度是为了防止灯具产生眩光,并考虑发生碰撞和发生触电危险的可能性。在特别潮湿与危险场所,灯具最小悬挂高度不得低于2.5 m;干燥不良导电地面(办公室、商店、民房等)悬挂高度不得低于1.8 m;潮湿导电地面(泥地、砖地)须采用安全灯头,吊灯线须加绝缘护套;若建筑高度不能满足上述高度要求,应采用36 V以下安全电压。

2. 灯具的平面布置

灯具的平面布置对照明的质量有重要的影响,对光的投射方向、工作面的照度、照明的均匀性、反射眩光和直射眩光、视野内各平面的亮度分布、阴影、照明装置的安装功率和

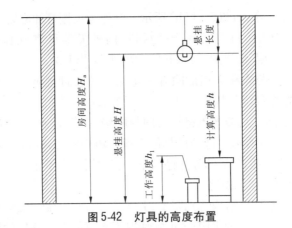

图 5-42　灯具的高度布置

初次投资、用电的安全性以及维修的方便性等有决定性的作用。

灯具的平面布置,一般分为均匀布置和选择布置两种形式。

1)灯具的均匀布置

灯具均匀布置是不考虑房间内和工作场所的设备、设施的具体位置,只考虑房间内或工作场所内照度均匀性,将灯具均匀排列。

灯具均匀布置常见方案有 3 种,分别是正方形、菱形和矩形。

2)灯具的选择布置

灯具的选择布置是根据房间内或工作场所内的设备、设施部位有选择地确定灯具位置,以保证这些部位的照度达到要求。

3.灯具的合理布置

灯具布置是否合理,主要取决于室内照度的均匀度。照度的均匀度又取决于灯具的间距 L 与其计算高度 h 的比值是否合适。各种灯具都有各自最大允许距高比,满足灯具的最大允许距高比,就基本能保证照度的均匀性。各灯具厂家生产的不同型号的灯具都在产品样本中标明其最大允许距高比,供我们参考。

5.4.2　照明灯具安装

灯具安装必须和土建、装饰单位密切配合,预留灯具位置,同时和消防报警系统探测器安装、通风空调系统风口安装统筹考虑,合理布置,并画出详细布置图,进行会签。由装饰单位预留的孔洞,在预留好后与安装单位办理交接,确认预留孔洞的尺寸及相对位置,必须满足安装要求。

施工程序:施工准备 → 检查灯具 → 灯具支吊架制作安装 → 灯具安装→ 通电试亮。

5.4.2.1　施工准备

(1)材料要求。

①各种型号规格的灯具及开关必须符合设计要求和国家标准规定。灯内配线严禁外露,灯具配件齐全,无机械损伤、变形、油漆剥落、灯罩破裂、灯箱歪翘等现象。所有的灯具和开关均应有产品合格证。所需灯具已到齐,所需辅料已准备充足。

②安装灯具所需的支吊架必须根据灯具的重量选用相应规格的镀锌材料。

（2）施工机具配备齐全,已对各班组进行过技术交底。

（3）对应区域的吊顶已安装完毕,无吊顶区已粉刷完毕。

5.4.2.2　施工方法

（1）嵌入式灯具安装。按照设计图纸,配合装饰工程的吊顶施工确定灯位。如为成排灯具,应先拉好灯位中心线、十字线定位。成排安装的灯具,中心线允许偏差为 5 mm。在吊顶板上开灯位孔洞时,应先在灯具中心点位置钻一小洞,再根据灯具边框尺寸,扩大吊顶板眼孔,使灯具边框能盖好吊顶孔洞。轻型灯具直接固定在吊顶龙骨上,超过 3 kg 的灯具需要设置灯具吊杆,吊杆采用 $\phi 8$ 的镀锌圆钢丝杆。

（2）花灯的安装。固定花灯的吊钩,其圆钢直径不小于灯具吊挂销、钩的直径,且不小于 6 mm。对大型花灯、吊装花灯的固定及悬吊装置按灯具重量的 2 倍做过载试验。安装在重要场所的大型灯具的玻璃罩,按设计要求采取防止碎裂后向下溅落的措施。

（3）吸顶式安装。根据设计图确定出灯具的位置,将灯具紧贴建筑物顶板表面,使灯体完全遮盖住灯头盒,并用胀管螺栓将灯具予以固定。在电源线进入灯具进线孔处应套上塑料胶管以保护导线。如果灯具安装在吊顶上,则用自攻螺栓将灯体固定在龙骨上。

（4）钢构架上灯具安装。根据现场灯具安装位置的钢构架形式加工制作灯具支架,如钢构架为“工”字型或“［”型钢,则在型钢上打孔,采用螺栓固定灯具支架;如果钢构架为柱状,灯具支架的安装采用抱箍的形式固定。

（5）3 kg 以上的灯具,必须有专门的支吊架,且支吊架安装牢固可靠。导线进入照明器具的绝缘保护良好,不伤线芯,连接牢固紧密且留有适当余量。

（6）照明器具与管的连接。硬、软管与照明器具连为一体,如照明装置和电线管不匹配,则须现场加工。

（7）通电试亮。灯具安装完毕且各条支路的绝缘电阻摇测合格后,方能进行通电试亮工作。通电后应仔细检查和巡视,检查灯具的控制是否灵活、准确;开关与灯具控制顺序是否相对应,如发现问题必须先断电,然后查找原因进行修复。通电连续运行 24 h,所有灯具均开启,且每 2 h 记录运行状态 1 次,连续试运行时间内无故障,即可进行交工验收。

5.4.3　开关插座安装

墙面粉刷、壁纸及油漆等内装饰工作完成后,再进行开关、插座的安装。施工中注意协调开关、插座、温控器及消防器具等集中安装的相对间距,避免同一空间同类器具的杂乱。

施工程序:清理接线盒 → 开关、插座接线 → 开关、插座安装。

施工方法如下:

（1）清理接线盒。用小刷子轻轻将接线盒内残存的灰块、杂物清出盒外,再用湿布将盒内灰尘擦净。

（2）接线。开关接线:灯具(或风机盘管等电器)的相线必须经开关控制。同一场所的开关必须开关方向一致。

插座接线:面对插座,插座的左边孔接零线、右边孔接相线、上面的孔接地线,即左

"零"右"相"上"地",如图5-43所示。同一场所的三相插座,接线的相序一致。接地或接零线在插座间不串联连接。

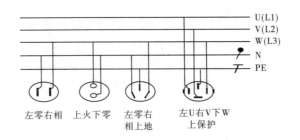

图 5-43　插座接线示意图

（3）开关安装。根据设计图纸,开关的安装高度为 1.4 m 左右,现在全为暗装。安装时,开关面板应端正、严密并与墙面平;开关位置应与灯位相对应,同一室内开关方向应一致;成排安装的开关高度应一致,高低差不得大于 2 mm。

（4）插座安装。根据设计要求,在有隔墙、混凝土柱的办公室、通道及其他功能用房内,插座暗装于 0.3 m 高或踢脚线上;在无间墙、混凝土柱的办公室、通道及大面积场所,采用地面插座,安装时应密切配合土建地面装修工程,确保插座顶部与地面装修完成面平齐;位于设备机房或厨房、卫生间等潮湿场所的插座采用防潮型,安装高度为 1.5～1.8 m;在公共场所的插座须采用安全型插座。

（5）开关、插座的固定。将接线盒内的导线与开关或插座的面板按要求接线完毕后,将开关或插座推入盒内（如果盒子较深,大于 2.5 cm 时,应加装无底盒）,对正盒眼,用螺丝固定牢固,固定时要使面板端正,并与墙面平齐。

（6）开关、插座的面板并列安装时,高度差允许为 0.5 mm。同一场所开关、插座的高度允许偏差为 5 mm,面板的垂直允许偏差为 0.5 mm。

5.4.4　照明系统安装质量检查

5.4.4.1　灯具安装质量检查

（1）检查导线和灯具端子连接是否紧固,绝缘良好;

（2）检查中心线横向移位是否≤50 mm;

（3）检查垂直误差是否歪斜不明显;

（4）检查接线处绝缘处理是否包扎紧密、均匀,且不低于绝缘强度;

（5）检查金属外壳接地或接零是否符合规范规定。

5.4.4.2　插座安装质量检查

（1）插座的安装高度应符合设计的规定,当设计无规定时,应符合下列要求:

①距离地面高度不宜小于 1.3 m;托儿所、幼儿园及小学不宜小于 1.8 m,同一场所安装的插座高度应一致。

②落地插座应具有牢固可靠的保护盖板。

（2）单相两孔、三孔插座。面对插座的右孔或上孔与相线相接,左孔或下孔与零线相接;单相三孔插座,面对插座的右孔与相线相接,左孔与零线相接,上孔与接地线相接。

（3）三相四孔及三相五孔插座的接地线或接零线均应接在上孔。插座的接地端子不应与零线端子直接连接。

（4）当交流、直流或不同电压等级的插座安装在同一场所时,应有明显区别,且必须选择不同结构、不同规格和不能互换的插座;其配套的插头,应按交流、直流或不同电压等级区别使用。

（5）暗装的插座应采用专用盒;专用盒的四周不应有空隙,且盖板应端正,并紧贴墙面。

5.4.4.3　开关安装质量检查

（1）安装在同一建筑物、构筑物内的开关,应采用同一系列的产品,开关的通断位置应一致,且操作灵活、接触可靠。

（2）并列安装的相同型号开关距地面高度应一致,同一室内安装的开关高度差不应大于5 mm,并列安装的拉线开关的相邻间距不宜小于20 mm。

（3）相线应经开关控制,民用住宅严禁装设床头开关。

（4）暗装的开关应采用专用盒,专用盒的四周不应有空隙,且盖板应端正。

5.4.4.4　通电运行检查

（1）照明箱应有标识。

（2）照明箱应有接地。

（3）照明开关命名应与回路对应。

（4）应做漏电保护动作试验,应急灯试投试验,交、直流电源自动切换试验,光电控制器试验,直流长明灯投入、照明通电试验。

学习项目 6　建筑弱电系统

【学习目标】

(1)熟练识读建筑弱电系统施工图;

(2)熟悉建筑弱电系统的类型、基本组成及建筑弱电系统的运行管理;

(3)掌握建筑弱电系统配管配线、线管布置与敷设的基本操作技能、安装工艺、质量验收标准。

6.1　建筑弱电系统施工图的识读

建筑弱电工程是建筑电气工程的重要组成部分。弱电系统的引入,使建筑物的服务功能大大扩展,增加了建筑物与外界的信息交换能力。

建筑弱电系统是实现建筑物内部以及内部和外部间的信息交换、信息传递及信息控制,是应用各种电子设备,将电能转为各种信号,并对信号进行接收、处理、传输和显示,以满足人们对各种信息的需要和保持相互联系的各种系统,通称为弱电系统。

常见的建筑弱电系统有共用天线电视系统、建筑通信系统、建筑音响系统、保安监视系统、火灾报警与联动控制系统、建筑智能化系统及综合布线等。

6.1.1　建筑弱电工程概述

6.1.1.1　有线电视系统

有线电视从最初的共用天线电视接收系统(MATV),到有小前端的共用天线电视系统(CATV),由于它以有线闭路形式传送电视信号,不向外界辐射电磁波,所以也被人们称之为闭路电视(CCTV)。

如图 6-1 所示,有线电视系统包括天线及前端设备、信号传输分配网络和用户终端(或用户输出端)。

接收天线的作用是获得地面无线电视信号、调配广播信号、微波传输电视信号和卫星电视信号,接收天线可分为引向天线、抛物面天线、环形天线和对数周期天线等。

前端设备主要包括天线放大器、混合器、干线放大器等。天线放大器的作用是提高接收天线的输出电平和改善信噪比。干线放大器的作用是将干线信号电平放大,以补偿干线电缆的损耗,增加信号的传输距离。混合器的作用是将接收的多路信号混合在一起,合成一路输送出去,而且多路信号互不干扰。

传输分配网络由线路放大器、分配器、分支器和传输电缆等组成。线路放大器的作用是补偿传输过程中因用户增多、线路增长后的信号损失,如图 6-2 所示。分配器的作用是将一路信号等分成几路来进行分配,常见的有二分配器、三分配器、四分配器,如图6-3所示。

分支器的作用是将干线信号的一部分送到支线,分支器与分配器配合使用可组成形形色色的传输分配网络。在分配网络中,各元件之间均用传输电缆连接,构成信号传输的通路。传输电缆一般采用同轴电缆。

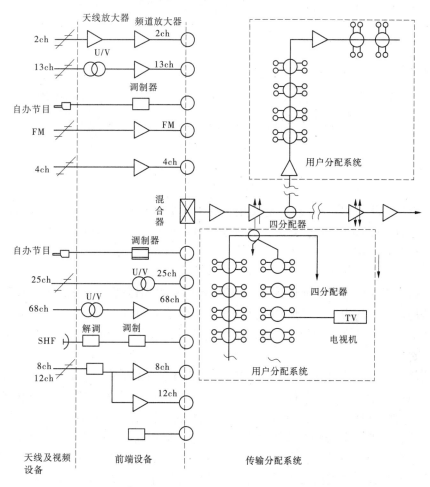

图 6-1 有线电视系统的组成

图 6-2 线路放大器

在共用天线电视系统中常用的同轴电缆有 SYV 型、SYFV 型、SDV 型、SYKV 型、SYDY 型等,其特性阻抗均为 75 Ω,如图6-4所示。有线电视线路在用户分配网络部分,多采用 SYKV—75 型同轴电缆。室内采用暗管敷设,但不得与照明线、电力线同线槽、同出线盒(中间有隔离的除外)、同连接箱安装。

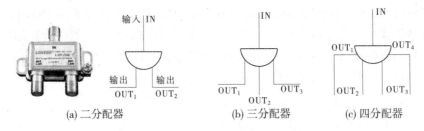

| (a) 二分配器 | (b) 三分配器 | (c) 四分配器 |

图 6-3　分配器

1—导体；2—绝缘介质；3—编织网；4—保护套

图 6-4　同轴电缆

用户终端又称为用户接线盒，是共用天线电视系统供给电视机电视信号的接线器。用户接线盒有单孔盒和双孔盒之分。其安装高度一般在室内地面以上 0.3~0.4 m。

6.1.1.2　电话通信系统

1.电话通信系统的组成

电话通信系统由电话交换设备、传输系统和用户终端设备三部分组成。任何建筑物内的电话均通过市话中继线连成全国乃至全世界的电话网络。

电话交换机是接通电话用户之间通信线路的专用设备，目前最先进的是数字程控电话交换机。

电话传输系统分为有线传输（明线、电缆、光纤等）和无线传输（短波、微波中继、卫星通信等）。通信工程主要采用有线传输方式。有线传输又分为模拟传输和数字传输两种，将信息转换成电流模拟量进行传输的方式为模拟传输（如普通电话采用模拟语音信息传输）；将信息按数字编码方式转换成数字信号进行传输的方式为数字传输（如程控电话交换采用数字传输各种信息）。

用户终端设备主要指电话机、传真机、计算机终端等。

2.电话通信设备及传输设备

电话通信设备包括分线箱（盒）、交接箱、电话机。分线箱（盒）分为明装和暗装两种，交接箱的安装可分为架空式和落地式两种，电话机则是通过接线盒与传输线路连接。

传输线路中分市话电线电缆、双绞线、光缆等。常用市话电缆有 HQ 型低绝缘铅包市话电缆、HYQ 型聚氯乙烯绝缘铅包市话电缆，建筑物内的电话干线常采用 HPVV 型塑料绝缘塑料护套通信电缆，引至电话的配线常采用 RVS.2×0.5 塑料绝缘的软绞线。电话线缆的敷设应符合《城市住宅区和办公楼电话通信设施验收规范》（YD 5048—97）的有关规定。

双绞线是用于数字通信传输的双绞线缆。光缆是数据通信中传输容量最大、传输距离最长的新型传输媒体。

3.室内配线系统

电话系统的室内配线形式主要取决于电话的数量及其在室内的分布，并考虑系统的可靠性、灵活性及工程造价等因素。常见的配线系统有各层独立的配线方式、分级配线方式和递减式配线方式等。

6.1.1.3　广播音响系统

作为一种通信和宣传的工具,有线广播被广泛应用于各类公共建筑内。有线广播系统通常可分为业务性广播系统、服务性广播系统、火灾事故广播系统、厅堂扩声系统和专用的会议系统几种类型。

一般情况下,建筑物内的一个广播系统常常兼有几个方面的功能,如业务广播系统也可作为服务性广播使用,对于既有业务广播(或服务性广播)要求,又有火灾事故广播要求的建筑物,通常的做法也是只采用一套广播系统,平时作为业务广播或服务性广播,火灾或其他紧急情况下,转换成火灾事故广播。

广播音响系统的基本组成可用图6-5的框图表示。

图6-5　广播音响系统的组成框图

节目源设备通常由节目源和设备组成。节目源是指无线电广播(调频、调幅)、激光唱片(CD)、MP3和光盘等。节目源设备有调谐器、MP3播放器以及传声器(话筒)、电视伴音(包括影碟机、卫星电视的伴音)等。

放大和信号处理设备是整个广播音响系统的控制中心,包括调音台、前置放大器、功率放大器和各种控制器及音响加工设备等。

由于系统和传输方式的不同,对传输线路有不同的要求。室内广播线一般可采用铜芯双股塑料绝缘导线(如 RVB 或 RVS 型)或电缆,线径为 $2 \times 0.5~\text{m}^2$ 或 $2 \times 0.8~\text{m}^2$,导线应穿管沿墙、地坪或吊顶暗敷,保护管的预埋和穿线方法与强电线路相同。

扬声器系统作为广播系统的终端输出设备,其选择的合理与否将在一定程度上影响整个系统的工作性能。扬声器分为电动式、静电式和电磁式等若干种,其中电动式扬声器应用最广。选择扬声器时应考虑其灵敏度、频率响应范围、指向性和功率等因素。

6.1.1.4　火灾自动报警与消防联动控制系统

火灾自动报警系统是现代消防系统中的一个重要组成部分,是现代电子工程与计算机技术在消防中应用的产物。"报警早,损失小"是人们在与火灾作斗争的漫长过程中总结出的一个经验。火灾自动报警系统在各类建筑物内的应用,实现了火灾的早期报警,为及时采取各种措施扑灭火灾赢得了宝贵的时间。

火灾自动报警系统在报警的同时,还具有联动功能,即通过控制线路将消防给水设备和防排烟设备组织起来,按照预定的要求动作,指挥各种消防设备在火灾时密切配合,各司其职,有条不紊地投入工作。

1.火灾自动报警及自动灭火的基本原理

火灾自动报警与消防联动控制系统由火灾探测系统、火灾自动报警系统及消防联动系统和自动灭火系统等部分组成,实现建筑物的火灾自动报警及消防联动。

控制器是火灾报警系统的心脏,是分析、判断、记录和显示火灾的部件。控制器(报警控制器)是通过探测器(探头)不断向监视现场发出巡测信号,监视现场的烟雾浓度、温度等,由探测器不断反馈给控制器,控制器再将输入的由烟雾浓度或温度转换而成的电信号与控制器内存储的正常整定值进行比较,判断火灾是否发生。当确认发生火灾则在控制器上首先发出声光报警,并显示烟雾浓度,显示火灾区域或楼层房间号的地址编码,并打印报警时间、地址、烟雾浓度等。同时向火灾现场发出警铃或电笛报警,与此同时在火灾发生楼层的上下相邻层或火灾区域的相邻区域也发出报警信号,显示火灾区域。各应急疏散指示灯亮,指示疏散路线。

自动灭火系统是在火灾报警装置控制器的联动之下,执行灭火的自动系统,如自动喷水、自动喷射高效灭火剂等功能的成套装置。

灭火系统通常有两种方式,一种是湿式消防系统(水灭火系统);另一种是干式消防系统。高层建筑常用的为湿式消防系统,主要包括消火栓消防系统和自动喷水灭火系统。

2.火灾自动报警系统的组成

火灾自动报警系统主要由火灾探测器和火灾报警控制器组成。火灾探测器将现场火灾信息(烟、温度、光)转换成电气信号,传送至自动报警控制器;火灾报警控制器将接收到的火灾信号经过运算(逻辑运算)处理后认定火灾,输出指令信号。一方面启动火灾报警装置,如声光报警等;另一方面启动灭火联动装置,用以驱动各种灭火设备,同时也启动联锁减灾系统,用以驱动各种减灾设备。火灾探测器、火灾报警控制器、报警装置、联动装置、联锁装置等组成了一个实用的自动报警与灭火系统。

1)火灾探测器类型及选用

火灾探测器是火灾自动报警系统最关键的部件之一,它是整个系统自动检测的触发器件,犹如系统的感觉器官,能不间断地监视和探测被保护区域火灾的初期信号。根据火灾探测方法和原理,目前世界各国生产的火灾探测器有感烟式、感温式、感光式、可燃气体探测式和复合式等主要类型。各种类型又可分为不同形式,按其结构造型分类,可分为点型和线型两大类。

(1)感烟火灾探测器。感烟火灾探测器对燃烧或热解产生的固体或液体微粒予以响应,用以探测火灾初期燃烧所产生的气溶胶或烟粒子浓度。

(2)感温火灾探测器。感温火灾探测器响应异常温度、温升速率和温差等火灾信号。常用的有定温型(环境温度达到或超过预定值时响应)、差温型(环境温升速率超过预定值时响应)和差定温型(兼有差温、定温两种功能)。

(3)感光火灾探测器。主要对火焰辐射出的红外光、紫外光、可见光予以响应,故又称火焰探测器,常用的有红外火焰型和紫外火焰型两种。

(4)可燃气体火灾探测器。主要用于易燃、易爆场所中探测可燃气体的浓度。如用于宾馆厨房或燃气储备间、汽车库、压气机站、炼油厂等存在可燃气体的场所。

(5)复合火灾探测器。复合火灾探测器可响应两种或两种以上火灾参数,主要有感温感烟型、感光感烟型、感光感温型等。

探测器的选择:一般而言,感烟探测器适用于火灾初期有大量烟雾产生而热量和火焰辐射很少的场合;若估计到火灾发展迅速,且有强烈的火焰辐射和少量的烟、热,则应采用感光探测器;在可能发生无烟火灾或正常情况下有烟和蒸气滞留的场合,如厨房、锅炉房、发电机房、吸烟室等处，应采用感温探测器；在有可能散发可燃气体和可燃蒸气的场合，应采用可燃气体探测器；若估计到火灾发生时有大量热量产生，有大量的烟雾和火焰辐射，则应同时采用几种探测器，以对火灾现场的各种参数的变化作出快速反应；若对某些场合的火灾特点无法预料，应进行模拟试验，根据试验结果进行选择。

2）火灾报警控制器

在火灾自动报警系统中，火灾探测器是系统的"感觉器官"，随时监视周围环境的情况。而火灾报警控制器则是该系统的"躯体"和"大脑"，是系统的核心。

火灾报警控制器的作用是向火灾探测器提供高稳定度的直流电源；监视连接各火灾探测器的传输导线有无故障；能接收火灾探测器发送的火灾报警信号，迅速、正确地进行转换和处理，并以声、光等形式指示火灾发生的具体部位，进而发送消防设备的启动控制信号。

火灾报警控制器按其用途分为区域报警控制器、集中报警控制器和通用报警器。

3.消防联动控制系统

消防联动控制系统具有若干对输出控制接点，用于系统中各种设备的联动控制。根据建筑物内报警位置、火灾自动灭火装置以及防排烟设备的设置情况，控制系统应包括下列全部或部分设备的控制功能：

（1）消火栓水泵的启、停控制和工作状态或故障状态的显示，并指示消火栓水泵启动按钮的位置。

（2）自动喷淋灭火系统的控制、工作状态或故障状态的显示，发出报警信号的水流指示器和报警阀的位置显示。

（3）各种气体灭火和泡沫、干粉灭火系统的控制。

（4）接收到火灾报警信号后，停止有关部位的风机，关闭防火阀，并接收被控设备动作的反馈信号。

（5）启动防排烟系统，包括防烟、排烟风机和正压风机等，并接收被控设备动作的反馈信号。

（6）火灾被确认后，应关闭有关部位的防火门和防火卷帘门，并接收反馈信号。对防火卷帘门，通常采用两段式控制，接到报警信号后，卷帘门先下降到一半高度位置（或1.8 m高度），经一段延时后，再下降到底，防火卷帘门两侧应安装手动控制按钮，以便于现场控制。

（7）强制建筑物内的所有电梯降至底层，并接收反馈信号，对自动化程度要求较高的建筑物，可采用电梯前室内的感烟探测器联动控制电梯迫降。

（8）切断有关部位的非消防电源，并接通火灾事故照明系统。

（9）按一定的疏散顺序接通火灾报警装置和火灾事故广播系统，对业务广播与事故广播共用的系统，应切换到火灾事故广播系统，以便及时指挥和组织人员疏散。

6.1.1.5　安保系统

现代建筑的大型化、多功能、高层次和高技术的特点，使它的安保系统更显得必不可少，而且要求更加智能化，更加完善。

1.安保系统的组成

根据安保系统应具备的功能,现代建筑的安保系统一般应由门禁系统、自动防盗报警系统、监视系统和楼宇巡更系统四部分组成。

门禁系统有两类情况,一是正常进入,但对人员需加以限制的门禁系统,此系统主要是对进入人员的身份进行辨识;二是针对不正常的强行闯入的门禁系统,此系统主要是通过设定的各种门磁开关等发现闯入者并报警。

自动防盗报警系统就是利用各种探测装置对楼宇重要地点或区域进行布防,当探测装置探测到有人非法侵入时,系统将自动发出报警信号。附设的手动报警装置通常还有紧急按钮、脚踏开关等。

电视监视系统是把事故现场显示并记录下来,以便取得证据和分析案情。显示与记录装置通常与报警系统联动。

楼宇巡更系统即周界防范系统。

2.可视对讲系统

可视对讲系统是在对讲机-电锁门安保系统的基础上加电视监视系统而成。

对讲机-电锁门安保系统是在楼宇的入口处设有电锁门,上面设有电磁门锁,平时门总是关闭的。在入口的门边外墙上嵌有大门对讲总按钮盘。来访者需依照探访对象的楼层和单元号按按钮盘的相应按钮,此时被访者的对讲机铃响。被访者通过话机与来访者对话。

可视对讲系统由主机(室外机)、分机(室内机)、不间断电源和电控锁组成。

3.防盗报警系统

防盗报警系统一般由探测器、区域控制器和报警中心控制器三个部分组成。系统中最底层是探测和执行设备,它们负责探测非法闯入等异常报警,同时向区域控制器发送信息。区域控制器再向报警控制中心计算机传送所负责区域内的报警情况。

报警中心控制器通过通信接口和计算机连接,由计算机负责管理整幢楼宇的防盗报警系统。

4.楼宇巡更系统

现代建筑出入口多,进出人员复杂,为了维护楼宇的安全,必须有专人负责安全巡逻,重要地方还需设巡更站,定时进行巡更。

智能楼宇的巡更系统是一个由微机管理的应用微电子技术的系统。巡更系统属于周界防范系统。

这种系统较简单,具有安装简便,无须布线,方便快捷,可达到数百个巡更点和多条指定的、不规划的或受时限的巡更路线等优点。系统投资少、安全可靠、寿命长,是智能小区首选的电子巡更系统。

6.1.1.6　智能建筑与综合布线系统

智能建筑是信息时代的必然产物,是建筑业和电子信息业共同谋求发展的方向。

智能建筑是实现结构、系统、服务、运营及其相关功能全面综合,达到最佳组合,构造高效率、高性能与高舒适性的大楼或建筑。

1.智能建筑组成

智能建筑主要由系统集成中心、综合布线系统、楼宇自动化系统、办公自动化系统、通信自动化系统五大部分组成。

智能建筑所用的主要设备通常放置在智能化建筑内的系统集成中心。它通过建筑物综合布线与各种终端设备,如通信终端(电话机、传真机等)、传感器(如烟雾、压力、温度、湿度等)的连接,"感知"建筑物内各个空间的"信息",并通过计算机进行处理后给出相应的控制策略,再通过通信终端或控制终端(如步进电机,各种阀门、开关等)给出相应的控制对象的动作反应,使大楼具有所谓的某种"智能"。

所谓智能的含义,包括了以下几个方面:建筑物自动化(BA)、通信自动化(CA)、办公自动化(OA),形成"3A"智能建筑。

智能建筑实质上是利用电子信息系统集成技术将 BA、CA、OA 和建筑有机地结合为一体的一种适合现代信息化社会综合要求的建筑物,综合布线系统是实现这种结合的有机载体。

2.综合布线系统

综合布线系统,又称开放式布线系统,是建筑物或建筑群内部之间的传输网络。它能使建筑物或建筑群内部的语音、数据通信设备,信息交换设备,建筑物自动化管理设备及物业管理等系统之间彼此相连,也能使建筑物内的信息通信设备与外部的信息通信网络连接。

综合布线系统是为了满足综合业务数据网(ISDN)的发展需求而特别设计的一种布线系统,它采用一系列高质量的标准材料,以模块化的组合方式,把语音、数据、图像和部分控制信号系统,用统一的传输媒介进行综合,从而在智能建筑中组成一套标准、灵活、开放的布线系统。

综合布线系统一般由工作区子系统、水平子系统、管理子系统、干线(垂直)子系统、设备间子系统和建筑群子系统六个子系统组成,如图 6-6 所示。六个部分每一部分相互独立,单独设计,单独施工。

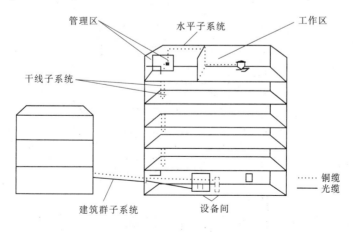

图 6-6 综合布线系统的组成

1) 工作区子系统

提供从水平子系统端接设施到设备的信号连接,通常由连接线缆、网络跳线和适配器组成,如图6-7所示。工作区常用设备是计算机、网络集线器、电话、报警探头、摄像机、监视器、音响等。

2) 水平子系统

水平子系统的提供楼层配间至用户工作区的通信干线和端接设施。水平主干线通常使用屏蔽双绞线(STP)和非屏蔽双绞线,也可以根据需要选择光缆。如图6-8所示。

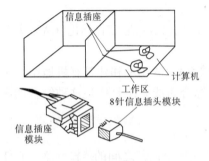

图 6-7　工作区子系统图

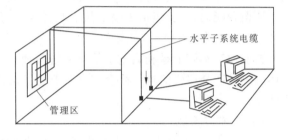

图 6-8　水平子系统

水平子系统的目的是实现信息插座和管理子系统(跳线架)间的连接,将用户工作区引至管理子系统,并为用户提供一个符合国际标准、满足语音及高速数据传输要求的信息出口。该子系统由一个工作区的信息插座开始,经水平布置到管理区的内侧配线架的线缆。

3) 干线子系统

干线子系统也称垂直主干线子系统。是建筑物中最重要的通信干道,通常由大对数铜缆或多芯光缆组成,安装在建筑物的弱电竖井内。干线子系统提供多条连接路径,将位于主控中心的设备和位于各个楼层的配线间的设备连接起来,两端分别端接在设备间和楼层配线间的配线架上,如图6-9所示。

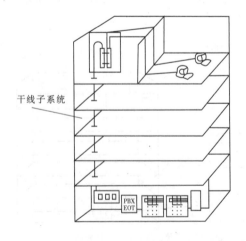

图 6-9　干线子系统

4) 设备间子系统

设备间子系统是结构化布线系统的管理中枢,整个建筑物或大楼的各种信号都经过各类通信电缆汇集到该子系统。

该子系统主要由设备间中的电缆、连接器和有关的支撑硬件组成,作用是将计算机、程控交换机、摄像头、监视器等弱电设备互连起来,并连接到主配线架上。设备包括计算机系统、网络集线器、网络交换机、程控交换机、音响输出设备、闭路电视控制装置和报警控制中心等。

5)管理区子系统

管理区子系统也称管理子系统。在结构化布线系统中,管理子系统是垂直子系统和水平子系统的连接管理系统,由通信线路互连设施和设备组成,通常设置在专门为楼层服务的设备配线间内。该系统设备包括局域网交换机、布线配线系统和其他有关的通信设备和计算机设备。

6)建筑群子系统

建筑群子系统的作用,是构建从一座建筑物延伸到建筑群内的其他建筑物的标准通信连接。系统组成包括连接各建筑物之内的线缆、建筑群综合布线所需的各种硬件等。

6.1.2　建筑弱电工程施工图识读

建筑弱电工程图是用规定的电气符号、图形来表示线路和实物,并用它们组成完整的弱电系统电路,用来表达弱电工程设备的安装位置、配线方式以及其他一些安装要求。

弱电工程图与其他设备专业图纸类似,也是由图纸目录、设计施工说明、主要材料设备表、系统图、平面布置图等部分组成的。

6.1.2.1　常用弱电工程施工图图例

为了简化作图,国家有关标准制定部门和一些设计单位有针对性地对常见的材料构件、施工方法等规定了一些固定的画法式样。表 6-1 是弱电工程中常用图例。

表 6-1　弱电工程常用图例

名称	图形符号	名称	图形符号	名称	图形符号
矩形波导馈电的抛物天线		用户四分支器		终端负载	
带本地天线的前端		系统输出口		线路供电器	
无本地天线的前端		串接式系统输出口		供电阻断器	
带自动增益和/或自动斜率控制的放大器		具有一路外接输出的串接式输出口		电源插入器	
具有反向通路并带自动增益和/或自动斜率控制的放大器		固定均衡器		有线电视接收天线	

续表 6-1

桥接放大器（标有小圆点的一端输出电平较高）		可变均衡器		光纤或光缆	
干线桥接放大器		固定衰减器		光发射机	
线路末端放大器		可变衰减器		光接收器	
干线分配放大器		高通滤波器		光电转换器	
混合器		低通滤波器		电光转换器	
有源混合器		带通滤波器		高频避雷器	
分波器		带阻滤波器		调制器	
二分配器		陷波器		调制解调器	
三分配器（标有小圆点的一端输出电平较高）		调制器、解调器		视盘放像机	
四分配器		电视调制器		视频通路（电视）	
定向耦合器		电视解调器		光衰减器	
用户一分支器（圆内允许不支线而标注分支号）		频道转换器		光纤光路中的转换接点	
用户二分支器		正弦信号发生器		光衰减器	
电视摄像机		频道放大器（n 为频道代号）		有室外防护罩的电视摄像机	

续表6-1

彩色电视摄像机		具有反向通路的放大器		图像分割器	
带云台的摄像机		解码器	R/D	有源混合器（示出五路输入）	
带单向手动云台的摄像机		光发送机		解码器	DE
带双向手动云台的摄像机		光接收机		放大器一般符号	
带单向电动云台的摄像机		分配器(两路)		球形摄像机	
带双向电动云台的摄像机		微波天线		监视立柜	MI
球形摄像机		光缆		混合网络	
半球形摄像机		传声器		电源插座	
磁带录音机		监听器		电话线出线盒	●
彩色磁带录音机		扬声器		信息插座	TO
电视,视频		防盗探测器		综合布线接口	■
彩色电视		防盗报警控制器		建筑群配线架	
主配线架		由下至上穿线		由上至下穿线	

续表 6-1

楼层配线架	(symbol)	架空交接箱 A:编号 B:容量	(symbol)	一般电话机	(symbol)
程控交换机	(symbol SPC)	落地交接箱 A:编号 B:容量	(symbol)	按键式电话机	(symbol)
集线器	HUG	防爆电话机	(symbol)	一般传真机	(symbol)
光缆配 线设备	LIU	壁龛交接箱 A:编号 B:容量	(symbol)	楼层配线架	FD
自动交 换设备	(symbol *)	光纤配线架	ODF	综合布线 配线架	(symbol)
总配线架	MDF	单频配线架	VDF	集合点	CP
数字配线架	DDF	中间配线架	IDF	室内分线盒	(symbol)
语音信息点	TP	数据信息点	PC	室外分线	(symbol)
	(symbol)		(symbol)		(symbol)

6.1.2.2 弱电工程施工图实例

1. 设计施工说明

1）工程概况

本工程为某住宅小区住宅楼,其中底部为半地下室,其余为住宅,框架结构。设计依据有《民用建筑电气设计规范》(JGJ/T 16—2008)、《有线电视系统工程技术规范》(GB 50057—94),其他有关国家与地方现行规范、规程及标准。

2）有线电视系统

（1）电视信号由室外有线电视网的市政接口引来,进楼处预埋 2 根 SC40 钢管。

（2）系统采用 750 MHz 邻频传输,要求用户电平满足(64±4)dB,图像清晰度不低于 4 级。

（3）放大器箱及分支分配器箱均挂墙明装,底边距地 1.5 m。

（4）干线电缆选用 SWYV-75-9,穿 SC25 管。支线电缆选用 SWYV-75-5,穿 SC20

管,沿墙及楼板暗敷。每户在起居室及主卧室各设一个电视插座;用户电视播座暗装,底边距地 0.3 m。

3)电话系统

(1)住宅每户按 2 对电话线考虑,在起居厅、卧室等处各设一个电话插座。

(2)市政电话电缆由室外引入至首层的接线箱,再引至各层住户配线箱,再由住户配线箱跳线给户内的每个电话插座。

(3)电话电缆及电话线分别选用 HYV 和 RVS 型,穿金属管敷设。电话干线电缆在地面内暗敷,电话支线沿墙及楼板暗敷。

(4)电话接线箱挂墙安装,底边距地 1.5 m,住户配线箱在每户住宅内嵌墙暗装,底边距地 0.5 m,电话插座暗装,底边距地 0.3 m。

4)网络布线系统

(1)本工程共有住宅用户 8 个,一层按 1 根网线考虑,其余户按 1 根网线考虑;全楼共计有计算机插座 15 个。

(2)由室外引来的数据网线至一层网络配线箱,再由配线箱配线给各用户弱电箱。

(3)由室外引入楼内的数据网线穿金属管埋地暗敷;至各户接线箱及计算机插座的线路采用超五类 4 对双绞线,穿金属管沿墙及楼板暗敷。

(4)网络配线箱在一层暗装,计算机插座选用 RJ45 超五类型,与网线匹配,底边距地 0.3 m 暗装。

2. 设计施工图

图 6-10～图 6-15 为本工程弱电施工图。

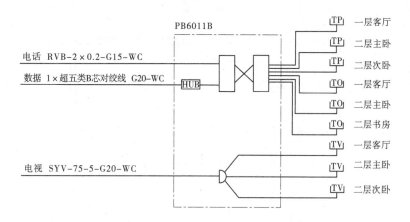

图 6-10　一层弱电配线箱示意图

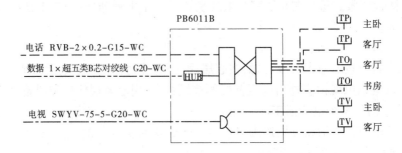

图 6-11　三～五层弱电配线箱示意图

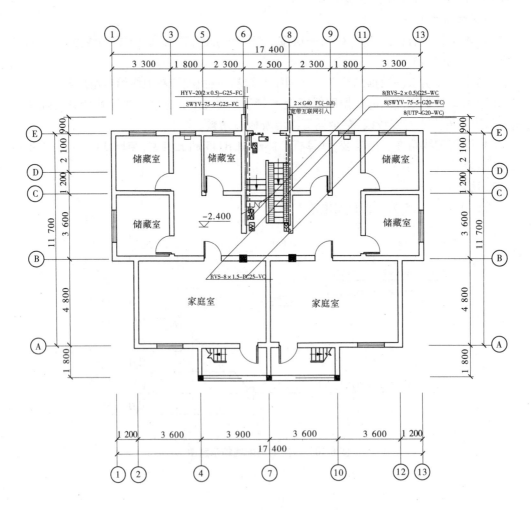

图 6-12　半地下室弱电平面图

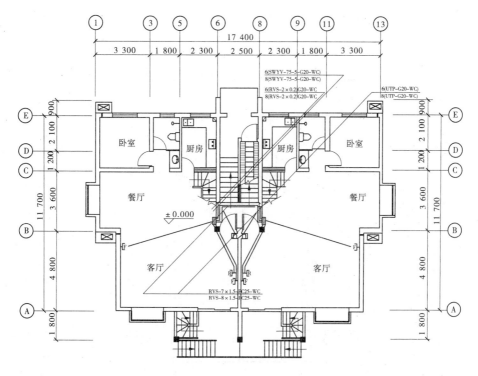

图6-13 一层弱电平面图

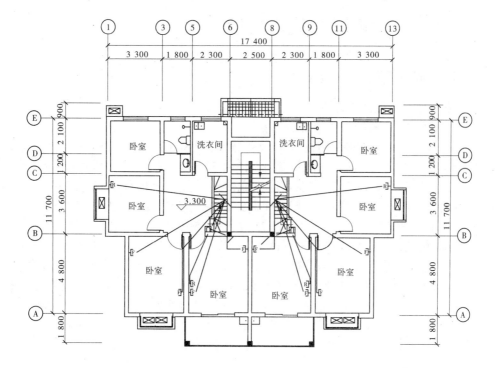

图6-14 二层弱电平面图

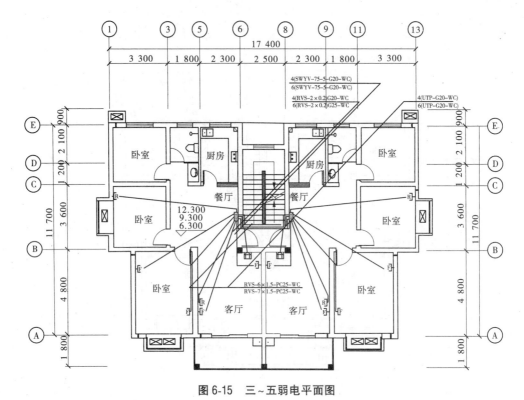

图 6-15　三~五弱电平面图

6.2　建筑弱电系统线路敷设

6.2.1　建筑弱电系统线路敷设

6.2.1.1　各种线缆传输的特点

1.视频音频传输,同轴电缆传输

视频信号一般采用直接调制技术,以基带频率(约 8 MHz 带宽)的形式传输。最常用的传输介质是同轴电缆。同轴电缆是专门设计用来传输视频信号的,其频率损失、图像失真、图像衰减的幅度都比较小,能很好地完成传送视频信号的任务。一般采用专用的SYV75 欧姆系列同轴电缆,常用型号为 SYV75-5(它对视频信号的无中继传输距离一般为 300~500 m);距离较远时,需采用 SYV75-7、SYV75-9 甚至 SYV75-12 的同轴电缆(在实际工程中,粗缆的无中继传输距离可达 1 km 以上);也有通过增加视频放大器以增强视频的亮度、色度和同步信号,但线路中干扰信号也会被放大,所以回路中不能串接太多视频放大器,否则会出现饱和现象,导致图像的失真;距离更远的采用光纤传输方式,光纤传输具有衰减小、频带宽、不受电磁波干扰、质量轻、保密性好等一系列优点,主要用于国家及省市级的主干通信网络、有线电视网络及高速宽带计算机网络。而在闭路电视监控系统中,光纤传输也已成为长距离视音频及控制信号传输的首选方式。

2.双绞线传输

视频信号也可以用双绞线传输,这要用到双绞线传输设备。在某些特殊应用场合,双绞线传输设备是必不可少的。如当建筑物内已经按综合布线标准敷设了大量的双绞线（标准中称三类线或五类线），并且在各相关房间内留有相应的信息接口（RJ45 或 RJ11），则新增闭路电视监控设备时就不需再布线，视音频信号及控制信号都可通过双绞线来传输，其中视频信号的传输就要用到双绞线传输设备。另外，对已经敷设了双绞线（或两芯护套线）而需将前端摄像机的图像传到中控室设备的应用场合，也需用到双绞线传输设备。双绞线视频传输设备的功能就是在前端将适合非平衡传输（适合 75 Ω 同轴电缆传输）的视频信号转换为适合平衡传输（适合双绞线传输）的视频信号；在接收端则进行与前端相反的处理，将通过双绞线传来的视频信号重新转换为非平衡的视频信号。双绞线传输设备本身具有视频放大作用，因而也适合长距离的信号传输。

3.声音监听线缆

声音监听线缆一般采用 4 芯屏蔽通信电缆（RVVP）或 3 类双绞线 UTP，每芯截面面积为 0.5 mm²；在没有干扰的环境下，也可选为非屏蔽双绞线，如在综合布线中常用的 5 类双绞线（4 对 8 芯）；由于监控系统中监听头的音频信号传到中控室是采用的点对点布线方式，用高压小电流传输，因此采用非屏蔽的 2 芯电缆即可，如 RVV2-0.5 等。

4.通信线缆

配置有电动云台、电动镜头的摄像装置，需在现场安装解码器。现场解码器与控制中心的控制平台之间的通信传输线缆，一般采用 2 芯屏蔽通信电缆（RVVP）或 3 类双绞线 UTP；每芯截面面积为 0.3~0.5 mm²。选择通信电缆的基本原则是距离越长，线径越大。例如，RS-485 通信规定的基本通信距离是 1 200 m，但在实际工程中选用 RVV2-1.5 的护套线可以将通信长度扩展到 2 000 m 以上。当通信距离过长时，需使用 RS485 通信中继器。

5.防盗报警系统

采用多芯电缆，前端探测器至报警控制器之间一般采用 RVV2×0.3（信号线）以及 RVV4×0.3（2 芯信号+2 芯电源）的线缆，而报警控制器与终端安保中心之间一般采用的也是 2 芯信号线，至于用屏蔽线或者双绞线还是普通护套线，就需要根据各种不同品牌产品的要求来定，线径的粗细则根据报警控制器与中心的距离和质量来定，但首先要确定安保中心的位置和每个报警控制器的距离，最远距离不能超过各种品牌规定的长度，否则就不符合总线的要求了；在整个报警区域比较大，总线肯定不符合要求的条件下，可以将报警区分成若干区域，每个区域内确定分控中心的安装位置，确保该区域内总线符合要求，并确定总管理中心位置和分管理中心位置，确定分控中心到总管理中心的通信方式是采用 RS232—RS485 转换传输或者采用 RS232-TCP/IP 利用小区的综合布线系统传输，还是分管理中心的管理软件采用 TCP/IP 网络转发给总管理中心。

报警控制器的电源一般采用本地取电而非控制室集中供电，线路较短，一般采用 RVV 2×0.5" 以上规格即可，依据实际线路损耗配置。周界报警和其他公共区域报警设备的供电一般采用集中供电模式，线路较长，一般采用 RVV 2×1.0" 以上规格，依据实际线路损耗配置。所有电源的接地需统一。

6.2.1.2 弱电工程的线路敷设要求

1.室内配线技术要求

除安全可靠、布线合理、整齐，安装牢固外，使用导线的额定电压应大于线路的工作电压;导线的绝缘应符合线路的安装方式和敷设的环境条件。导线的截面面积应能满足供电和机械强度的要求。

配线时应尽量避免导线有接头,非用接头不可时则必须采用压线或焊接。导线连接和分支处不应受机械力的作用。配线安装要保持水平或垂直。配线按技术要求:应加套管保护;天花板走线可用金属软管,但需固定稳妥、美观。信号线不能与大功率电力线平行,更不能穿在同一管内。如因环境所限,需平行走线,则要距离 50 cm 以上。报警控制箱的交流电源应单独走线,不能与信号线和低压直流电源线穿在同一管内,交流电源线的安装应符合电气安装标准。报警控制箱到天花板的走线要求加套管埋入墙内或用钢管加以保护,以提高防盗系统的防破坏性能。

2.室内配管的技术要求

线管配线有明配和暗配两种,明配管要求横平竖直、整齐美观,暗配管要求管路短、畅通、弯头少。线管如无规定时,可按线管内所穿导线的总面积(连外皮)不超过管子内孔截面面积的 70% 的限度进行选配。管路长度超过下列数值时,中间应加装接线盒或拉线盒,其位置应便于穿线。管子长度每超过 40 m 无弯曲时、长度每超过 25 m 有 1 个弯时、长度每超过 15 m 有 2 个弯时、长度每超过 10 m 有 3 个弯时,电线管的弯曲半径应符合所穿入电缆弯曲半径的规定,电缆的弯曲半径一般应大于电缆直径的 10 倍,线管的连接应加套管连接或扣连接。

3.布线技术

布线项目中,施工水平的高低直接影响着系统的性能,严重的还要重新返工,穿线工作除遵守相关技术标准外,更主要的是工作责任心与工作的经验。

为了保证线缆不被刮破从而造成"短路",在所有的钢管口都要安放塑料护口。一个可行的方法是穿线人员在施工时应随时携带"护口",需要时可随时安放,以免因手头没有"护口"而"偷懒"。垂直线缆通过过渡箱转入垂直钢管往下一层走时,在过渡箱中要绑扎悬挂,避免线缆重量全压在弯角的里侧线缆上,影响线缆的传输特性。在垂直线槽中的线缆要每米绑扎悬挂一次。线槽内布放线缆应平直、无缠绕,并且长短要一致。

"余线",线缆在配线箱处的"余线"长短要一致,并且不要过长,最好将余线按分组表分组,从线槽出口拉直绑扎好,绑扎点间距不大于 50 cm。需要注意的是,不可用铁丝或硬电源线绑扎。

"标号",线缆按照平面图进行标号,每个标号对应一条线。两端的标号位置距末端 25 cm,贴浅色塑料胶带,上面用油性笔写上标号或贴上纸质号签后再缠上透明胶带。

一般按 3% 的比例穿备用线,备用线放在主干线槽内,每层至少一根备用线。穿线完成后,所有的线缆应全面进行通断测试。测试可采用下面的方法,把两端线缆的芯全部剥开,露出铜芯,在一端把数字万用表拨到通断测试挡,两表笔接到一对线缆芯上,在另一端把这对线缆芯频繁、短暂地接触,如果持表端能听到断续的声音就表示测试通过。通过测试,能发现断线、短路和标错号的问题。

当布线期间,线缆拉出线缆箱后尚未布放到位时,如果要暂停施工,应将线缆仔细缠绕收起,妥善保管,防止被意外损坏。

6.2.2 建筑弱电系统设备安装

以下对弱电工程的几个主要系统:综合布线系统、建筑设备监控系统、卫星接收与有线电视系统、背景音乐及紧急广播系统、闭路电视监控系统、门禁及出入口控制系统、防盗报警及巡更系统等工程安装作为一个整体工程进行阐述。

6.2.2.1 综合布线系统

综合布线系统设备包括机房配线架、楼层配线架、接线模块、布线接插件和信息插座。

1.设备安装的基本要求

(1)机架设备的排列布置、安装位置和设备面向都应按设计要求,并符合实际测量后的机房平面布置图的需要。

(2)所采用的机架、设备的型号、品种、规格和数量应按照设计文件要求配置。

(3)在安装施工前,应对生产厂家提供的产品使用说明和安装施工资料熟悉掌握,了解设备特点和施工要点,在安装施工过程中,根据其有关规定和要求执行,保证安装质量。

(4)机架设备安装完毕后,调整其垂直度,厂家无特殊要求时,前后左右偏差均不得大于 3 mm。

(5)机架、设备上各种零部件不应缺少或碰坏,设备内部不应留有线头等杂物。各种标志统一、完整、清晰、醒目。

(6)为便于施工和维护人员操作,机架、设备前应预留 1.5 m 空间,背面距离墙面大于 0.8 m,同列机架、设备的机面应排列整齐。

2. 接续模块安装

(1)接续模块的型号、规格和数量必须与设备配套。做到连接硬件正确安装、对号入座、完整无缺,缆线连接区域划界分明,标志完整、正确、齐全、清晰。

(2)安装牢固稳定,无松动现象,设备表面的面板保持在一个水平面上,做到美观整齐、平直一致。

(3)缆线与接续模块相接时,根据工艺要求,按标准剥除外护套长度,利用接线工具将线对与接续模块卡接,同时清除多余导线线头,并清理干净。

3. 信息插座安装及连线

(1)对绞线在与信息插座连接时,必须按色标和线对顺序进行卡接。

(2)对绞电缆与信息插座的卡接端子连接时,按照先近后远、先上后下的顺序进行卡接。

(3)对绞电缆与接线模块卡接时,应由接受过专业培训,取得资格的专业人员进行,并按照设计和生产厂家的规定进行。

6.2.2.2 卫星接收及 CATV 系统

1.施工条件

(1)设计文件和施工图纸齐全,并已会审批准。

(2)施工所需的设备、器材、仪器、机械、辅材准备就绪,能满足连续施工和阶段施工的要求。

(3)预埋管件、支撑件、预留孔洞、沟槽、基础等符合设计要求。

（4）施工区域内具备施工用电。

2.施工前对系统使用的材料、部件进行检查

（1）按照施工材料表对系统进行清点、分类。

（2）各种部件的规格、型号、数量应符合设计要求，产品合格证、使用说明书齐全。

（3）产品外观应无变形、破损和明显脱漆现象。

（4）有源产品均应通电检查。

3.接收天线安装

在主体施工时应配合完成天线基座螺栓及钢板的预埋工作。

天线安装是保证天线性能及稳定性的重要环节。它包括天线本身主副面及馈源的安装和整个天线在支撑架上的安装，天线安装的顺序是：支撑架安装→天线抛物面及馈源组装→支撑架与天线组装→高频头安装→配置引下线。

（1）支撑架安装。支撑架一般由生产厂家配套供应。柱形架安装时，在底座下预制一个混凝土锥形基础平台，平台高 300 ~ 500 mm，平台顶面各边长以大于底座边长 100 mm 为宜。平台内预埋 L 形螺栓或打膨胀螺栓固定。

（2）天线组装。天线组装时把主反射面、副反射面、馈源三者的同轴度及纵向的相对尺寸限制在一定的装配公差范围内。天线组装应在支撑架附近的平面上进行，分块组拼。凡在天线中所用的连接螺栓必须牢固，并逐个认真检查，防止漏紧固和滑扣现象。副面调整在天线朝天（90°）状态下进行。调整时应把调节部分的螺栓全部松开，在自然状态下调整到预调的位置，不能依靠人力或机械硬拉或撞击进行调整，天线组装完成后对面板进行喷漆。如果出厂时已喷过漆，在组装时损坏的漆面及时补刷普通白漆。注意组装时反射面不应有任何碰伤，不应让灰尘、水等进入馈源内部。安装中在天线的某一处避免集中负荷冲击，更不能使天线表面出现凹凸不平现象。

4.高频头安装

高频头安装在抛物面天线的焦点。用支撑杆支撑固定，高频头的方向位于天线的轴线上，引线在靠近高频头处留有一定松弛度。引下电缆沿支撑杆每 150 mm 卡固一次。高频头的水平/垂直极化角度须用卫星信号测试仪校正微调。

5.前端机房机柜及控制台安装

按机房平面布置图进行机架与控制台定位。

机架与控制台就位后，进行垂直度调整。并排机架的间隙不得超过 3 mm，面板应在同一平面上并与基准线平行，前后偏差不大于 3 mm。调整垂直度时从一端开始顺序进行。

机架和控制台定位调整完毕并做好加固后，安装机架内机盘、部件和控制台的设备，固定用的螺丝、垫片、弹簧垫片均应装上，不得遗漏。

6.现场设备安装

1）前端箱安装

前端箱内设备包括放大器、衰减器、混合器、电源及分配器等，前端箱安装高度为底边距地 1.5m，暗装应在土建工程进行主体施工时，做好箱体及钢管的预埋，待室内装饰工程结束以后，再进行箱内设备及配线安装。

2）放大器箱安装

为了补偿信号经电缆远距离传输造成的电平损失，在传输的中途加装干线放大器，放大器通常安装在弱电竖井中，安装高度底边距地1.4 m，明装放大器箱可配管或用100×100金属线槽做电缆引入。

3）分支器、分配器安装

暗装分支器、分配器箱在主体结构施工时，应将箱体及电缆保护管预埋墙体内，并注意保护，待装饰工程结束后，再安装分支器、分配器及盒体面板。分支器、分配器也可明装在走道吊顶内墙上，并在吊顶安装之前安装好，安装方式可用塑料胀管及螺钉固定箱体。最后一个分支器的主输出口盒分配器的空余端，必须终接75 Ω负荷。

7.共用天线电视系统调试

系统安装完成后，组织专门调试人员熟悉施工图、原理图、接线图和产品有关说明书及有关规程和标准。然后在不通电情况下由天线干线客户端逐一检查，并进行调试。

系统调试时把天线、前端和传输分配系统全部连接起来进行调整，将多道电视信号输入共享天线系统，由干线至各客户端测量电平。调整各频道信号达到完全平衡。

6.2.2.3　背景音乐及紧急广播系统

1.机房设备安装

广播设备主要由节目源设备、功放设备、监听设备、分路广播控制设备等组成。广播室内设备安装前，应将吊顶、墙壁粉刷，底板和隔音层做完，机柜的基础型钢预埋完毕，进线预埋管预留位置检查正确后，可进行设备安装；设备开箱后，要认真按设备清单检查设备外表及其附件，收集保存设备操作使用说明书；设备的安装要平稳端正。弱电控制中心通常敷设活动地板，机柜要制作槽钢或角钢基础框架，基础安装时参看平面布置图和活动地板模数进行施工，尽量避免小块地板的切割。机柜安装完毕，对其垂直度进行调整。调整时，采用吊线锤和钢板尺进行。其垂直度允许偏差不得超过1‰，水平度为相邻两盘顶部允许偏差2 mm，成列盘顶部允许偏差5 mm。机柜内的设备在机柜固定后进行安装。

广播室内导线敷设有中间进线、输出线、电源引线和接地线敷设。因广播室内是强弱电信号和电源线的汇集点，屏蔽电缆电线中间严禁设置中间接头，以免干扰信号影响广播质量，屏蔽电缆电线与设备接头连接时一定要注意屏蔽层的连接。连接时应采用焊接，严禁扭结和绕接，焊接应牢固、可靠、美观。系统接线时按照系统图对各设备进行正确接线。接线时对每个端子进行编号，编号要与系统图中编号相一致，编号用编号笔写于塑料套管口。每一输出线束上应挂标志牌，说明导线去向、线路编号。

广播系统采用联合接地，其接地电阻不大于1 Ω。

2.弱电竖井内设备安装

弱电竖井内安装的广播设备有分线箱、音量控制器和控制开关，控制开关可安装在分线箱内。明装分线箱安装高度距地1.4 m，电线可通过线槽、配线管引入箱内。

3.扬声器安装

扬声器有两种类型：吸顶扬声器和壁挂扬声器。

吸顶式扬声器按建筑吊顶平面图的具体位置安装，开孔尺寸与装饰单位配合。开孔时先剪下扬声器开孔纸样，用纸样在吊顶上画出开孔尺寸，由装饰单位用曲线锯在顶板上开孔,孔径一般为 175 mm,最后插入扬声器并加以固定。

安装吊顶式扬声器时,助音箱固定在轻型龙骨上,扬声器与线间变压器的重量均施加在下助音板上。

安装壁挂式扬声器时距扬声器底边 150 mm,预留广播线处安装广播线插孔。扬声器采用 3 个塑料胶塞木螺丝固定。扬声器应安装端正、牢固。同一建筑空间内安装多只时,位置要对称,高度要统一。

6.2.2.4　闭路电视监控系统

闭路电视系统安装主要包括摄像机和云台的安装、管线敷设、监视室控制及监视设备的安装,电源及接地等。

1.摄像部分

1)云台安装

支、吊架是安装于墙壁或固定于屋顶、吊顶用来支持云台和摄像机的安装金属附件。支、吊架分别用 ϕ 10×100 膨胀螺栓或钢结构铆固件固定在墙体或屋面上。当吊架安装在吊顶下时,吊架不应固定在吊顶轻钢龙骨上,应固定于屋顶上。固定要牢固,吊杆应垂直。吊架要与云台固定方式相配套,吊架弯曲部分不应影响摄像机正常监视,应使吊架的弯曲部位处在云台的旋转死角内。

手动云台安装时采用 4 个螺栓将云台底座固定于支、吊架上,使云台底保持水平。将云台固定好后,放松底座上的 3 个螺母,可调节摄像机的水平方位,当水平方位调整好后,旋紧 3 个固定螺母,再松开云台侧面螺母,调节摄像机的仰俯角度。调节完毕后旋紧侧面螺母。云台的底座固定要平稳牢固。

电动云台安装于支、吊架上,支、吊架不能影响电动云台转动并保持足够的安全距离。支持电动云台的支、吊架要安装牢固可靠,避免云台旋转时产生抖动现象。电动云台安装时,应按摄像机监视范围来决定云台的旋转方位,其旋转死角应处于支、吊架和引线电缆侧。电动云台安装前应在安装现场根据产品技术指南做单机试验,确认云台各项技术指标性能符合要求后方可安装。

2)摄像机及镜头安装

摄像机的下部有一安装固定螺孔,用一只 ϕ 6 或 ϕ 8 螺钉加以固定。摄像机是闭路电视监视控制的核心,也是系统中最精密的设备。待土建、装修工程、各专业设备及闭路电视系统的其他项目施工完毕,在安全清洁的环境下方可安装。

摄像机安装时应注意以下几点:

(1)安装前应逐一加电进行检测、调整,使摄像机处于正常工作状态。

(2)检查摄像机的防护罩、雨刷等动作是否良好。

(3)检查云台的水平、垂直转动角度和定值控制是否正常,并按照要求定准云台的起点方向。

(4)从摄像机引出的电缆线应留有约 1 m 的余量,以免影响摄像机转动。

(5)电梯厢内摄像机应装于电梯厢顶部。摄像机的光轴与电梯轿厢的两个面壁成 45°角,并且与电梯天花板成 45°俯角为宜。

摄像机镜头避免阳光直射,避免逆光安装。

2.机房设备安装

1) 监控台柜安装

监控台柜的安装应在各视频电缆、控制电缆、电源线、接地线敷设完毕,室内地面施工及粉刷和装饰工程结束后,方可进行。

监控机房通常敷设活动地板,在地板敷设时配合完成控制台的安装。操作台的安装位置应符合设计要求,台面保持水平,立面应保持垂直,安装要平稳。

机架安装在预制好的型钢基础上,几台机架成列安装时,采用整体基础支架。机架安装竖直平整,垂直偏差不得超过1‰,相邻机架间隙不得大于3 mm,成列安装的机架面板应在同一平面上,前后偏差不得大于3 mm。

监控台柜安装就位后,依照设备装配图,将监视器等设备装入相应位置,并用螺钉固定于台面上。最后根据配线图进行配接线,配接线应准确、整齐、连接可靠,并引入电源线,对柜体等进行可靠接地。

2) 系统接地

本系统采用综合接地网,接地电阻不大于1 Ω。

3.闭路电视系统调试

在试验前7天通知工程师,试验进行后7天内将试验记录的影印本及符合要求的报告书呈报给工程师。系统调试内容包括电源检测、线路检测、接地电阻测量、单体测试、系统调试。

6.2.2.5　门禁及出入口控制系统

本系统主要设备包括门禁系统主机、门禁控制器(含读卡器、开门按钮、门磁)、门禁控制器电源、门禁联动模块。

本系统设备安装比较简单,主要有门禁控制器、电源供给器、读卡机、电磁门锁、出门按钮安装。

土建施工时,配合做好管线和接线盒的预埋。

门禁控制器安装在门外,按钮安装在室内,安装标高为1.4 m。

电磁门锁水平或垂直安装在门框上,电磁门锁及电线应安装在室内以确保安全。电磁门锁与吸附板对正安装,以达到最大吸力。吸附板安装时要加橡胶垫片进行微调,才能使电磁门锁的吸力达到最大。

6.2.2.6　防盗报警及巡更系统

防盗报警系统由前端探测器、报警主机和控制键盘等组成。前端点位主要分布在出入口、重要部门、设备间等处,规则房门采用门磁开关;不规则房门,放置重要物品、设备的房间采用双鉴器。报警系统通过串口集成于闭路电视监控系统,从而达到报警系统与电视监控系统、门禁系统的联动。

巡更管理系统巡更点位设置在主要出入口、重要防范区域及建筑物周边,也可通过闭路电视系统的编程使图像切换或摄像机与保安人员巡更点联动相应的图像来实现摄像机巡更。

系统主要设备包括双鉴探测器、门磁开关、报警通信主机系统、总线扩展器、分控键盘、报警联动模块、巡更应答主机、巡更应答控制器、巡更数据采集器等。

1.双鉴探测器安装

目前双鉴探测器主要产品有微波/被动红外线和超声波/被动红外线双技术产品,双鉴探测器的使用可大大减低系统的误报率。布置和安装双鉴探测器时,要求在警戒范围内将两种探测的灵敏度尽可能保持均衡。微波探测器一般对沿轴向运动的物体最敏感,而被动红外线探测器则对横向切割探测区的人体最敏感,因此在安装微波/被动红外线双鉴探测器时,宜使探测器轴线与保护对象的方向成45°夹角。双鉴探测器的安装可用塑料胀管和螺钉固定在墙上或顶板上,安装高度通常为1~2.4 m,具体高度由工程设计确定。

双鉴探测器也可安装在吊顶板上,探测视角为360°,安装时与装饰工程配合在吊顶上开孔,先将安装支架固定在吊顶板上,然后顺序安装探测器、探测器罩和装饰环。

2.门磁开关安装

门磁开关由一个条形永久磁铁和一个带常开触点的干簧管继电器组成,当有人私自开启门窗时,门磁开关发出信号,通过主机通知保安人员报警。

开关件安装在门框上,磁铁件安装在门扇上。

3.离线巡更管理系统

该系统通常由电子巡更棒、纽扣式巡更站和巡更应答主机组成,系统安装灵活,纽扣式巡更站可安装在任何位置和物体上,无须敷设导线。巡更人员携带巡更棒进行巡逻,每到一个巡更站时使用巡更棒轻触纽扣式巡更站,巡更棒就会将每个巡更站的名称、日期及时间记录下来,巡更完毕将巡更棒插入资料传输器,就可以直接打印或通过计算机远程传输巡更信息。

6.2.2.7 弱电工程技术管理

工程技术管理贯穿于整个工程施工的全过程,执行和贯彻国家、行业的技术标准与规范,严格按照弱电系统工程设计的要求,在提供设备、线材规格、安装要求、对线记录、调试工艺、验收标准等一系列方面进行技术监督和行之有效的管理。

1.技术标准和规范管理

在弱电系统工程中所涉及的国家或行业标准和规范很多,例如火灾报警系统、保安系统、闭路电视监控系统、有线电视系统、通信系统、综合布线系统等。

因此,在系统设计、设备提供和安装等环节上要认真检查,对照有关的标准和规范,使整个管理处于受控状态。

2.安装工艺管理

弱电系统工程是一个技术性、工艺性都很强的工作,要做好整个弱电工程的技术管理,主要抓住各个施工阶段安装设备的技术条件和安装工艺的技术要求。现场工程技术人员要严格把关,凡是遇到与规范和设计文件不相符的情况或施工过程中做了现场修改的内容,都要记录在案,为最后的系统整体调试和开通、建立技术管理档案和数据做准备。

3.技术文件管理

弱电系统工程的技术文件是工程各实施阶段的共同依据。这些文件主要包括各弱电子系统的施工图纸、设计说明以及相关的技术标准、产品说明书,各系统的调试大纲、验收规范,弱电集成系统的功能要求及验收的标准等,这些技术文件都要进行系统的科学管理,为了能够及时向工程管理人员提供完整、正确的相关技术文件,必须建立技术文件收发、复制、修改、审批归案、保管、借用和保密等一系列规章制度,实施有效科学的管理。

设计图纸虽然经过会审,但在施工过程中,仍有可能发现设计图纸上的差错或与实际情况不符的地方;或者由于施工条件、材料的规格、品种不能符合设计要求,需要进行设计修改和材料代换;或者在施工功能上有某些变动,设计标准有所提高或降低以及职工提出合理化建议,需要补充或修改图纸时,就必须进行工程变更。

工程变更会带来一系列问题,如返工损失、停工窝工、材料准备、设备供应、施工机具、工期拖延以及预算变更、工程决算变更等。无论建设单位、设计单位和施工单位都不应该出现"边说边改,边看边干,改无根据,干无记录"的现象。

工程变更难以避免,但必须严格执行技术核定制度。专业承包商提出设计变更时,必须经过有关部门的充分协商,在技术上、经济上、质量上、使用功能上进行全面考虑和技术复核,未经设计单位签署的核定单无效。

4.对专业承包商的技术服务与支持

(1)现场配置具有丰富弱电工程施工管理经验,高、中级以上职称的工程技术人员。

(2)协助审核弱电工程施工组织设计和其他工艺文件,提出修改意见。

(3)协助审核弱电工程施工进度计划,提出改进意见。

(4)协助专业承包商进行设备、材料报验。

(5)协助专业承包商进行工艺文件、进度计划报验。

(6)协助专业承包商进行工序报验。

(7)组织专业承包商参加弱电工程图纸会审。

(8)协调解决弱电工程各系统交叉技术问题。

(9)进行弱电工程与通风空调工程、给水排水工程、电气工程的技术协调。

(10)进行弱电工程与土建、装饰工程的技术协调。

6.2.2.8　弱电工程质量控制环节

(1)施工图的规范化和制图的质量要求。

(2)管线施工的质量检查和监督。

(3)配线规格的审查和质量要求。

(4)配线施工的质量检查和监督。

(5)现场设备与前端设备的质量检查和监督。

(6)主控设备的质量检查和监督。

(7)智能化弱电系统的监控参数设定表的填写和核对,如建筑设备监控系统 DDC 监控参数设定表,火灾报警与消防联动的联动公式表等必须核对无误。

(8)调试大纲的审核和实施及质量监督。

(9)系统试运行时的参数统计和质量分析。

(10)系统验收的步骤和方法。

(11)系统验收的质量标准。

(12)交工资料的整理、归档。

学习项目 7　安全保护及建筑防雷工程

【学习目标】

(1)熟悉接地与接零的概念,掌握常见的保护接地方式。

(2)熟练识读建筑防雷工程施工图。

(3)熟悉建筑防雷工程系统的基本组成及建筑防雷工程接地电阻的测试。

(4)掌握建筑防雷工程接闪器、引下线及接地装置布置与敷设的基本操作技能、安装工艺、质量验收标准。

7.1　安全保护

7.1.1　接地与接零概述

在低压 380 V/220 V 的配电系统中,变压器的中性点有两种接法,一是中性点接地,二是中性点不接地。

当变压器的中性点直接接地时,与中性点连接的中性线称为零线。在中性点接地的低压配电系统中,所有的电气设备都是用保护接零作为安全措施,因此这个系统又称为接零系统。在接零系统中,变压器的中性点接地称为工作接地。为了保证中性点接地的牢固可靠,并使零线上的电位为零,除了在变压器处将其中性点直接接地,还需将零线上的一点或多点与大地再次作金属性联接,这种多处将零线接地的做法叫作重复接地。在一般的低压三相四线制配电系统中,其配电变压器的中性点都是直接接地的,如图 7-1 所示。

当变压器的中性点不接地时,其中性点对地是绝缘的,在这种低压配电系统中,其电气设备采用接地的方法作为安全措施,这种接地叫作保护接地,如图 7-2 所示。在三相四线制供电系统中,其配电变压器中性点是不接地的。

7.1.2　常见保护接地方式

在日常生活和工作中难免会发生触电事故。用电时人体与用电设备的金属结构(如外壳)相接触,如果电气装置的绝缘损坏,导致金属外壳带电,或者由于其他意外事故,使金属外壳带电,则会发生人身触电事故。为了保证人身安全和电气系统、电气设备的正常工作需要,采取保护措施是非常有必要的,最常用的保护措施就是保护接地或保护接零。根据电气设备接地不同的作用,常见的保护接地方式有以下几种。

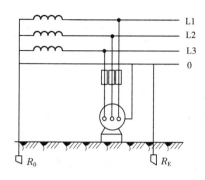

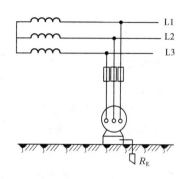

图 7-1　低压中性点接地系统示意图　　　图 7-2　低压中性点不接地系统示意图

7.1.2.1　工作接地

在正常情况下,为保证电气设备的可靠运行,并提供部分电气设备和装置所需要的相电压,将电力系统中的变压器低压侧中性点通过接地装置与大地直接相连,这种接地方式称为工作接地。

7.1.2.2　保护接地

为了防止电气设备由绝缘损坏而造成的触电事故,将电气设备的金属外壳通过接地线与接地装置连接起来,这种保护人身安全的接地方式称为保护接地,如图 7-3 所示。其连接线称为保护线(PE)或保护地线、接地线。

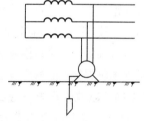

图 7-3　保护接地

7.1.2.3　工作接零

单相用电设备为获取相电压而接的零线,称为工作接零。其连接线称中性线(N)或零线,与保护线共用的称为 PEN 线。

7.1.2.4　保护接零

为了防止电气设备因绝缘损坏而使人身遭受触电危险,将电气设备的金属外壳与电源的中性线(俗称零线)用导线连接起来,称为保护接零,如图 7-4 所示。其连接线也称为保护线(PE)或保护零线。

7.1.2.5　重复接地

当线路较长或要求接地电阻值较低时,为尽可能降低零线的接地电阻,除变压器低压侧中性点直接接地外,将零线上一处或多处再进行接地,则称为重复接地,如图 7-5 所示。

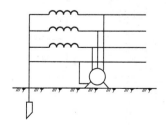

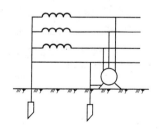

图 7-4　保护接零　　　　　　　　　图 7-5　重复接地

7.1.2.6　防雷接地

防雷接地的作用是将雷电流迅速安全地引入大地,避免建筑物及其内部电器设备遭受雷电侵害。

7.1.2.7　屏蔽接地

由于干扰电场的作用会在金属屏蔽层感应电荷,而将金属屏蔽层接地,使感应电荷导入大地,称屏蔽接地,如专用电子测量设备的屏蔽接地等。

7.1.2.8　专用电子设备的接地

如医疗设备、电子计算机等的接地,即为专用电气设备的接地。电子计算机的接地主要有直流接地(计算机逻辑电路、运算单元等单元的直流接地,也称逻辑接地)和安全接地。一般电子设备的接地有信号接地、安全接地、功率接地(电子设备中所有继电器、电动机、电源装置、指示灯等的接地)等。

7.1.2.9　接地模块

接地模块是近年来在施工中推广的一种接地方式。接地模块顶面埋深不小于 0.6 m,接地模块间距不应小于模块长度的 3~5 倍。接地模块埋设基坑,一般为模块外形尺寸的 1.2 ~1.4 倍,且在开挖深度内详细记录地层情况。接地模块应垂直或水平就位,不应倾斜设置,保持与原土层接触良好。接地模块应集中引线,用干线把模块接地并联焊接成一个环路,干线的材质与接地模块焊接点的材质应相同,钢制的采用热浸镀锌扁钢,引出线不少于 2 处。

7.1.2.10　建筑物等电位联结

建筑物等电位联结作为一种安全措施,多用于高层建筑和综合建筑中。

《建筑电气工程施工质量验收规范》(GB 50303—2002)中要求:建筑物等电位联结干线应从与接地装置有不少于 2 处直接连接的接地干线或总等电位箱引出,等电位联结干线或局部等电位箱间的连接线形成环形网路,环形网路应就近与等电位联结干线或局部等电位箱连接。支线间不应串联连接,如图 7-6 所示。

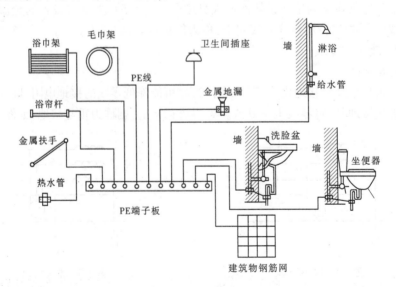

图 7-6　等电位接地

7.1.3　低压配电系统的接地型式

IEC(国际电工委员会)标准中,根据系统接地形式,将低压配电系统分为三种:IT 系统、TT 系统和 TN 系统,其中 TN 系统又分为 TN-C 系统、TN-S 系统和 TN-C-S 系统。

7.1.3.1　TN-C 系统

整个系统的中性线(N)和保护线(PE)是共用的,该线又称为保护中性线(PEN),如图 7-7 所示。其优点是节省了一条导线,投资小,但在三相负载不平衡或保护中性线断开时会使所有用电设备的金属外壳都带上较高的电压。在一般情况下,如保护装置和导线截面选择适当,TN-C 系统是能够满足要求的。TN-C 系统现在已经很少采用,尤其是在民用配电中已基本上不允许采用。

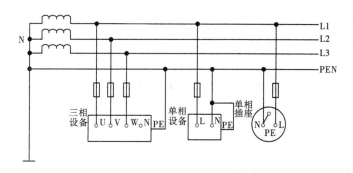

图 7-7　TN-C 系统

7.1.3.2　TN-S 系统

整个系统的 N 线和 PE 线是分开的,如图 7-8 所示。其优点是 PE 线在正常情况下没有电流通过,因此不会对接在线上的其他设备产生电磁干扰。此外,由于 N 线与 PE 线分开,N 线断线也不会影响 PE 线的保护作用,但 TN-S 系统耗用的导电材料较多,投资较大。TN-S 系统是目前我国应用最为广泛的低压配电系统,新建的大型民用建筑和住宅小区大多数采用该系统。

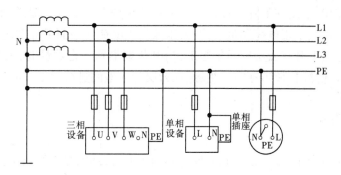

图 7-8　TN-S 系统

7.1.3.3　TN-C-S 系统

系统中前一部分中性线和保护线是合一的,而后一部分是分开的,且分开后不允许再合并,如图 7-9 所示。该系统兼有了 TN-C 系统和 TN-S 系统的特点,常用于配电系统末端环境较差或对抗电磁干扰要求较高的场所。

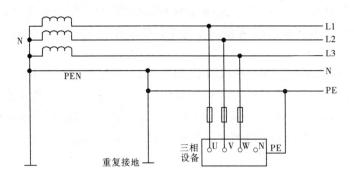

图 7-9　TN-C-S 系统

7.2　建筑防雷工程施工图识读

7.2.1　建筑防雷工程概述

雷电是一种常见的自然现象,从每年的春季开始活动,到夏季处于频繁剧烈状态,到秋季逐渐减弱,冬季便听不到雷声了。

雷电是大气中的自然放电现象,如果没有良好的防雷措施,可能严重破坏建筑物或设备,使国家财产受到重大损失,所以应当对雷电的形成和放电条件有所了解,从而采取有效措施,保护建筑物或设备不受雷击。

7.2.1.1　雷电的形成

云是带电荷的气、水混合物,它是雷电形成的必要条件。雷电的形成实际上是很复杂的,闷热潮湿的天气,地面上的水分受热蒸发,在高空遇到冷空气,水蒸气便凝结成小水滴,由于重力的作用,水滴在下降的过程中与被蒸发的热空气发生摩擦,使水滴分离,在水滴分离的过程中,产生了正电荷和负电荷,大水珠带正电荷向地面下降形成雨或悬浮在空中,小水珠带负电荷上升在云层中聚集起来,当电荷聚集到一定数量时,云层便形成了很强的电场,当条件成熟时,便击穿空气绝缘,在云层与大地间进行放电,同时伴随着弧光和声音,形成了雷电。

7.2.1.2　雷电的种类

1.直击雷

直击雷,也称直接雷,是指雷云和大地之间的放电,这种雷多为线状雷,强大的雷电流可直接通过建筑物产生巨大的热效应而引起火灾,或使物体内部的水分突然受热蒸发,造成物体内部压力剧增而发生劈裂现象,引起爆炸和燃烧,如图 7-10 所示。

2.感应雷

感应雷,也称间接雷,是指带电云层或雷电流对其附近的建筑物产生电磁感应而导致高压放电,它是附加条件落雷所引起的电磁作用的结果,造成室内电线、金属管道和大型金属设备的空隙发生放电而引起火灾和爆炸事故,如图7-11所示。

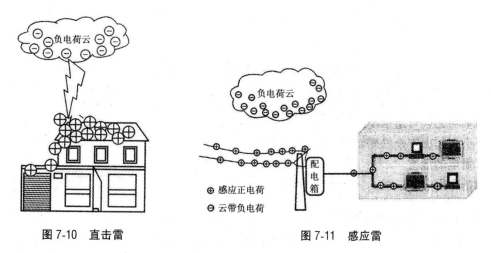

图7-10　直击雷　　　　　　　　　　　　　图7-11　感应雷

　　感应雷可分为静电感应雷和电磁感应雷两种。静电感应雷是由于云层中电荷的感应作用在建筑物顶部聚积极性相反的电荷,当云层中的电荷向地面放电时,建筑物顶部的电荷流入大地,而形成很高的对地电位,能在建筑物内部引起火花;电磁感应雷是当雷电流通过金属导体流散大地时,形成迅速变化的强大磁场,能在附近的金属导体内感应出电势,而在导体回路的缺口处引起火花,发生火灾或爆炸,并危及人身安全。

　　3.雷电波侵入

　　雷电波侵入是由架空线路或金属管道遭受直接雷或感应雷所引起的,雷云放电所形成的高电压将沿着架空线路或金属管道进入室内,破坏建筑物和电气设备,如图7-12所示。据调查统计,供电系统中由雷电波侵入而造成的雷害事故,占整个雷害事故的50%~70%,因此对雷电波侵入的防护应予足够的重视。

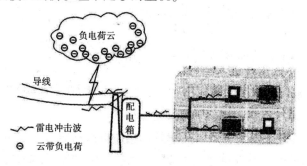

图7-12　雷电波侵入

7.2.1.3　建筑物防雷分类

　　建筑物防雷分类是根据建筑物的重要性、使用性质、发生雷电事故的可能性以及影响后果等来划分的。在建筑电气设计中,把民用建筑按照防雷等级分为三类。

　　1.一类防雷民用建筑物

　　(1)具有特别重要用途和重大政治意义的建筑物,如国家级会堂、办公机关建筑;大型体育馆、展览馆建筑;特等火车站;国际性的航空港、通信枢纽;国宾馆、大型旅游建筑等。

(2)国家级重点文物保护的建筑物。

(3)超高层建筑物。

2.二类防雷民用建筑物

(1)重要的或人员密集的大型建筑物,如省、部级办公楼。省级大型的体育馆。博览馆;交通、通信、广播设施;商业大厦、影剧院等。

(2)省级重点文物保护的建筑物。

(3)19 层及以上的住宅建筑和高度超过 50 m 的其他民用建筑。

3.三类防雷民用建筑物

(1)建筑群中高于其他建筑物或处于边缘地带的高度为 20 m 以上的建筑物,在雷电活动频繁地区高度为 15 m 以上的建筑物。

(2)高度超过 15 m 的烟囱、水塔等孤立建筑物、构筑物。

(3)历史上雷电事故严重地区的建筑物或雷电事故较多地区的重要建筑物。

(4)建筑物年计算雷击次数达到几次及以上的民用建筑。

因第三类防雷建筑物种类较多,规定也比较灵活,应结合当地气象、地形、地质及周围环境等因素确定。

7.2.1.4　建筑物易受雷击的部位

建筑物易受雷击部位与多种因素有关,特别是建筑物屋顶坡度与雷击部位关系较大。建筑物易受雷击部位,如图 7-13 所示。

(1)平屋顶或坡度不大于 1/10 的屋顶,建筑物易受雷击部位是檐角、女儿墙、屋檐,如图 7-13(a)、(b)所示。

(2)坡度大于 1/10 且小于 1/2 的屋顶,建筑物易受雷击部位是屋角、屋脊、檐角、屋檐,如图 7-13(c)所示。

(3)坡度不小于 1/2 的屋顶,屋角、屋脊、檐角易受雷击,如图 7-13(d)所示。

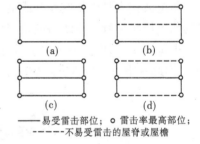

——易受雷击部位;○雷击率最高部位;
-----不易受雷击的屋脊或屋檐

图 7-13　建筑物易受雷击部位示意图

7.2.1.5　建筑防雷装置

防雷装置主要由接闪器、引下线和接地装置等组成。防雷装置的作用是将雷云电荷或建筑物感应电荷迅速引入大地,以保护建筑物、电气设备及人身免遭雷击。图 7-14 所示是防直击雷的保护装置示意图。

1.接闪器

接闪器是用来接受雷电流的装置,接闪器的类型主要有避雷针、避雷线、避雷带、避雷网和避雷器等。

1)避雷针

避雷针是安装在建筑物突出部位或独立装设的针形导体,在发生雷击时能够吸引雷云放电保护附近的建筑物和设备,如图 7-15 所示。避雷针一般用镀锌圆钢或镀锌钢管制

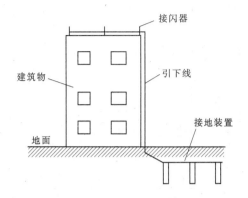

图 7-14 建筑物防雷装置

成,针长度在 1 m 以下时, 圆钢直径不小于 20 mm;针长度在 1~2 m 时,圆钢直径不小于 16 mm,钢管直径不小于 25 mm;烟囱顶上的避雷针,圆钢直径不小于 20 mm,钢管不小于 40 mm。

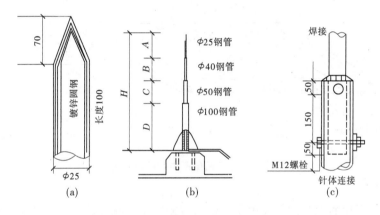

图 7-15 避雷针组合尺寸示意图

2)避雷线

避雷线一般采用截面不小于 35 mm² 的镀锌钢绞线,架设在架空线路上方,用来保护架空线路避免遭雷击。

3)避雷带

避雷带是沿建筑物易受雷击的部位(如屋脊、屋角等)装设的带形导体。避雷带在建筑物上的做法如图 7-16 所示。

避雷带一般安装在建筑物的屋脊、屋角、屋檐、山墙等易受雷击或建筑物要求美观、不允许装避雷针的地方。避雷带由直径不小于 8 mm 的镀锌圆钢或截面面积不小于 48 mm² 并且厚度不小于 4 mm 的镀锌扁钢组成,在要求较高的场所也可以采用直径 20 mm 的镀锌钢管。

装于屋顶四周的避雷带,应高出屋顶 100~150 mm,砌外墙时每隔 1.0 m 预埋支持卡子,转弯处支持卡子间距 0.5 m。装于平面屋顶中间的避雷网,为了不破坏屋顶的防水、防寒层,需现场制作混凝土块,制作混凝土块时也要预埋支持卡子,然后将混凝土块每间隔

1.5~2 m 摆放在屋顶需装避雷带的地方,再将避雷带焊接或卡在支持卡子上,如图 7-17 所示。

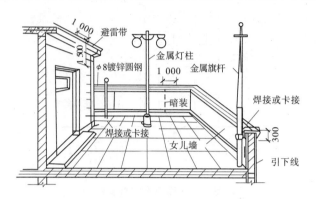

图 7-16　建筑物的避雷带

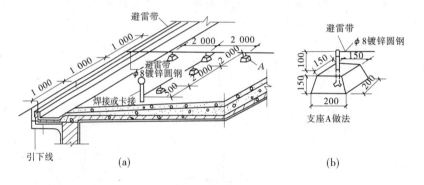

图 7-17　平面屋顶中间的避雷带

4)避雷网

避雷网是在屋面上纵横敷设由避雷带组成的网络形状导体。高层建筑常把建筑物内的钢筋连接成笼式避雷网,如图 7-18 所示。

《建筑电气工程施工质量验收规范》(GB 50303—2015)中要求:建筑物顶部的避雷针、避雷带等必须与顶部外露的其他金属物体连成一个整体的电气通路,且与避雷引下线连接可靠。

2.引下线

引下线的作用是将接闪器接收到的雷电流引至接地装置。引下线一般采用直径不小于 8 mm 的镀锌圆钢或截面面积不小于 48 mm² 并且厚度不小于 4 mm 的镀锌扁钢,烟囱上的引下线宜采用直径不小于 12 mm 的镀锌圆钢或截面面积不小于 100 mm² 并且厚度不小于 4 mm 的镀锌扁钢。

引下线的安装方式可分为明敷设和暗敷设。明敷设是沿建筑物或构筑物外墙敷设。明敷设引下线应平直、无急弯,与支架焊接处用油漆防腐,且无遗漏。明敷设引下线的支持件间距应均匀,水平直线部分 0.5~1.5 m,垂直直线部分 1.5~3 m,弯曲部分 0.3~0.5 m。如外墙有落水管,可将引下线靠落水管安装,以利美观。暗敷设是将引下线砌于墙内或利用建筑物柱内的对角主筋可靠焊接而成。其做法如图 7-19 所示。

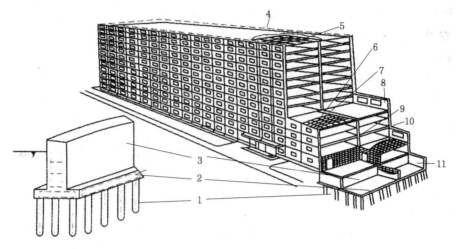

1—基柱;2—承台梁;3—内横墙板;4—周圈式避雷带;5—屋面板钢筋;6—各层楼板钢筋;
7—内纵墙板;8—外墙板;9—内墙板连接节点;10—内外墙板钢筋连接点;11—地下室

图 7-18　高层建筑的笼式避雷网

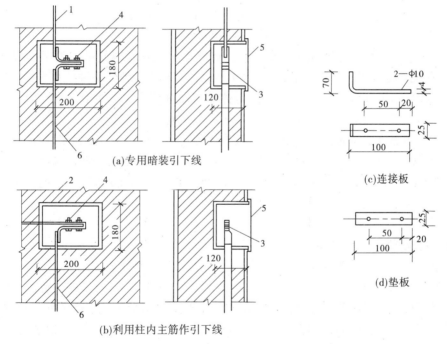

(a)专用暗装引下线

(b)利用柱内主筋作引下线

(c)连接板

(d)垫板

1—专用引下线;2—至柱筋引下线;3—断接卡子;4—镀锌螺栓;5—断接卡子箱;6—接地线

图 7-19　暗装引下线断接卡子安装

建筑物上至少要设 2 根引下线,明设引下线距地面 1.5~1.8 m 处装设断接卡子(一般不少于 2 处)。若利用柱内钢筋作引下线,可不设断接卡子,但距地面 0.3 m 处设连接板,以便测量接地电阻。明设引下线从地面以下 0.3 m 至地面以上 1.7 m 处应套竹管、塑料管或钢管保护。

3.接地装置

接地装置的作用是接收引下线传来的雷电流,并以最快的速度泄入大地。接地装置由接地极和接地母线组成。接地母线是用来连接引下线和接地体的金属线,常用截面不小于 25 mm×4 mm 的镀锌扁钢。图 7-20 为接地装置示意图。其中接地线分接地干线和接地支线,电气设备接地的部分就近通过接地支线与接地网的接地干线相连接。接地装置的导体截面,应符合热稳定和机械强度的要求。

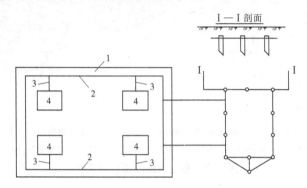

1—接地体;2—接地干线;3—接地支线;4—电气设备

图 7-20　接地装置示意图

接地体分为自然接地体和人工接地体。自然接地体是利用基础内的钢筋焊接而成的;人工接地体是人工专门制作的,分为水平接地体和垂直接地体两种。水平接地体是指接地体与地面水平,而垂直接地体是指接地体与地面垂直。人工接地体水平敷设时一般用镀锌扁钢或镀锌圆钢,垂直敷设时一般用镀锌角钢或镀锌钢管。

为减少相邻接地体的屏蔽作用,垂直接地体的间距不宜小于其长度的 2 倍,一般为 5 m,水平接地体的相互间距可根据具体情况确定,但不宜小于 5 m。垂直接地体长度一般不小于 2.5 m,埋深不应小于 0.6 m,距建筑物出入口或人行道或外墙不应小于 3 m。

7.2.2　建筑防雷工程施工图识读

7.2.2.1　建筑防雷工程施工图概述

建筑防雷工程施工图主要由防雷平面图及防雷设计说明组成。

防雷平面图是指导具体防雷接地施工的图纸。通过阅读,可以了解工程的防雷接地装置所采用设备和材料的型号、规格、安装敷设方法,各装置之间的联接方式等情况,在阅读的同时还应结合相关的数据手册、工艺标准及施工规范,从而对该建筑物的防雷接地系统有一个全面的了解和掌握。

7.2.2.2　建筑防雷工程施工图实例

1.防雷设计说明

本设计图纸为某汽车销售公司的防雷工程施工图。该汽车销售公司为五层建筑,一层为汽车展厅及卖场,二至四层为汽车修理中心,五层为工作人员办公场所。本工程为三类建筑,建筑物高度为 23.5 m,面积为 4 100.0 m²。

（1）本工程防雷等级为三类,建筑的防雷满足防直击雷、感应雷及雷电波的侵入,并设置总等电位联接。

(2)接闪器:采用在女儿墙上安装的避雷带(ϕ10 圆钢)作为接闪器,并形成不大于 24 m×16 m 的避雷网,并与引下线牢固相连。避雷带支架做法:在女儿墙上预埋 25 mm×4 mm 镀锌扁钢作为支架,外露长度为 0.1 m,支架间距 1.0 m,转弯处 0.5 m。

(3)引下线:利用混凝土柱内 2 根不小于ϕ16 以上主筋通长焊接作引下线,间距不大于 25 m。外墙引下线在室外地面下 1 m 处引出与室外接地线焊接。

(4)接地极:接地装置利用地基梁的钢筋,要求所有地基梁的 2 根主筋均应与引下线焊接。

(5)建筑物四角的外墙引下线在距室外地面上 0.5 m 处设测试卡子,防雷接地与其他电气接地采用统一接地装置,其总接地电阻应不大于 1 Ω。施工完成后实测接地电阻,不能满足要求时,增加人工接地极。

(6)所有露出屋面的金属管道及金属构件均应与屋面避雷带可靠连接。所有防雷接地装置中的金属件均应镀锌。

2.屋顶防雷平面图及防雷接地平面图

屋顶防雷平面图及防雷接地平面图如图 7-21 和图 7-22 所示。

7.2.3　建筑物施工工地防雷问题

建筑物施工工地四周的起重机、脚手架等突出很高,木材堆积很多,万一遭受雷击,不但对施工人员的生命造成危险,而且很易引起火灾,造成事故。因此,必须引起各方面有关人员的注意,掌握防雷知识。高层建筑施工期间应该采取如下的防雷措施:

(1)施工时应提前考虑防雷施工程序。为了节约钢材,应按照正式设计图样的要求,首先做好全部接地装置。

(2)在开始架设结构骨架时,应按图样规定,随时将混凝土柱子内的主筋与接地装置连接起来,以备施工期间柱顶遭到雷击时,使雷电流安全地流散入地。

(3)沿建筑物的四角和四边竖起的脚手架上,应做数根避雷针,并直接接到接地装置上,使其保护到全部施工面积。其保护角可按 60°计算。针长最少应高出脚手架 30 cm。

(4)施工用的起重机的最上端必须装设避雷针,并将起重机下部的钢架连接于接地装置上。接地装置应尽可能利用永久性接地系统。如是水平移动起重机,其 4 个轮轴足以起到压力接点的作用,须将其两条滑行用钢轨接到接地装置上。

(5)应随时使施工现场正在绑扎钢筋的各层地面构成一个等电位面,以避免遭受雷击时的跨步电压。由室外引来的各种金属管道及电缆外皮,都要在进入建筑物的进口处,就近连接到接地装置上。

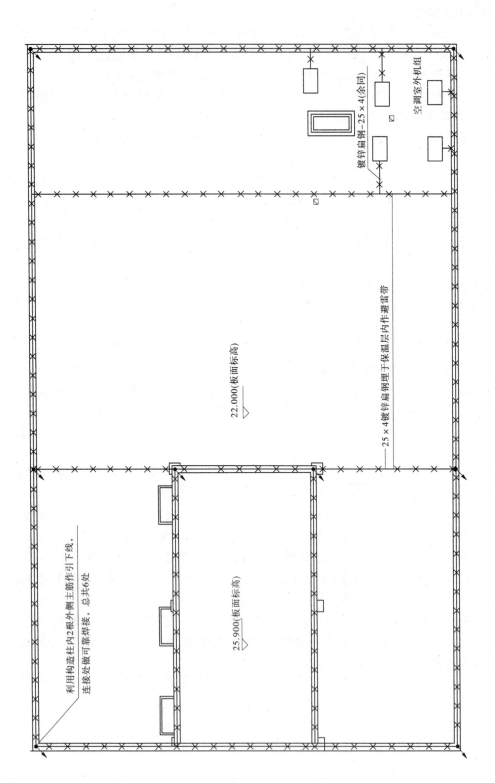

图 7-21　屋顶防雷平面图

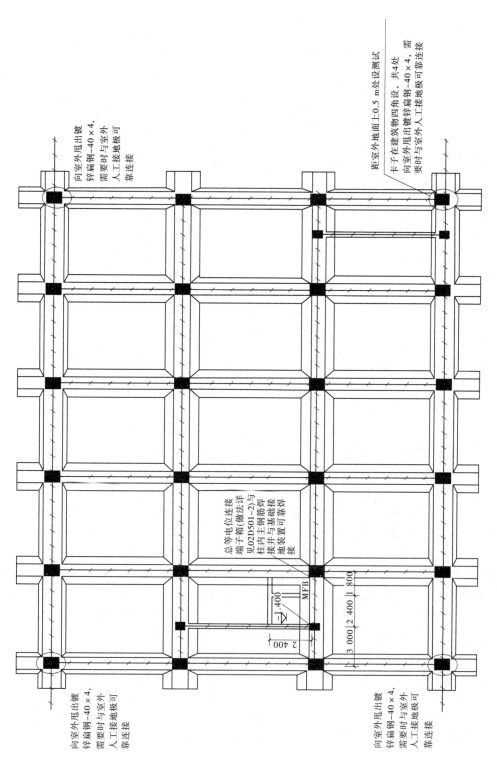

图 7-22 防雷接地平面图

■ 7.3　建筑防雷装置安装

7.3.1　接闪器的安装

接闪器由下列各形式之一或任意组合而成:独立避雷针;直接装设在建筑物上的避雷针、避雷线、避雷带或避雷网;屋顶上的永久性金属物及金属屋面;混凝土构件(如女儿墙压顶)内钢筋。除利用混凝土构件内钢筋外,接闪器应镀(浸)锌,焊接处应涂防腐漆。在腐蚀性较强的场所,还应适当加大其截面或采取其他防腐措施。

以下主要介绍避雷带(网)安装。

避雷带(网)通常安装在建筑物的屋脊、屋檐(坡屋顶)或屋顶边缘及女儿墙顶(平屋顶)等部位。建筑物避雷带和避雷网如图 7-23 所示。

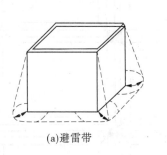

(a)避雷带　　　　　　　　　　(b)避雷网

图 7-23　屋顶避雷带及避雷网示意图

7.3.1.1　明装避雷带(网)

明装避雷带(网)安装应符合下列要求:

(1)支座、支架制作根据敷设部位不同,明装避雷带(网)支持件的形式也不相同;支架一般用圆钢或扁钢制作,形式多种多样,如图 7-24 所示。在屋脊上固定支座和支架,水平间距为 1~1.5 m,转弯处为 0.25~0.5 m。

(2)明装避雷带(网)安装。明装避雷带(网)应采用镀锌圆钢或扁钢制成。镀锌圆钢直径应为 12 mm,镀锌扁钢尺寸为 25 mm×4 mm 或 40 mm×4 mm。在使用前,应对圆钢或扁钢进行调直加工,对调直的圆钢或扁钢,顺直沿支座或支架的路径进行敷设,如图 7-25 所示。

在避雷带(网)敷设的同时,应与支座或支架进行卡固或焊接连成一体,并同引下线焊接好。其引下线的上端与避雷带(网)的交接处,应弯曲成弧形。

避雷带在屋脊上安装,如图 7-26 所示。

避雷带(网)在转角处应随建筑造型弯曲,一般不宜小于 90°,弯曲半径不宜小于圆钢直径的 10 倍,或扁钢宽度的 6 倍,绝对不能弯成直角。如图 7-27 所示。

避雷带(网)沿坡形屋面敷设时,应与屋面平行布置,如图 7-28 所示。等高多跨搭接处通长筋与通长筋应绑扎。不等高多跨交接处,通长筋之间应用 φ8 圆钢连接焊牢,绑扎或连接的间距为 6 m。

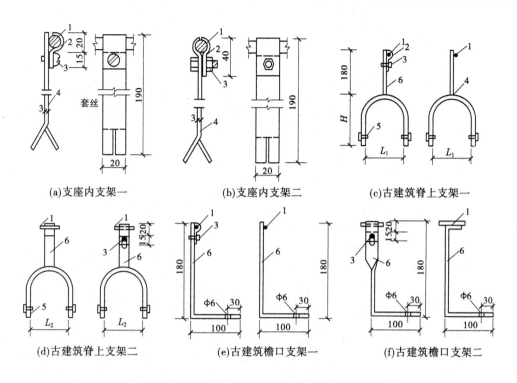

(a)支座内支架一　　　　　　(b)支座内支架二　　　　　　(c)古建筑脊上支架一

(d)古建筑脊上支架二　　　　(e)古建筑檐口支架一　　　　(f)古建筑檐口支架二

1—避雷带(网);2—扁钢卡子;3—M5 机螺栓;4—20 mm×3 mm 支架;5—M6 机螺栓;6—25 mm×4 mm 支架

图 7-24　明装避雷带(网)支架

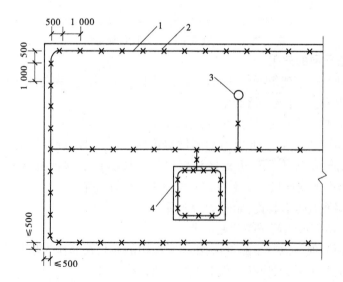

1—避雷带;2—支架;3—凸出屋面的金属管道;4—建筑物凸出物

图 7-25　避雷带在挑檐板上安装平面示意图

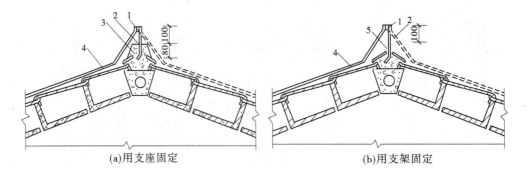

(a)用支座固定　　　　　　　　　　　　　　(b)用支架固定

1—避雷带；2—支架；3—支座；4—引下线；5—1：3 水泥砂浆

图 7-26　避雷带及引下线在屋脊上安装

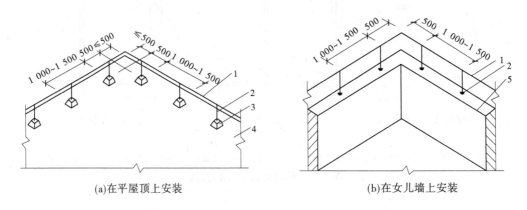

(a)在平屋顶上安装　　　　　　　　　　　　　(b)在女儿墙上安装

1—避雷带；2—支架；3—支座；4—平屋面；5—女儿墙

图 7-27　避雷带(网)在转弯处做法

7.3.1.2　暗装避雷网的安装

　　暗装避雷网是利用建筑物内的钢筋做避雷网,以达到建筑物防雷击的目的。因其比明装避雷网美观,越来越被广泛利用。

　　(1)用建筑物 V 形折板(坡屋面)内钢筋作避雷网。

　　通常建筑物可利用 V 形折板内钢筋做避雷网。施工时,折板插筋与吊环和网筋绑扎,通长筋和插筋、吊环绑扎。折板接头部位的通长筋在端部预留钢筋头,长度不小于100 mm,便于与引下线连接。引下线的位置由工程设计决定。

　　V 形折板钢筋做防雷装置,如图 7-29 所示。

　　(2)用女儿墙压顶钢筋做暗装避雷带。

　　女儿墙压顶为现浇混凝土的,可利用压顶板内的通长钢筋作为暗装防雷接闪器;女儿墙压顶为预制混凝土板的,应在顶板上预埋支架设接闪带。

　　用女儿墙现浇混凝土压顶钢筋做暗装接闪器时,防雷引下线可采用不小于 φ 10 圆钢,如图 7-30(a)所示;引下线与接闪器(压顶内钢筋)的焊接连接,如图 7-30(b)所示。在女儿墙预制混凝土板上预埋支架设接闪带时,或在女儿墙上有铁栏杆时,防雷引下线应由板缝引出顶板与接闪带连接,如图 7-30(a)中的虚线部分,引下线在压顶处同时应与女

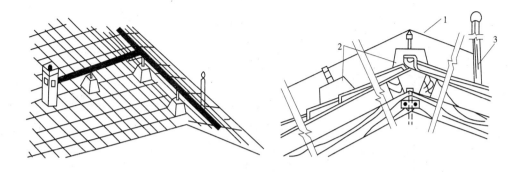

1—避雷带;2—混凝土支座;3—凸出屋面的金属物体

图7-28　坡形屋面敷设避雷带

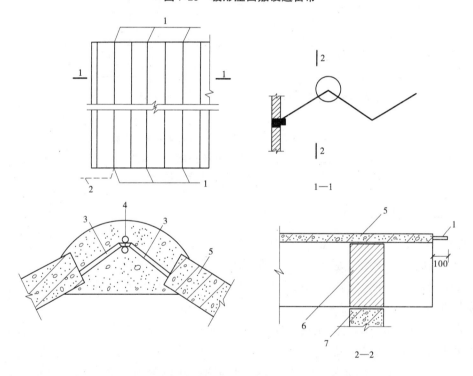

1—通长筋预留钢筋头;2—引下线;3—吊环(插筋);

4—附加通长φ6筋;5—折板;6—三角架或三角墙;7—支托构件

图7-29　V形折板钢筋作防雷装置示意图

儿墙顶厚设计通长钢筋之间,用φ10圆钢做连接线进行连接,如图7-30(c)所示。

女儿墙一般设有圈梁,圈梁与压顶之间有立筋时,防雷引下线可以利用在女儿墙中相距500 mm的2根φ8或1根φ10立筋,把立筋与圈梁内通长钢筋全部绑扎为一体更好,女儿墙不需再另设引下线,如图7-30(d)所示。采用此种做法时,女儿墙内引下线的下端需要焊到圈梁立筋上(圈梁立筋再与柱主筋连接)。引下线也可以直接焊到女儿墙下的柱顶预埋件上(或钢屋架上)。圈梁主筋如能够与柱主筋连接,建筑物则不必再另设专用接地线。

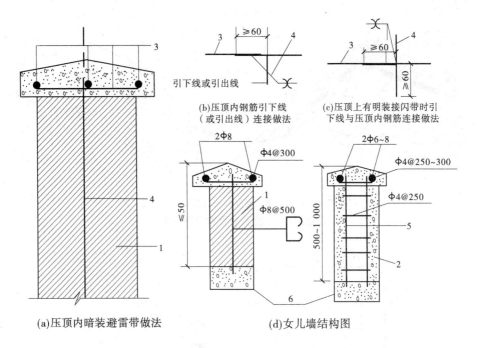

(a)压顶内暗装避雷带做法　　　　　(d)女儿墙结构图

1—女儿墙;2—现浇混凝土女儿墙;3—女儿墙压顶内钢筋;

4—防雷引下线;5—4Φ10圆钢连接线;6—圈梁

图7-30　女儿墙及暗装避雷带做法

7.3.2　避雷引下线焊接

避雷针与引下线之间的连接应采用焊接。

避雷针的引下线及接地装置之用的紧固件均应使用镀锌件。

建筑物上的防雷设施采用多根引下线时,宜在各引下线距地面的 1.5~1.8 m 处设置断接卡,断接卡应加保护措施。

装有避雷针的金属筒体,当其厚度不小于 4 mm 时,可做避雷针的引下线。筒体底部应有两处与接地体对称连接。

独立避雷针及其接地装置与道路或建筑物的出入口等的距离应大于 3 m。当小于 3 m时,应采取均压措施或铺设卵石或沥青路面。

独立避雷针应设置独立的集中接地装置。当有困难时,该接地装置可与接地网连接,但避雷针与主接地网的地下连接点至 35 kV 及以下设备与主接地网的地下连接点,沿接地体的长度不得小于 15 m。

独立避雷针的接地装置与接地网的地中距离不应小于 3 m。

配电装置的构架或屋顶上的避雷针应与接地网连接,并应在其附近装设集中接地装置。

建筑物上的避雷针或防雷金属网应和建筑物顶部的其他金属物体连接成一个整体。

装有避雷针和避雷线的构架上的照明灯电源线,必须采用直埋于土壤中的带金属护层的电缆或穿入金属管的导线。电缆的金属护层或金属管必须接地,埋入土壤中的长度应在 10 m 以上,方可与配电装置的接地网相连或与电源线、低压配电装置相连接。

7.3.3　接地装置的敷设及接地电阻测试

7.3.3.1　接地体安装

安装人工接地体时,一般应按设计施工图进行。接地体的材料均应采用镀锌钢材,并应充分考虑材料的机械强度和耐腐蚀性能。

1.垂直接地体

(1)布置形式:如图 7-31 所示,其每根接地极的水平间距应大于或等于 5 m。

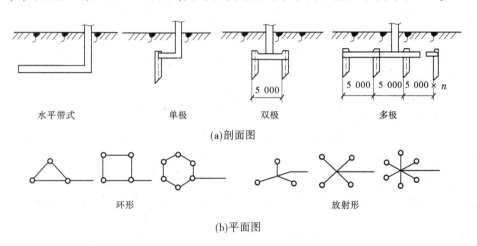

(a)剖面图

环形　　　　　　　　　　　　　　放射形

(b)平面图

图 7-31　垂直接地体的布置形式

(2)接地体制作:一般采用镀锌角钢或圆钢。

(3)安装:一般要先挖地沟,再采用打桩法将接地体打入地沟以下,接地体的有效深度不应小于 2 m,按要求打桩完毕后,连接引线和回填土。

垂直接地体间多采用镀锌扁钢连接。接地体打入地中后,即可将扁钢侧放于沟内,依次将扁钢与接地体用焊接的方法连接,经过检查确认符合要求后将沟填平夯实。

2.水平接地体

(1)布置形式。分为带形、环形、放射形三种,如图 7-32 所示。

(2)接地体制作。一般采用镀锌圆钢或扁钢。

(3)安装。水平接地体的埋设深度一般应在 0.7～1.0 m。

(a)带形　　　　　(b)环形　　　　　(c)放射形

图 7-32　水平接地体的布置形式

7.3.3.2 接地线的敷设

(1)人工接地线的材料。人工接地线一般包括接地引线、接地干线和接地支线等。为了使其连接可靠并有一定的机械强度,人工接地线一般采用镀锌扁钢或镀锌圆钢制作。移动式电气设备或钢质导线连接困难时,可采用有色金属作为人工接地线,但严禁使用裸铝导线作接地线。

(2)接地干线与支线的敷设。接地干线与支线的敷设分为室外和室内两种。室外的接地干线和支线供室外电气设备接地用,一般敷设在沟内;室内的接地干线和支线供室内的电气设备接地用,一般采用明敷,敷设在墙上、母线架上、电缆桥架上。

7.3.3.3 自然接地装置的安装

电气设备接地装置的安装,应尽可能利用自然接地体和自然接地线,有利于节约钢材和减少施工费用。自然接地体有以下几种:金属管道、金属结构、电缆金属外皮、构筑物与建筑物钢筋混凝土基础等。自然接地线有以下几种:建筑物的金属结构、生产设备的金属结构、配线用的钢管、电缆金属外皮、金属管道等。

7.3.3.4 接地电阻的测量

接地装置安装完毕后,必须进行接地电阻的测量工作,以确定接地装置的接地电阻值是否符合设计和规范要求。

测量接地电阻的方法通常为接地电阻测试仪测量法,有时也采用电流表-电压表测量法。常用的接地电阻测试仪有 ZC8 型和 ZC28 型,以及新型的数字接地电阻测试仪。

参考文献

[1] 张健.建筑给水排水工程[M].北京:中国建筑工业出版社,2000.

[2] 李金星.给水排水工程识图与施工[M].合肥:安徽科学技术出版社,2000.

[3] 谷峡.建筑给水排水工程[M].哈尔滨:哈尔滨工业大学出版社,2003.

[4] 范柳先.建筑给水排水工程[M].北京:中国建筑工业出版社,2003.

[5] 李永红.看图学给排水系统安装[M].北京:机械工业出版社,2003.

[6] 陈思荣.建筑水暖设备安装[M].北京:电子工业出版社,2006.

[7] 孙连溪.实用给水排水工程施工手册[M].2版.北京:中国建筑工业出版社,2006.

[8] 陈送财.建筑给排水[M].北京:机械工业出版社,2007.

[9] 中国建筑设计研究院.建筑给水排水设计手册[M].2版.北京:中国建筑工业出版社,2008.

[10] 付婉霞.物业设备与设施[M].北京:机械工业出版社,2000.

[11] 同济大学,等.锅炉及锅炉房设备[M].北京:中国建筑工业出版社,1981.

[12] 田卫民,等.水暖电基本知识[M].北京:中国环境科学出版社,1986.

[13] 防亚俊.暖通空调[M].北京:中国建筑工业出版社,2003.

[14] 贾永康.通风与空调工程施工技术[M].北京:机械工业出版社,2003.

[15] 沈维道,等.工程热力学[M].3版.北京:北京高等教育出版社,2005.

[16] 中华人民共和国住房和城乡建设部.GB 50054—2011 低压配电设计规范[S].北京:中国计划出版社,2012.

[17] 中华人民共和国住房和城乡建设部.GB 50057—2010 建筑物防雷设计规范[S].北京:中国计划出版社,2011.

[18] 中华人民共和国住房和城乡建设部.JGJ 16—2008 民用建筑电气设计规范[S].北京:中国建筑工业出版社,2008.

[19] 中华人民共和国住房和城乡建设部.GB 50034—2013 建筑照明设计标准[S].北京:中国建筑工业出版社,2014.

[20] 中华人民共和国住房和城乡建设部.GB 50303—2015 建筑电气工程施工质量验收规范[S].北京:中国建筑工业出版社,2016.

[21] 赵丙峰,侯根然.建筑设备[M].北京:中国水利水电出版社,2011.

[22] 孙桂涧.建筑设备[M].郑州:黄河水利出版社,2013.

[23] 王青山,王丽.建筑设备[M].北京:机械工业出版社,2014.

[24] 崔莉.建筑设备[M].北京:机械工业出版社,2007.

[25] 赵兴忠.建筑设备工程[M].北京:科学出版社,2014.